密度制约的捕食——被捕食系统定性分析

QUALITATIVE ANALYSIS OF DENSITY-DEPENDENT PREDATOR-PREY SYSTEM

李海银◎著

经济管理出版社
ECONOMY & MANAGEMENT PUBLISHING HOUSE

图书在版编目（CIP）数据

密度制约的捕食—被捕食系统定性分析／李海银著. —北京：经济管理出版社，2018.4

ISBN 978-7-5096-5695-2

Ⅰ.①密… Ⅱ.①李… Ⅲ.①种群生态学—定性分析 Ⅳ.①Q145

中国版本图书馆 CIP 数据核字（2018）第 047892 号

组稿编辑：高　娅
责任编辑：高　娅
责任印制：黄章平
责任校对：陈　颖

出版发行：经济管理出版社
　　　　　（北京市海淀区北蜂窝 8 号中雅大厦 A 座 11 层　100038）
网　　址：www. E-mp. com. cn
电　　话：(010) 51915602
印　　刷：三河市延风印装有限公司
经　　销：新华书店
开　　本：720mm×1000mm/16
印　　张：13. 25
字　　数：210 千字
版　　次：2018 年 5 月第 1 版　　2018 年 5 月第 1 次印刷
书　　号：ISBN 978-7-5096-5695-2
定　　价：68. 00 元

种群生态学是对给定种群本身的动力学特征和结构的研究，生物数学作为生物学和数学之间的交叉学科，包括传统的种群动力系统模型、传染病与流行病模型、神经网络模型以及医学动力学模型正在飞速发展着。生物种群的捕食和被捕食行为是生态系统中的一种普遍行为，捕食—被捕食模型是描述捕食者与被捕食者系统内种群数量动态变化的微分方程。由于种群间捕食关系的普遍存在性及重要性，捕食—被捕食模型受到国内外学者的广泛关注。

关于捕食—被捕食系统的动力性质和定性分析，国内外已有不少很好的教材和专著，但针对捕食者和被捕食者都具有密度制约的捕食—被捕食模型的定性分析，国内尚未有较系统地阐述这方面内容的书籍。笔者写作本书的目的是希望提供一本密度制约且具有 Beddington-DeAngelis 功能反应函数的捕食—被捕食系统的定性分析内容的专著。

本书第一章介绍了捕食—被捕食系统的研究现状和相关概念界定；第二章讨论了密度制约且具有 Beddington-DeAngelis 功能反应函数的捕食—被捕食系统的动力性质；

第三章在第二章的基础上对系统进行了深入讨论，尤其是通过讨论极限集的类型得到系统持久的充分必要条件，这不同于利用持久性理论得到持久性的条件；第四章介绍的是时滞系统的动力性质，也就是捕食者具有阶段结构的模型；第五章和第六章分别介绍了非自治系统的动力性质和周期解的唯一性；第七章讨论的是周期系统的持久性；第八章研究的是密度制约且具有 Beddington–DeAngelis 功能反应函数的捕食—被捕食系统的稳定性和 Hopf 分支。

希望本书的研究能够帮助读者了解相关领域的近代文献并从事研究工作。限于笔者水平，本书难免有错误与不妥之处，望得到广大读者的批评指正。

李海银
2018 年 2 月于河南财经政法大学

目录

第一章 绪 论

第一节 研究背景与意义

我们要讨论的种群生态学是生态学的一个重要部分，主要研究的是种群本身的结构和各种动力学特征。除此之外，还有相关的种群和给定的种群之间相互作用时所发生的内在变化规律。我们知道在自然界中，生态关系是非常复杂的，使生态学在数学方法和结论上被越来越广泛地应用。可以说，种群生态学已经成为生态学中一个不可或缺的分支，并且种群生态学是迄今应用数学在生态学中研究得最深入、最广泛的一个成熟系统分支，还有它所包含的数学研究内容也很多，如常微分方程、泛函微分方程、偏微分方程、半群算子理论、动力系统等内容，这些都是数学中比较重要也是很有应用基础的内容。

种群生态学研究的是给定的种群本身所具有的动力学特征和动力学结构。当我们研究种群生态学时，数学会给我们提供研究方法和研究方式，从而就能阐述在生态学中所发生的有意思的问题；相反地，生态现象也可以作为测试对应数学理论的最终实践，因此可以说种群生态学是连接生态学和数学之间的纽带。

而生物数学是数学和生物学两个学科之间的交叉学科，生物数学的研究内容含有传统的种群动力系统模型、传染病与流行病模型、神经网络模型以及医学动力学模型，正在飞快地发展着。在生物种群中，捕食和被捕食作为生态系统中的一种非常常见的行为，其模型就是用来描述捕食者与被捕食者在系统内种群数量所发生的动态变化的微分方程。

1926 年，Lotka-Volterra 模型分别由意大利数学家 Volterra 和美国数学家 Lotka 提出。1965 年，Holling 提出第 Ⅱ 型 Holling 功能反应函数；1975 年，Beddington 和 DeAngelis 提出 Beddington-DeAngelis 功能反应函数。这些使捕食—被捕食系统的功能反应函数随着时间的推移和学者的努力不断改进和发展着。并且基于比率依赖的捕食—被捕食模型，作为 Beddington-DeAngelis 功能反应函数中的一种特殊情况，Kuang Yang 等对基于比率依赖的捕食—被捕食模型的研究使我们对生物系统的描述更加与实际生物环境相吻合，这些成果也先后被收录到相关文献里。这些重要的研究最大限度地充实了种群动力学的研究内容，同时也加快了种群动力系统的进展。T. G. Hallam、Y. Takeuchi、G. Butler 等学者在研究对非线性生态系统的种群持续性时就提出了关于种群持续生存的各种概念和观点，为生态系统的持续性发展打下一定的理论基础。还有许多学者凭借非线性分析、动力系统、泛函微分方程和脉冲微分方程以及微分方程定性与稳定性方法和微分方程全局理论等这些已经成熟的成果，研究了种群生态模型中解的稳定性和分支等问题。

迄今，这一领域在国内外的研究集中在这两个部分：第一，针对低维的 Volterra 系统，它的稳定性和持续生存以及极限环和分支的问题；第二，当有大容量的环境污染时，针对维数低的种群系统，它的持续生存以及绝灭的阈值问题。并且种群之间捕食关系的重要性和普遍存在性这类原因，使捕食—被捕食模型不仅在国内而且在国外也受到广大学者的热切关注。

第二节　捕食—被捕食系统的研究现状

关于捕食—被捕食系统的国内外研究现状，我们可以通过下面五个部分来描述：功能反应函数、密度制约、阶段结构、永久生存性和 Hopf 分支。

一、功能反应函数

我们知道，1926 年意大利数学家 Volterra 和美国数学家 Lotka 分别独立提出了 Lotka-Volterra 模型，且 Lotka-Volterra 模型可以用来刻画生态系统中的捕食—被捕食关系、互惠关系和竞争关系，使用也是非常宽泛的。其中 Lotka-Volterra 系统为：

$$\begin{cases} \dfrac{dx(t)}{dt}=ax(t)-cx(t)y(t) \\ \dfrac{dy(t)}{dt}=-dy(t)+fx(t)y(t) \end{cases} \qquad (1-1)$$

在模型中，$x(t)$ 表示 t 时间被捕食者种群的密度，$y(t)$ 表示 t 时间捕食者种群的密度，并且 a、c、f、d 这些都是非负的常数。在模型中，$cx(t)$ 用来表示在单位时间内被捕食者被每一个捕食者吃掉的数量，$cx(t)$ 除了与 $x(t)$ 有关外也可以说明捕食者的捕食能力，这叫作捕食者对被捕食者的功能性反应。在系统（1-1）中确定出功能性反应和被捕食者的数量成正比，其中比例系数 f 意味着捕食能力，随着被捕食者数量的不断增大，被捕食者被每个捕食者在单位时间内吃掉的就会越来越多，并且这些在某种程度上也是合理的。然而，捕食者总有吃饱的时候，我们假定功能性反应与被捕食者数量 $x(t)$ 成正比，这就说明忽视了消化饱和这个原因，所以是与实际情形不完全符合的。

Walsh（1978）讨论了被捕食者种群 $x(t)$ 和外界迁出或迁入的系统：

$$\begin{cases} \dfrac{dx(t)}{dt}=ax(t)-cx(t)y(t)+\gamma \\ \dfrac{dy(t)}{dt}=-dy(t)+fx(t)y(t) \end{cases} \qquad (1-2)$$

在系统中，γ 代表的是迁移系数。

还有，Bojadziev 研究了被捕食者种群有生存资源限定（当然，也可以认为是种群自身以内生存竞争带来的内部扰乱）的系统：

$$\begin{cases} \dfrac{dx(t)}{dt}=ax(t)-cx(t)y(t)-\dfrac{a}{\theta}x^2(t) \\ \dfrac{dy(t)}{dt}=-dy(t)+fx(t)y(t) \end{cases} \qquad (1-3)$$

张锦炎（1979）讨论了捕食—被捕食种群都具有自身以内生存竞争带来的扰乱系统：

$$\begin{cases} \dfrac{\mathrm{d}x(t)}{\mathrm{d}t}=ax(t)-cx(t)y(t)-bx^2(t) \\[3mm] \dfrac{\mathrm{d}y(t)}{\mathrm{d}t}=-dy(t)+fx(t)y(t)-ry^2(t) \end{cases} \tag{1-4}$$

另外，Pielou 研究了捕食者另有食物源头，还把捕食者与被捕食者双方互相存在自身竞争扰乱作为因素的系统：

$$\begin{cases} \dfrac{\mathrm{d}x(t)}{\mathrm{d}t}=x(t)\,(a-cy(t)-bx(t)) \\[3mm] \dfrac{\mathrm{d}y(t)}{\mathrm{d}t}=y(t)\,(h+fx(t)-ry(t)) \end{cases} \tag{1-5}$$

徐克学（1999）不仅认为捕食者另有食物源头，还认为由被捕食者种群作为生存资源的限定使捕食者种群密度增长的增长率含有 $\dfrac{y(t)}{x(t)}$ 的负比例项时的模型如下：

$$\begin{cases} \dfrac{\mathrm{d}x(t)}{\mathrm{d}t}=ax(t)-cx(t)y(t) \\[3mm] \dfrac{\mathrm{d}y(t)}{\mathrm{d}t}=hy(t)-f\dfrac{y(t)}{x(t)}y(t) \end{cases} \tag{1-6}$$

其中，$-f\dfrac{y(t)}{x(t)}$ 增加了被捕食者对捕食者的影响。当被捕食者充足时，$\dfrac{y(t)}{x(t)}$ 小，捕食者增长速度快；当被捕食者不足时，$\dfrac{y(t)}{x(t)}$ 大，捕食者的增长受到抑制，速度慢。

同时，也说明了捕食者对被捕食者数量的功能反应项应该是：单位时间内把每个捕食者吃掉的被捕食者数量当作被捕食者数量的函数。从功能反应普遍来说有捕食者依赖型和比率依赖型这两种类型。正常情况下，对于捕食者依赖型功能反应项来说仅仅是关于种群密度的函数。也就是说，捕食者在单位时间内捕获被捕食者的平均个数仅仅依靠于被捕食者的种群密度。因为被捕食者依赖型功能反应项不能完全按照捕食者内部之间的相互关系而照搬，所以有些生物学者就提出了在大多数情况下，功能反应函数应当是按比率依赖的，也就是捕食者依赖型。也就是说，捕食者的增长率不仅被捕食所决定，还应该由捕食者本身来决定，应该是被捕食者种群密度和捕食者种群密度之比这样的一个函数形式，这样就可以防止由于自身的丰富性从而被生物学所控制而形成的对立。同时，这样的理论也被大批野外观察和实验室的试验数据所验证。

值得一提的是，Holling（1965）在试验的知识之上，根据不同类型的物种，他给出了三种不同类型的功能性反应函数 $\psi(x)$：

第一种是适合藻类细胞等低等生物的功能反应函数：

$$\psi(x)=\begin{cases} \dfrac{b}{a}x & 0\leqslant x\leqslant a \\ b & x>a \end{cases} \tag{1-7}$$

第二种是适合无脊椎动物的功能反应函数：

$$\psi(x)=\frac{ax}{1+bx} \tag{1-8}$$

第三种是适合脊椎动物的功能反应函数：

$$\psi(x)=\frac{ax^2}{1+bx^2} \tag{1-9}$$

因此，Jsugie 和 Katayama 基于 Volterra 系统，首先考虑到 Holling 型功能性反应函数和被捕食者种群的增长具有密度制约，于 1999 年给出了下面的模型：

$$\begin{cases} \dfrac{\mathrm{d}x(t)}{\mathrm{d}t}=rx(t)\left(1-\dfrac{x(t)}{K}\right)-\dfrac{x(t)^p y}{a+x(t)^p} \\ \dfrac{\mathrm{d}y(t)}{\mathrm{d}t}=y(t)\left(\dfrac{fx(t)^p}{a+x(t)^p}-d\right) \end{cases} \tag{1-10}$$

在模型中 r、K、f、d 均为正常数，它们分别意味着被捕食者种群的内禀增长率，周围环境对被捕食者种群的最大限度的容纳量，捕食者种群的转化率以及捕食者种群的死亡率。还有，a、p 也是正常数，并且 $a^{\frac{1}{p}}$ 意味着捕食者种群的半饱和常数。在模型中，函数 $\dfrac{x^p}{a+x^p}$ 是捕食者对被捕食者的功能性反应。

当 $p \le 1$ 时，函数是 Holling Ⅱ 型的功能性反应函数，而且这个函数是严格递增有上界且上凸的；当 $p < 1$ 时，函数是 Holling Ⅲ 型的功能性反应函数，而且这个函数还有拐点出现。也就是说，反应函数曲线是"S"形的。

基于我们前面讨论的 Holling Ⅰ、Ⅱ 和Ⅲ 这三种功能反应函数，捕食—被捕食系统已经成为生物数学学者们研究的最基本的系统，使具有作为原有系统的 Holling's Ⅱ 功能反应函数的 Kolmogorov 捕食—被捕食模型受到了很大的挑战。主要是由于很多生物学者认为在许多情况下，特别是在被捕食者必须寻找食物（导致必须要分享或争夺食物），导致捕食—被捕食系统中的功能性反应函数应当是被捕食者依赖性的。很多学者指出，在功能反应函数中，很多次有被捕食者依赖性出现，还有文献也指出被捕食者的活动实际上是互相扰乱的，致使出现了竞争效应。所以，只有被捕食者具有依赖性的功能性反应函数被捕食者具有依赖性的功能性反应函数代替才更符合实际，上面的这些理论就是由 Arditi 以及 Ginzburg 构造的、这些年被 Kuang 和 Beretta 所讨论的有名的比率依赖功能反应函数。以下这个系统就是基于比率依赖的捕食—被捕食系统：

$$\begin{cases} x'(t) = x(t)\left(a - bx(t) - \dfrac{cy(t)}{my(t) + x(t)}\right) \\ y'(t) = y(t)\left(-d + \dfrac{fx(t)}{my(t) + x(t)}\right) \end{cases} \tag{1-11}$$

其中，在系统中含有捕食者之间的互相作用。

在生物数学中已经存在很多有名的功能反应函数，如 Holling Ⅰ ~ Ⅲ，以及分别由 Beddington（1975）、DeAngelis 等（1975）构造的 Beddington-DeAngelis、比率依赖、Crowley-Martin 和 Hassell-Varley 功能反应函数。在这诸多的功能反应函数里，Beddington-DeAngellis 功能反应函数明显比其他的功能反应函数更具有优越性，其中最明显的是功能反应中的捕食者依赖是所公布的数据中几乎普遍存在的现象，并且从理论上也指出具有捕食者依赖性的动力系统和具有被捕食者依赖性的动力系统的差距还是不小的。由 Beddington（1975）和 DeAngelis 等（1975）分别提出的具有 Beddington-DeAngellis 功能反应函数的捕食—被捕食系统是：

$$\begin{cases} x'(t) = x(t)\left(a - bx(t) - \dfrac{cy(t)}{m_1 + m_2 x(t) + m_3 y(t)}\right) \\ y'(t) = y(t)\left(-d + \dfrac{fx(t)}{m_1 + m_2 x(t) + m_3 y(t)}\right) \end{cases} \quad (1-12)$$

在系统中，捕食者以 Beddington-DeAngelis 功能反应函数 $cxy/(m_1 + m_2 x + m_3 y)$ 消耗着被捕食者且生长率为 $fxy/(m_1 + m_2 x + m_3 y)$。最近几年有很多文献展开了对带有 Beddington-DeAngelis 功能反应函数的捕食—被捕食系统的讨论。

二、密度制约

让我们先来了解 Logistic 方程中的非密度制约方程。可以用微分方程来刻画种群增长的连续过程，设 $N(t)$ 为 t 时刻种群的数量，则种群的瞬时增长率 $\dfrac{\mathrm{d}N(t)}{\mathrm{d}t}$ 为：

$$\frac{\mathrm{d}N(t)}{\mathrm{d}t} = r_m N(t) \quad (1-13)$$

其中，r_m 为种群的内禀自然增长率，方程（1-13）的解是：

$$N(t) = N_0 e^{r_m t} \quad (1-14)$$

从表达式（1-14）中能看出，当 $t \to \infty$ 时有 $N(t) \to \infty$，结论很明显与实际情况不符合，所以要进行改进，于是就有了以下的密度制约方程。

Verhulst-Pearl（1938）认为实际增长率不仅仅是内禀增长率，在一定环境中，种群的增长应当总是存在一个上限 K，当种群的数量（或者密度）$N(t)$ 渐渐朝着它的上限 K 上升时，实际增长率就会渐渐减少，所以就提出了被人们称为 Verhulst-Pearl 的方程：

$$\frac{\mathrm{d}N(t)}{\mathrm{d}t} = r_m \frac{N(t)[K - N(t)]}{k} \quad (1-15)$$

在方程中，K 称为负载容量，也称为容纳量。此时的实际增长率为 $r = r_m \dfrac{(K-N)}{K}$，当种群数值增加到 K 值时，$r \to 0$（即出生率=死亡率）。这些表明增长率 r 与种群密度之间成反比，也就是当密度增大时增长率反而下降，生态学家称这种现象为对增长率的密度制约效应。

当我们考虑被捕食者的密度制约因素时，Holling II 型功能性反应的捕食—被捕食模型，也可以称为 Michaelis-Menten 型依赖被捕食的捕食—被捕食模型：

$$\begin{cases} \dfrac{dx(t)}{dt} = rx(t)\left(1 - \dfrac{x(t)}{K}\right) - \dfrac{cx(t)y(t)}{1+mx(t)} \\ \dfrac{dy(t)}{dt} = y(t)\left(\dfrac{fx(t)y(t)}{1+mx(t)} - d - ry(t)\right) \end{cases} \tag{1-16}$$

在模型中，c、r 均为正常数，且分别意味着捕获率和捕食者之间的内部竞争。

并且 Hairston、Slobodkin（1960）和 Rosenzweig（1969）在 20 世纪 60 年代就用这个模型来解释生物学中著名的 "Paradox of Enrichment" 现象，也就是随着容纳量 K 的增加，捕食者的平衡密度不断变大，但食物的平衡密度却逐渐变小，所以模型的平衡点就由稳定变为不稳定。Luck（1990）指出该模型不会出现既小又稳定的平衡密度，这就引发了后来被称为 "Biological Control Paradox" 的争论。实际上，在许多成功的生物学案例中，捕食者的平衡密度低于容纳量的 2%。这些年与之相对应的比率依赖模型也被许多学者讨论，其中，Davidson 和 Chaplain（2002）还讨论了该系统具有离散时滞时的稳定性态。

受某些环境的影响使捕食者是密度制约性的，而且许多的证据也表明一些捕食者由于环境的因素而依赖于密度。Kratina 等（2009）也指出，不管捕食者具有高密度时还是低密度时捕食者密度制约都是非常重要的。所以，只考虑被捕食者密度制约是远远不够的，还需要考虑捕食者的密度制约。捕食者和被捕食者都具有密度制约的系统是：

$$\begin{cases} x'(t) = x(t)\left(a - bx(t) - \dfrac{cy(t)}{my(t)+x(t)}\right) \\ y'(t) = y(t)\left(-d - ry(t) + \dfrac{fx(t)}{my(t)+x(t)}\right) \end{cases} \tag{1-17}$$

在模型中，r 意味着捕食者密度制约的比率。

三、阶段结构

种群的整个生命历程是由一些互不重叠的阶段所构成的，这些阶段我们称为种群的阶段结构，且属于同一个阶段的个体明显会有广泛的相似性，但是属于不同阶段的个体的习性差异很大。比如，苍蝇种群的成长阶段可分成四个：卵、幼虫（蛆）、蛹以及成虫。其中，卵在低于13℃不发育，低于8℃或者高于42℃就会死掉。对幼虫来说，最适合的环境温度（培养基料温度）是30~40℃。蛹在低于12℃时会终止发育，在高于45℃时就会死掉，在27℃的条件下羽化后变成蝇就可以开始活动和摄食。可以看出，温度的高低对于苍蝇的每个阶段都有着直接的影响，所以，用有区分的阶段结构系统研究苍蝇种群增长会比把从卵到苍蝇看成一体的研究系统更为精确，也更和现实相吻合。众所周知，自然界种群的成长有一个成长发育的过程，也就是从幼年到成年、从不成熟到成熟、从成年到老年等。并且每个成长阶段都会体现出不同的特征，比如幼年种群没有生育能力、捕食能力，生存能力相比来说也显得虚弱，和其他物种竞争有限资源的能力也要差些，还经常会有某些类型的幼年病，比起成年种群更容易死亡，难以做大范围的迁移等；然而，成年种群不仅具有生育能力以及捕食能力，而且生存能力也较强，有能力做大范围的迁移，也有能力与其他种群竞争一定范围内的有限资源，有时也会有某种类型成年特有的疾病等。所以说，种群在每个生命的各个阶段所具有的生理机能（死亡率、出生率、竞争力和扩散率等）差别是很明显的。此外，成年种群和幼年种群之间还存在互相作用（如捕食、合作和竞争等），这些都会在不同程度上影响种群的持久和绝灭。所以，当我们对种群进行研究时，考虑具有阶段结构的模型就显得非常有实际意义。

在实际环境中，几乎每个动物都存在幼年和成年两个不同阶段。其实在1990年以前，阶段结构模型就已经引起了一些学者的注意。Aidlo 和 Freedman（1990）创建了有名的单种群具有时滞的阶段结构模型，把它作为 Logistic 模型的一个非常适合的推展。这个模型对成熟种群假定了一个平均年龄，这个平均年龄作为一个常数时滞，说明了未成熟种群的时滞，也说明了未成熟种群的时滞出生率和降低未成熟到成熟的存活率，具体为：

$$\begin{cases} \dfrac{\mathrm{d}x_1(t)}{\mathrm{d}t} = \alpha x_2(t) - \gamma x_1(t) - \alpha e^{-\gamma\tau} x_2(t-\tau) \\[3mm] \dfrac{\mathrm{d}x_2(t)}{\mathrm{d}t} = \alpha e^{-\gamma\tau} x_2(t-\tau) - \beta x_2^2(t) \end{cases} \qquad (1-18)$$

在模型中，$x_1(t)$ 以及 $x_2(t)$ 分别意味着未成熟和成熟种群的密度，且系数 $\alpha>0$、$\beta>0$ 分别表示成熟种群的出生率、死亡率和拥挤率，τ 为未成熟转化为成熟的时间，$\gamma>0$ 为未成熟种群的死亡率。

在这以后，许多学者还被阶段结构种群动力模型所吸引。近年来，Aiello 和 Freedman（1990）、Cao 等（1992）讨论了幼年种群到成年种群的转化率与存在的幼年种群成正比的阶段结构模型；Cui 和 Takeuchi（2006）、She 和 Li（2013）也讨论了从出生到成熟的时间用常数时滞来表示的阶段结构模型；Diekmann 等（1986）、Hastings（1987）讨论了一些类型的自食模型。师向云、郭振（2008）考虑了两种群阶段结构的捕食模型，为了模型的简单化，我们只考虑被捕食者种群的幼年和成年两个阶段，且它们的种群密度用 $x_1(t)$ 和 $x_2(t)$ 分别表示被捕食者幼年和成年两种群阶段的结构捕食模型，捕食者的种群密度用 $y(t)$ 表示。还满足以下假定：

（Ⅰ）幼年被捕食者种群的出生率与当时存在的成年被捕食者种群成正比，比率常数为 r_1。对于幼年被捕食者种群，死亡率和转化为成年被捕食的种群率与当时存在的幼年被捕食种者群成正比，比率常数为 d_1 和 α。

（Ⅱ）成年被捕食者种群的增长是密度制约的，即与种群密度的平方成正比，比率常数为 s_2。

（Ⅲ）捕食者种群的增长是密度制约的，比率常数为 s_3。捕食者种群仅捕食成年被捕食者，消耗率为 β。捕食者种群并不及时繁殖，而是经过一段消化时间 τ 之后才繁殖。

由假定（Ⅰ）、（Ⅱ）以及（Ⅲ），我们构建以下阶段结构捕食模型：

$$\begin{cases} \dfrac{\mathrm{d}x_1(t)}{\mathrm{d}t} = r_1 x_2(t) - d_1 x_1(t) - \alpha x_1(t) \\[3mm] \dfrac{\mathrm{d}x_2(t)}{\mathrm{d}t} = \alpha x_1(t) - d_2 x_2(t) - \beta x_2(t)y(t) - s_2 x_2^2(t) \\[3mm] \dfrac{\mathrm{d}y(t)}{\mathrm{d}t} = \beta x_2(t-\tau)y(t-\tau) - d_3 y(t) - s_3 y^2(t) \end{cases} \qquad (1-19)$$

此模型还考虑了此模型的解的正性和有界性，以及平衡点的局部稳定性、全局稳定性和永久持续生存性。

最近几年，由成熟和未成熟个体组成的具有阶段结构种群增长的数学模型已经被发现及研究（He，1996；Aiello 等，1992）。Liu 和 Zhang（2008）考虑被捕食具有阶段结构且具有 Beddington-DeAngelis 功能反应函数的捕食—被捕食系统是：

$$
\begin{cases}
x_i'(t) = a'x(t) - d_i x_i(t) - a'e^{-d_i\tau}x(t-\tau) \\[3mm]
x'(t) = a'e^{-d_i\tau}x(t-\tau) - bx^2(t) - \dfrac{cx(t)y(t)}{m_1+m_2x(t)+m_3y(t)} \\[3mm]
y'(t) = -dy(t) + \dfrac{fx(t)y(t)}{m_1+m_2x(t)+m_3y(t)}
\end{cases}
\qquad (1-20)
$$

在模型中，$x_i(t)$ 为未成熟被捕食者的种群密度，$x(t)$ 是成熟被捕食者的种群密度，$y(t)$ 是成熟捕食者的种群密度，τ 为从未成年到成年的成长时间。

四、永久生存性

在种群动力系统中，有一个重要且根本的问题就是系统的永久持续生存性。很长一段时间内，人们对生物模型稳定性的研究方向主要还停留在 Lyapunov 式稳定性上。然而，尽管在工程研究和物理学领域内，平衡点的稳定性理论在刻画控制、力学和运动等方面还是发挥了特别大的作用，但在面对生态学领域中复杂的种群关系、环境的发展干扰和种群系统中往往没有稳定的平衡点而只有周期吸引子或混沌吸引子等这些情况时，苛求系统运动状态严格控制在平衡点附近的 Lyapunov 式稳定性，就会显得力不从心了。与之相对应的是，容许系统在一定范围内波动的永久持续生存性却能适应种群动力系统的这些特征。

永久持续生存将传统意义下的稳定性概念，也就是相对平衡点位置扰动保持稳定，扩展到对包含此平衡点的紧集扰动保持稳定。从生态学意义上来说，这意味着具有任何正的初始规模的所有种群的密度均将最终进入并保持在一个独立于初始状态的正区间内，这也意味着种群密度将高于某个正的下限，并低于另一个正的上限，所以永久持续生存通常被看作广义的稳定性。

构造平均 Lyapunov 函数法和无穷维动力系统的一直持续生存理论是讨论永久性持续生存最有力的两种主要数学方法。其中，第一种方法是 Hofbauer（1981）、Hutson（1984）构建的，并被王稳地和马知恩（1991）、Kuang（1993）、Tang 和 Kuang（1996）等扩展。总体来说，构建平均 Lyapunov 函数法对于比如 $x_i'(t) = x_i(t) \cdot f_i(t, x_t)$，$i = 1, 2, \cdots, n$ 的模型通常可以得到比较强的结论。但是对于形如 $X'(t) = F(t, X_t)$ 的一般的泛函微分方程系统来说，若构建一个适当的平均 Lyapunov 函数法并不是太容易。第二种方法是由 Butler 等（1986）开创的一致生存理论，之后分别在 Hale 和 Waltman（1989）等的推广下得以构建出一致持久生存理论。其中，Morse 分解和非循环覆盖是一致持久生存理论的两种途径。和一致持续生存理论在捕食—被捕食模型中的应用相关的内容，还可以参照 Cui（2005）、Teng（1998，2006）、Thieme（1993）、Zhao 和 Jiang（2004）的研究。

五、Hopf 分支

微分方程理论中的分支是指一个带有参数的系统，在参数发生变化时它的轨道拓扑结构也发生了变化的一种现象。且分支值是使轨道的拓扑结构发生改变的对应参数的临界值。Hopf 分支为当参数发生改变时，所对应的系统在某个平衡解周围发生的非平凡周期解从无到有或是从有到无的现象。

因为 Hopf 分支定理的条件容易检验，因此 Hopf 分支理论对讨论微分方程周期解的存在性提供了很有用的理论和方法。此外，当 Hopf 分支定理的条件得到满足后，我们通过中心流形理论和规范型方法，就可以得出有关确定 Hopf 分支方向和分支周期解稳定性量的计算公式，这样就提供了一种准确描绘周期解存在性和稳定性的方法。

下面给出仅含有一个参数 λ 的二维方程：

$$\begin{cases} x'(t) = P(x, y, \lambda) \\ y'(t) = Q(x, y, \lambda) \end{cases} \tag{1-21}$$

在方程（1-21）中，P 和 Q 为 (x, y, λ) 的解析函数。当参数值从 λ_0 发

生很小的变化时，假如相图没有发生基本结构的改变，则称 λ_0 为参数 λ 的普通值，否则就称 λ_0 为参数的分支值。

假如存在 λ_0 和它的一个单侧邻域，使当 λ 属于这个单侧邻域时，相应的模型（1-21）存在非平凡的周期解，标记为 $X(t, \lambda)$ 满足任意 $t \in R$ 一致存在 $\lim\limits_{\lambda \to \lambda_0} X(t, \lambda) = 0$，但在 λ_0 的另一侧模型（1-21）并不存在这样的周期解，就称模型（1-21）当 $\lambda = \lambda_0$ 时在 $X = 0$ 处经历了 Hopf 分支。同时，我们还可以用分支方向来刻画分支周期位于 λ_0 的哪一侧，假如分支周期解位于 λ_0 的右侧，就称该 Hopf 分支的方向是前向的，假如分支周期解位于 λ_0 的左侧，就称该 Hopf 分支的方向是后向的。同时，对极限环以及 Hopf 分支的内容可以参照张锦炎和冯贝叶（2000）、张芷芬等（1997），也可以参照 Zhu 等（2002）、Xiao 和 Zhu（2006）。

第三节　研究内容、方法和意义

一、研究内容

在本书中，我们研究以下三个模型：

（一）密度制约且具有 Beddington-DeAngelis 功能反应函数的捕食—被捕食模型

最初由 Beddington 和 DeAngelis 提出的具有 Beddington-DeAngelis 功能反应函数的捕食—被捕食模型为：

$$\begin{cases} x'(t) = x(t)\left(a - bx(t) - \dfrac{cy(t)}{m_1 + m_2 x(t) + m_3 y(t)}\right) \\ \\ y'(t) = y(t)\left(-d + \dfrac{fx(t)}{m_1 + m_2 x(t) + m_3 y(t)}\right) \end{cases} \tag{1-22}$$

由前面的讨论可知，实际的生物环境需要捕食者和被捕食者都具有密度制约，我们给出密度制约且带有 Beddington-DeAngelis 功能反应函数的捕食—被捕食模型为：

$$\begin{cases} x'(t)=x(t)\left(a-bx(t)-\dfrac{cy(t)}{m_1+m_2x(t)+m_3y(t)}\right) \\[4mm] y'(t)=y(t)\left(-d-ry(t)+\dfrac{fx(t)}{m_1+m_2x(t)+m_3y(t)}\right) \end{cases} \quad (1-23)$$

在模型（1-23）中，$x(t)$、$y(t)$ 分别表示被捕食者和捕食者的种群密度，r 表示捕食者的密度制约率，捕食者是以 Beddington-DeAngelis 功能反应函数 $\dfrac{cx(t)y(t)}{m_1+m_2x(t)+m_3y(t)}$ 消耗被捕食者的，且被捕食者的成长率为 $\dfrac{fx(t)y(t)}{m_1+m_2x(t)+m_3y(t)}$。

与模型（1-22）相比，模型（1-23）不仅有 $bx^2(t)$ 这一项（意味着被捕食者种群的相互作用），还有 $ry^2(t)$ 这一项（意味着捕食者种群的相互作用），这就是捕食者和被捕食者都具有密度制约效应。

（二）密度制约且具有阶段结构的 Beddington-DeAngelis 功能反应函数捕食—被捕食模型

在模型（1-22）的基础之上，考虑被捕食者具有阶段结构，Liu 和 Zhang（2008）讨论了对应的模型：

$$\begin{cases} x_i'(t)=a'x(t)-d_ix_i(t)-a'e^{-d_i\tau}x(t-\tau) \\[4mm] x'(t)=a'e^{-d_i\tau}x(t-\tau)-bx^2(t)-\dfrac{cx(t)y(t)}{m_1+m_2x(t)+m_3y(t)} \\[4mm] y'(t)=-dy(t)+\dfrac{fx(t)y(t)}{m_1+m_2x(t)+m_3y(t)} \end{cases} \quad (1-24)$$

在模型（1-24）中，$x_i(t)$ 为未成熟的被捕食者种群，$x(t)$ 为成熟的被捕食者种群，$y(t)$ 是成熟的捕食者种群，τ 是由未成熟向成熟转化的时间。

在模型（1-24）的基础之上，考虑捕食者和被捕食者同时具有密度制约，对应的模型为：

$$\begin{cases} x'(t)=x(t)\left(a-bx(t)-\dfrac{cy(t)}{m_1+m_2x(t)+m_3y(t)}\right) \\[4mm] y'(t)=y(t)\left(-d-ry(t)+\dfrac{fx(t)}{m_1+m_2x(t)+m_3y(t)}\right) \end{cases} \quad (1-25)$$

在模型（1-25）中，r 代表捕食者的密度制约率。

在模型（1-25）中，令 $a = a'e^{-d_i\tau}$ 和 $x_i(0) = a'\int_{-\tau}^{0} e^{d_is}x(s)\mathrm{d}s$，且由系统解的连续性得：

$$x_i(t) = a'\int_{-\tau}^{0} e^{d_is}x(t+s)\mathrm{d}s \qquad (1-26)$$

这就意味着 $x_i(t)$ 可以完全由 $x(t)$ 代替。所以，系统（1-25）等价于下面的模型：

$$\begin{cases} x'(t) = ax(t-\tau) - bx^2(t) - \dfrac{cx(t)y(t)}{m_1 + m_2x(t) + m_3y(t)} \\[3mm] y'(t) = -dy(t) - ry^2(t) + \dfrac{fx(t)y(t)}{m_1 + m_2x(t) + m_3y(t)} \end{cases} \qquad (1-27)$$

模型（1-27）实质上就是时滞的密度制约的具有 Beddington-DeAngelis 功能的反应函数捕食—被捕食模型。

（三）密度制约非自治且具有 Beddington-DeAngelis 功能反应函数的捕食—被捕食模型

具有 Beddington-DeAngelis 功能反应函数的捕食—被捕食模型为：

$$\begin{cases} x'(t) = x(t)\left(a - bx(t) - \dfrac{cy(t)}{m_1 + m_2x(t) + m_3y(t)}\right) \\[3mm] y'(t) = y(t)\left(-d + \dfrac{fx(t)}{m_1 + m_2x(t) + m_3y(t)}\right) \end{cases} \qquad (1-28)$$

因为自然世界是动态演化的（Fan 等，2003；Wang 等，2003），尤其是出生率、死亡率和种群其他重要的变化率都会随着时间的改变而改变，特别是，为了和环境的周期性（如天气的季节性、食物供应的影响、交配习惯等）相一致，我们通常假设生物和环境的参数是周期性波动的。如果同时考虑捕食者和被捕食者同时具有密度制约，则相应的密度制约非自治且具有比率依赖的捕食—被捕食模型为：

$$\begin{cases} x'(t) = x(t)\left(a(t) - b(t)x(t) - \dfrac{c(t)y(t)}{m_1(t) + m_2(t)x(t) + m_3(t)y(t)} \right) \\ y'(t) = y(t)\left(-d(t) - r(t)y(t) + \dfrac{f(t)x(t)}{m_1(t) + m_2(t)x(t) + m_3(t)y(t)} \right) \end{cases}$$

$$(1-29)$$

二、研究方法

在研究密度制约的 Beddington-DeAngelis 功能反应函数的捕食—被捕食模型、密度制约且具有阶段结构的 Beddington-DeAngelis 功能反应函数的捕食—被捕食模型和密度制约具有比率依赖的捕食—被捕食系统这三个系统的动力性质过程中，我们利用双曲线的位置关系去确定系统存在唯一正平衡点的充分且必要条件，同时利用平衡点对应的特征方程的根实部的符号去判断平衡点的局部稳定性，用 Lyapunov 函数去判断正平衡点的局部渐近性质和全局吸引性。利用极限集的类型的判断去讨论系统的持久性，这种方法不同于用持久性理论去判断。在讨论密度制约具有比率依赖的捕食—被捕食系统周期解唯一性的过程时，通过 Brouwer 不动点定理和连续性定理去讨论周期解的存在性，构造 Lyapunov 函数去判断周期解的全局吸引性。

在研究密度制约且具有 Beddington-DeAngelis 功能反应函数的捕食—被捕食模型的极限环和 Hopf 分支的过程中，我们选取时滞作为分支参数，首先基于由 Beretta 和 Kuang（2002）提供的几何判断标准，我们主要给出正平衡点的稳定性和系统的稳定性变换。其次，我们通过引用一个条件推广了 Beretta 和 Kuang（2002）的几何判断标准，这个条件比 Beretta 和 Kuang（2002）研究中的条件更弱，且引用了提升理论。最后，把规范后的时滞系统转化为无穷维系统，利用规范型理论和中心流形定理得到限制在中心流形上的流满足的二维常微分方程，再通过比较系数等方法具体求出确定 Hopf 分支稳定性、方向和周期的参数公式，从而确定出 Hopf 分支的性质。

三、研究意义

本书以捕食者和被捕食者都具有密度制约且具有 Beddington-DeAngelis 功能反应函数的捕食—被捕食模型的定性分析为研究对象，无论是从常微分方程的定性理论，还是从实际的生态系统上来说都有很大的创新和实用价值。本书不仅为生物种群的持续生长和生态系统的均衡发展提供了科学的依据和方法，也进一步完善了生物种群中捕食—被捕食模型的稳定性和定性理论。

本书通过对捕食—被捕食模型的研究，可以解决人们在研究种群时所关心的两个方面的问题：一是捕食者和被捕食者两种群随时间变化而变化的自然规律；二是如何实行人工干预，从而对捕食者和被捕食者两种群进行保护、开发和利用。我们通过对捕食者和被捕食者的研究，不仅可以为生物种群的持续生长和生态系统的平衡发展提供一定的科学依据和方法，同时也可以进一步完善生物种群中捕食—被捕食模型的稳定性和定性理论。人类只有对更多种群演变规律进行了解和应用后，才能够让生态系统保持平衡，才能与人类社会和谐相处，更好地与人类共存。

第四节　相关概念界定

我们将介绍稳定性、持久性、时滞微分方程、Routh-Hurwotz 准则以及分支理论这些方面的概念和对应知识，在 Hahn（1967）、Khalil（2002）的研究中对非线性系统和稳定性理论的内容都有详细的介绍。

一、稳定性

当我们用常微分方程去描述一个实际系统运动时，实际系统的运动一般要受到外界各种因素的扰动，这些干扰运动即使是微小的但也会影响到系统的运动。因初始的扰动而引起解的长时间变化问题中的稳定性概念，主要是李雅普诺夫（Lyapunov）稳定性、全局稳定性、指数稳定性等。接下来我们就介绍李雅普诺夫稳定性的数学概念。

$$x'=f(t, x) \tag{1-30}$$

在微分方程（1-30）中，$t \in I=[a, +\infty)$，$x \in D \subseteq R^n$，D 为 R^n 中的一个开区域，$f: I \times D \rightarrow R^n$。假定 $f(t, x)$ 在区域 $\Omega=I \times D$ 中连续并满足解的唯一性条件，那么对点 $(t_0, x_0) \in \Omega$，方程就存在唯一的饱和解 $x=x(t)=\varphi(t; t_0, x_0)$。

通常来说，微分方程（1-30）表示的是某个系统的运动方程，其每个特解对应系统的一个特定运动。假定 $x = \hat{x}(t) = \varphi(t; t_0, \hat{x}_0)$，$t \geq t_0$ 为微分方程的一个特解，它相应的运动就称为未受扰运动。

定义 1.1 假定 $x = \tilde{x}(t)$（$t_0 \leq t < +\infty$）为微分方程（1-30）的一个特解，$\tilde{x}(t_0) = \tilde{x}_0$，如果对任意的 $\varepsilon > 0$，存在 $\delta(\varepsilon, t_0) > 0$，使以下条件满足：

（1）对满足条件 $\| x_0 - \tilde{x}_0 \| < \delta(\varepsilon, t_0)$ 的初值 x_0 所确定的方程（1-30）的解 $x = x(t) = \varphi(t; t_0, x_0)$ 均在 $t \geq t_0$ 上有定义。

（2）上述解对任意 $t \geq t_0$ 存在 $\| x(t) - \tilde{x}(t) \| < \varepsilon$ 就称解 $x(t) = \tilde{x}(t)$ 是在李雅普诺夫意义下稳定的。

相反，假如有某个 $\varepsilon > 0$ 和某个 $t_0 \in I = (a, +\infty)$，使对任意 $\delta > 0$，均至少有一个满足 $\| x_0 - \tilde{x}_0 \| < \delta$ 的初值 x_0，其所确定的解 $x = x(t)$ 在某个 $t = t_1 > t_0$ 没有定义，或在 t_1 有 $\| x(t_1) - \tilde{x}(t_1) \| \geq \varepsilon$，就称解 $x = \tilde{x}(t)$ 是在李雅普诺夫意义下不稳定的。

定义 1.2 假如微分方程（1-30）满足初始条件 $(t_0, \tilde{x}_0)$ 的解 $x = \tilde{x}(t)$ 是在李雅普诺夫意义下稳定的，且满足吸引性条件，也就是有 $\eta(t_0) > 0$，使当 $\| x_0 - \tilde{x}_0 \| < \eta(t_0)$ 时，由初始值 (t_0, x_0) 所确定的解 $x = x(t)$ 均有 $\lim\limits_{t \to +\infty} \| x(t) - \tilde{x}(t) \| = 0$，就称解 $x = \tilde{x}(t)$ 是在李雅普诺夫意义下渐近稳定的。

定义 1.3 假如解 $x = \tilde{x}(t)$ 只满足定义 1.2 中的吸引性条件，就称解 $x = \tilde{x}(t)$ 为吸引的。对于给定的 $t_0 \in I$，当 $t \to +\infty$ 时，使 $\| x(t) - \tilde{x}(t) \| = \| \varphi(t; t_0, x_0) - \varphi(t; t_0, \tilde{x}_0) \| \to 0$ 的所有初始值 x_0 的集合是解 $x = \tilde{x}(t)$ 于 t_0 的吸引域 $A(t_0)$。

在稳定性概念中，李雅普诺夫稳定性为最早给出精确数学含义的一种运动稳定性概念，通常我们把在李雅普诺夫意义下的稳定（不稳定、渐近稳定）简称为稳定（不稳定、渐近稳定）。然而，还需要在实际应用中有重要意义的其他一些稳定性概念，如下面的一些概念。

定义 1.4 如果在定义 1.1 中，$x = \tilde{x}(t)$ 为稳定的，并且 δ 和 t_0 无关（也就是 $\delta = \delta(\varepsilon)$），就称解 $x = \tilde{x}(t)$ 为一致稳定（也就是均匀稳定）的。

定义 1.5 假如微分方程（1-30）的解 $x = \tilde{x}(t)$ 为一致稳定的，并且又为一致吸引的，也就是对任意 $\xi > 0$，有一个与 t_0 无关的 $\eta > 0$，和一个与 t_0

无关的 $T=T(\xi,\eta)>0$，使当 $\|x_0-\tilde{x}_0\|<\eta$ 时，对于一切 $t>t_0+T$，$\|x(t)-\tilde{x}(t)\|<\xi$（也就是对 t_0 的一致性），就称解 $x=\tilde{x}(t)$ 为一致渐近稳定的。

定义 1.6 假如方程（1-30）的解 $x=\tilde{x}(t)$ 为稳定的，并且对从任意 $x_0\in R^n$ 出发的解 $x=x(t)$ 均存在 $\lim\limits_{t\to+\infty}\|x(t)-\tilde{x}(t)\|=0$，也就是对任意的 $t_0\in I=[a,+\infty)$，解 $x=\tilde{x}(t)$ 的吸引域均为整个 R^n，就称解 $x=\tilde{x}(t)$ 为全局渐近稳定的。

定义 1.7 假如方程（1-30）的解 $x=\tilde{x}(t)$ 满足：

（1）它为一致稳定的；

（2）对任意的 $\xi>0$，$\eta>0$（η 可任意大），$t_0\in I$，有一个与 t_0 无关的 $T(\xi,\eta)>0$，使当 $\|x_0-\tilde{x}_0\|<\eta$ 时，对任意的，$t>t_0+T(\xi,\eta)$ 存在 $\|x(t)-\tilde{x}(t)\|<\xi$，就称解 $x=\tilde{x}(t)$ 为全局一致渐近稳定的。

二、持久性

下面我们就给出系统持久性的定义。

定义 1.8 Li 和 She（2015）、She 和 Li（2013）假定存在正常数 m，M 和 $M>m$，使系统（1-30）的任一解 $(x(t),y(t))$ 满足 $m\leqslant\liminf\limits_{t\to\infty}x(t)\leqslant\limsup\limits_{t\to\infty}x(t)\leqslant M$，$m\leqslant\liminf\limits_{t\to\infty}y(t)\leqslant\limsup\limits_{t\to\infty}y(t)\leqslant M$，就称系统（1-30）为持久的，否则为不持久的。

引理 1.1 微分方程 $x'(t)=ax(t-\tau)-bx(t)-cx^2(t)$，且在方程中常数 a，b，c，$\tau>0$，若对任意的 $t\in[-\tau,0]$，均存在 $x(t)>0$ 成立。那么以下的结论成立：

（1）假如 $a>b$，那么 $\lim\limits_{t\to\infty}x(t)=\dfrac{a-b}{c}$。

（2）假如 $a\leqslant b$，那么 $\lim\limits_{t\to\infty}x(t)=0$。

引理 1.2 微分方程 $x'(t)=x(t)(d_1-d_2x(t))$，且在方程中 $d_2>0$，则以下结论成立：

（1）假如 $d_1>0$，那么 $\lim\limits_{t\to\infty}x(t)=\dfrac{d_1}{d_2}$。

（2）假如 $d_1\leqslant0$，那么 $\lim\limits_{t\to\infty}x(t)=0$。

引理 1.3 （比较原理）假定 $f(t,x)$ 和 $F(t,x)$ 均为在平面区域 G 上

连续的纯量函数并且满足不等式 $f(t, x) \leqslant F(t, x)$，$(t, x) \in G$，如果 $x = \phi(t)$，$x = \varphi(t)$ 分别为一阶方程 $x'(t) = f(t, x)$ 和 $x'(t) = F(t, x)$ 过同一个点 $(t_0, x(t_0))$ 的解，那么存在 $t \geqslant t_0$ 和 t 属于两者共同存在的区间时，一定有 $\phi(t) \leqslant \varphi(t)$。

三、时滞微分方程

下面我们简单介绍时滞微分方程的定义。

假定 $r \geqslant 0$ 为已知实数，$R = (-\infty, +\infty)$，R^n 为实 n 维的线性向量空间，且存在范数 $|\cdot|$，从区间 $[a, b]$ 到 R^n 存在一切连续映射所构成的空间 $C([a, b], R^n)$，且我们在其中定义模是 $\|\varphi\|_{[a,b]} = \sup_{a \leqslant \theta \leqslant b} |\varphi(\theta)|$，$\varphi \in C([a, b], R^n)$ 则 $C([a, b], R^n)$ 为 Banach 空间。尤其是，记 $C := C([-r, 0], R^n)$，当 $\phi \in C$ 时，它的模 $\|\varphi\|_{[-r,0]}$ 可以简记为 $\|\varphi\|$。

如果 $\sigma \in R$，$A \geqslant 0$ 和 $x(t) \in C([\sigma - r, \sigma + A], R^n)$，那么对每一个 $t \in [\sigma, \sigma + A)$，定义 $x_t \in C$ 是 $x_t(\theta) = x(t + \theta)$，$-r \leqslant \theta \leqslant 0$。如果 $D \subseteq R \times C$，$f: D \to R^n$ 为给定的泛函，那么称 $x'(t) = f(t, x_t)$ 为集合 D 上的滞后型泛函微分方程，可简称为时滞微分方程。

四、Routh-Hurwotz 准则

Routh-Hurwotz 准则是常微分方程中常用的理论，在本书中也会用到。我们考虑实系数多项式方程：

$$a_0 \lambda^n + a_1 \lambda^{n-1} + \cdots + a_{n-1} \lambda + a_n = 0 \qquad (1-31)$$

它对应的行列式为：

$$\Delta_1 = a_1, \quad \Delta_2 = \begin{vmatrix} a_1 & a_0 \\ a_3 & a_2 \end{vmatrix}, \quad \Delta_3 = \begin{vmatrix} a_1 & a_0 & 0 \\ a_3 & a_2 & a_1 \\ a_5 & a_4 & a_3 \end{vmatrix}, \quad \cdots,$$

$$\Delta_n = \begin{vmatrix} a_1 & a_0 & 0 & 0 & \cdots & 0 \\ a_3 & a_2 & a_1 & a_0 & \cdots & 0 \\ \cdots & \cdots & \cdots & \cdots & \cdots & \cdots \\ a_{2n-1} & a_{2n-2} & a_{2n-3} & a_{2n-4} & \cdots & a_{2n} \end{vmatrix}$$

在行列式中，若 $i > n$，就规定 $a_i = 0$。

引理 1.4　（Routh–Hurwotz 准则）如果 $a_0 > 0$，那么方程（1–31）的所有根均有严格负实部的充要条件为以下不等式同时成立：$\Delta_1 > 0$，$\Delta_2 > 0$，$\Delta_3 > 0$，$\cdots$，$\Delta_n > 0$。

五、Hopf 分支理论

关于向量场：

$$\frac{\mathrm{d}x}{\mathrm{d}t} = A(\mu)x + F(x, \mu) \tag{1-32}$$

在向量场（1–32）中，$x = (x_1, x_2) \in R^2$，$\mu \in R^1$，$F(0, 0) = 0$，$D_x F(0, 0) = 0$。假定线性部分矩阵 $A(\mu)$ 存在特征值 $\alpha(\mu) \pm i\beta(\mu)$。接下来，我们就分别给出判断 Hopf 分支稳定和 Hopf 分支稳定性、方向和周期特性的两个定理。

定理 1.1　关于模型（1–32），我们有这三个条件：①$\alpha(0) = 0$，$\beta(0) \neq 0$；②$\alpha'(0) \neq 0$；③$Rec_1(0) \neq 0$。若条件①和条件③满足，那么有 $\sigma > 0$ 和（x，y）$= (0, 0)$ 的邻域 U，使当 $|\mu| < \sigma$ 时，模型（1–32）在邻域 U 内最多有一个闭轨（极限环）。还有，若条件②也满足，那么有 $\sigma > 0$ 和函数 $\mu = \mu(x_1)$，$0 < x_1 \leqslant \sigma$，满足 $\mu(0) = 0$ 并且有：

（1）如果 $\mu = \mu(x_1)$，$0 < x_1 \leqslant \sigma$ 时，模型（1–32）穿过（x_1，0）的轨道为模型（1–32）的唯一闭轨。如果 $Rec_1(0) < 0$，轨道为稳定的；如果 $Rec_1(0) > 0$，则轨道为不稳定的。

（2）如果 $\mu\alpha'(0)\,Rec_1(0) < 0$，则 $\mu'(x_1) > 0$；如果 $\mu\alpha'(0)\,Rec_1(0) > 0$，则 $\mu'(x_1) < 0$。

定理 1.2　如果：

（1）对属于一个包含 0 的开区间的 μ 来说，$f(0, \mu) = 0$，且 $0 \in R^n$ 是 f 的一个分离的平衡点。

（2）f 关于 x 和 μ 在（0，0）的邻域内是解析的，属于 $R^n \times R^1$。

（3）$A(\mu) = D_x f(0, \mu)$ 有一对共扼复特征值 λ 和 $\bar{\lambda}$ 使 $\lambda(\mu) = \alpha(\mu) + i\omega(\mu)$，其中，$\omega(0) = \omega_0 > 0$，$\alpha(0) = 0$，$\alpha'(0) \neq 0$。

（4）$A(0)$ 剩余的 $n-2$ 个特征值有严格的负实部。

那么系统（1-32）有一族周期解：存在一个 $\varepsilon_H > 0$ 和一个解析函数 $\mu^H(\varepsilon) = \sum_{i=2}^{\infty} \mu_i^H \varepsilon^i (0 < \varepsilon < \varepsilon_H)$，使对任意的 $\varepsilon \in (0, \varepsilon_H)$ 存在一个周期解 $p_\varepsilon(t)$ 出现，对 $\mu = \mu^H(\varepsilon)$。如果 $\mu^H(\varepsilon)$ 不恒等于零，第一个非零系数 μ_i^H 有一个偶数下标，且存在一个 $\varepsilon_1 \in (0, \varepsilon_H]$ 使对任意的 $\varepsilon \in (0, \varepsilon_1)$，$\mu^H(\varepsilon)$ 要么是严格正的，要么是严格负的。对每个 $L > \dfrac{2\pi}{\omega(0)}$ 存在一个 $x = 0$ 的邻域 h 且对一个包含 $x = 0$ 的开区间 ℓ 使对任意的 $\mu \in \ell$ 有系统（1-32）的唯一非常数周期小于 L 的周期解，位于邻域 h 中，对 $\mu^H(\varepsilon) = \mu$，$\varepsilon \in (0, \varepsilon_H)$ 满足的 ε 来说，是周期解 $p_\varepsilon(t)$ 的个数。$p_\varepsilon(t)$ 的周期 $T^H(\varepsilon)$ 是一个解析函数：

$$T^H(\varepsilon) = \frac{2\pi}{\omega(0)}\left[1 + \sum_{i=2}^{\infty} T_i^H \varepsilon^i\right](0 < \varepsilon < \varepsilon_H)。$$

正好有两个 Floquet 指数函数凡 $p_\varepsilon(t)$ 趋向于 0。当 $\varepsilon \to 0$ 时，一个是 0 对 $\varepsilon \in (0, \varepsilon_H)$，另外一个是解析函数 $\beta^H(\varepsilon) = \sum_{i=2}^{\infty} \beta_i^H \varepsilon^i (0 < \varepsilon < \varepsilon_H)$。如果 $\beta^H(\varepsilon) < 0$，则周期解 $p_\varepsilon(t)$ 是轨道渐近稳定的，但是如果 $\beta^H(\varepsilon) > 0$，则是不稳定的。

第五节 本书的内容安排

本书的内容安排如下：

第一章介绍种群生态学的研究背景、意义和捕食—被捕食模型受到国内外学者的广泛关注，以及从不同的研究内容出发给出捕食—被捕食模型的研究现状，并介绍了本书的研究内容、方法和意义。除此之外，系统地介绍了稳定性和持久性的一些定义、时滞微分方程的一些基本理论、Routh-Hurwotz 准则，以及 Hopf 分支理论等预备知识。

第二章对自治且具有 Beddington-DeAngelis 功能反应函数的捕食—被捕食模型的动力性质进行研究。先讨论模型的平衡点和它们的局部稳定性，接下来讨论边界平衡点的全局吸引性，以及对模型的持久性进行分析，最后讨论正平衡点的持久共存性。

第三章对时滞具有 Beddington-DeAngelis 功能反应函数的捕食—被捕食模型的动力性质进行分析，实际上就是捕食者具有阶段结构的捕食—被捕食模型。首先讨论模型的平衡点和它们的局部稳定性，紧接着进行全局吸引性分析，最后对系统的持久性进行分析。

第四章对非自治密度制约且具有 Beddington-DeAngelis 功能反应函数的捕食—被捕食模型的周期解进行研究。首先对模型持久性进行研究，其次对模型灭绝和边界周期解的唯一性进行讨论，给出全局吸引的边界周期解的唯一性，最后得到全局吸引正周期解的唯一性。

第五章对密度制约且具有 Beddington-DeAngelis 功能反应函数的捕食—被捕食模型的稳定性和 Hopf 分支进行研究。首先对模型进行特征值分析和稳定性分析，其次研究 Hopf 分支，最后利用数值模拟对前面的理论进行验证。

本章小结

本章介绍了种群生态学的研究背景、意义和捕食—被捕食模型，从功能反应函数、密度制约、阶段结构、永久生存性、极限环和 Hopf 分支五个不同的研究内容出发给出了捕食—被捕食模型的研究现状。紧接着介绍了本书的研究内容、方法和意义。最后系统地介绍了李雅普诺夫意义下的稳定、渐近稳定、一致稳定、一致渐近稳定等稳定性和持久性的一些定义，还给出了时滞微分方程的一些基本理论、Routh-Hurwotz 准则，以及 Hopf 分支理论等预备知识。

第二章 密度制约且具有 Beddington-DeAngelis 功能反应函数的捕食—被捕食系统的动力性质

第一节 模型引入

生态系统的稳定性一直是数学生态学重要且有趣的话题之一。Skalski 和 Gilliam (2001) 给出了从三种具有捕食者密度制约的功能反应函数（Beddington-DeAngelis、Crowley-Martin 和 Hassell-Varley）的 19 个捕食—被捕食系统中得出的统计证据，这些证据可以在捕食—被捕食都很丰富的范围内为捕食者的捕食行为提供更好的解释。在某些情况下，Beddington-DeAngelis 类型的功能反应函数可以更好地在它们之间预先形成。他们最显著的发现是功能性反应函数中的捕食者依赖性在已经公布的数据集中上是一个几乎无处不在的特性。虽然他们认为的捕食者依赖模型符合这些数据是非常合理的，但不是单一的功能反应函数就可以最优地解释所有的数据。理论研究表明，具有捕食者依赖性功能反应函数模型的动力学性质和具有被捕食者依赖性功能反应函数模型有相当大的区别（Kratina 等，2009；Li 和 Takeuchi，2010；Lu 和 Li，2005）。

具有 Beddington-DeAngelis 功能反应函数的捕食—被捕食系统：

$$x' = x\left(a - bx - \frac{cy}{m_1 + m_2 x + m_3 y}\right), \quad y' = y\left(-d + \frac{fx}{m_1 + m_2 x + m_3 y}\right) \quad (2\text{-}1)$$

最初是由 Beddington （1975） 和 DeAngelis 等 （1975） 提出的。近年来，一些专家也开始研究这个系统 （Cantrell 和 Cosner，2001；Chen 等，2008；Cui 和 Takeuchi，2006）。

进而，特定的环境也会限定捕食者需要的密度制约。关于捕食者具有密度制约的模型中，捕食者和被捕食者的关系这方面的理论是不完整的 （Li 和 Takeuchi，2010；Lu 和 Li，2005）。Kartina 等 （2009） 表明在人均捕食率方面，不论是高密高的捕食还是低密度的捕食，捕食者对密度的依赖性都很重要。在生态学上，仅仅考虑被捕食者的密度制约性是不够的，我们需要把捕食者依赖的实际水平考虑进去。捕食者和被捕食者都有密度制约的捕食—被捕食模型的定性分析与仅仅只有被捕食者密度制约的模型有非常大的差别，难度也会有很大的提高。

在本章中，我们将研究两个不同的捕食者密度制约的具有 Beddington-DeAngelis 功能反应函数的模型，模型描述如下：

模型 2.1 此模型描述的是被捕食者 $x(t)$ 和具有密度制约的捕食者 $y(t)$ 的生长情况，模型是：

$$\begin{cases} x' = x\left(a-bx-\dfrac{cy}{m_1+m_2x+m_3y}\right) \\ y' = y\left(-d-ey+\dfrac{fx}{m_1+m_2x+m_3y}\right) \end{cases} \quad (2-2)$$

其中所有参数都是正的。对模型 （2-2） 的整个生物背景描述可以参考 Beddington （1975）、DeAngelis 等 （1975）。e 表示捕食者的密度制约率；其他参数的生物背景在 Dimitrov 和 Kojouharov （2005） 以及 Liu 和 Beretta （2006） 的文章中有详细的介绍。

上述系统的初始条件形式为：

$$x(0)>0, \ y(0)>0 \quad (2-3)$$

当 $m_2=m_3=0$ 且 $m_1>0$，模型 （2-2） 简化为 Lotka-Volterra 模型。

当 $m_1=m$，$m_2=1$，$m_3=0$，系统 （2-2） 将是传统的 Kolmogorov 型的具有 Holling Ⅱ 型功能反应函数的捕食—被捕食模型：

$$x' = x\left(a-bx-\frac{cy}{m+x}\right), \ y' = y\left(-d-ey+\frac{fx}{m+x}\right) \quad (2-4)$$

且它的各种广义形式都受到了理论界和数学界的高度关注，且得到了深入研究。

当 $m_1=0$，$m_2=1$，$m_3=m$，系统（2-2）将是下面基于比率依赖的捕食—被捕食模型：

$$x'=x\left(a-bx-\frac{cy}{my+x}\right),\ y'=y\left(-d-ey+\frac{fx}{my+x}\right) \tag{2-5}$$

它包括捕食者之间的相互作用。系统（2-5）已经被很多学者研究且取得了很大的进展，具体见 Li 和 Takeuchi（2010）。

模型 2.2　自然地，更具有实际意义且有趣的描述物种相互作用的模型应当把时滞的影响考虑进去（Huo 等，2007；Liu 等，2010；Sun 等，2009；Zeng 等，2008）。因此，研究如下具有 Beddington-DeAngelis 功能反应函数的时滞捕食—被捕食模型是有趣且重要的：

$$\begin{cases} x'=x\left(a-bx-\dfrac{cy}{m_1+m_2x+m_3y}\right) \\ y'=y\left(-d-ey+\dfrac{fx(t-\tau)}{m_1+m_2x(t-\tau)+m_3y(t-\tau)}\right) \end{cases} \tag{2-6}$$

其中，正常数 τ 描述的是被捕食者与捕食者之间转化的时滞。换句话说，捕食者生长反应的延迟。其他参数的生物意义和系统（2-2）是一样的。

上述时滞系统的初始条件形式为：

$$x_0(\theta)=\phi_1(\theta)\geqslant 0, y_0(\theta)=\phi_2(\theta)\geqslant 0, \theta\in[-\tau,0], x(0)>0, y(0)>0$$

$$\tag{2-7}$$

其中，$\phi=(\phi_1,\phi_2)\in C([-\tau,0],R_+^2)$，$R_+^2=\{(x,y):x\geqslant 0,y\geqslant 0\}$，$\|\phi\|=\max\{|\phi(\theta)|:\theta\in[-\tau,0]\}$，且 $|\phi|$ 是集合 R_+^2 中的任意模型。通常，当 $\theta\in[-\tau,0]$ 时我们用传统记号来表达 $x_t(\theta)=x(t+\theta)$。

当 $e=0$，模型（2-6）在 Huo 等（2007）、Liu 等（2006）的研究中考虑过。当 $e=m_2=m_3=0$，式（2-6）表示的是 Lotka-Volterra 时滞模型，被 Sun 等（2009）研究过。模型（2-6）中，当 $e=0=m_3=0$（Holling II 型功能反应函数）时，被 Zeng 等（2008）研究过。

当 $m_1=0$，$m_2=m$，$m_3=1$，系统（2-6）将是下面的时滞具有比率依赖的捕食—被捕食模型：

$$x'=x\left(a-bx-\frac{cy}{mx+y}\right),\ y'=y\left(-d-ey+\frac{fx(t-\tau)}{mx(t-\tau)+y(t-\tau)}\right) \qquad (2\text{-}8)$$

它在 Lu 和 Li（2005）的研究中出现过。

接下来，我们分别来说系统（2-2）和系统（2-6）的平衡点，当它是稳定的且吸引系统（2-2）和系统（2-6）的所有正解时，是全局渐近稳定的。

本章的内容安排如下：在第二节，我们给出两个模型持久性和非持久性的充分条件。在第三节，我们得到模型 2.1 正平衡点局部或全局渐近稳定的充分条件。在第四节，我们考虑模型 2.2 局部或全局稳定的情况。在第五节，我们对本章进行了总结。

第二节　持久性和非持久性

接下来，系统（2-2）和系统（2-6）的正平衡点记为 $E^*(x^*,\ y^*)$。需要指出的是，$E^*(x^*,\ y^*)$ 满足下面的代数方程组：

$$\begin{cases}(a-bx^*)(m_1+m_2x^*+m_3y^*)-cy^*=0\\(-d-ey^*)(m_1+m_2x^*+m_3y^*)+fx^*=0\end{cases} \qquad (2\text{-}9)$$

通过方程组的曲线分析我们能够表明，如果条件：

$$(f-\mathrm{d}m_2)\frac{a}{b}>\mathrm{d}m_1 \qquad (2H_0)$$

成立，则系统（2-2）和系统（2-6）有一个正平衡点。

定义 2.1 系统（2-2）和系统（2-6）是持久的，如果存在正常数 δ、Δ，当 $0<\delta\leqslant\Delta$ 时，使 $\min\left\{\lim\limits_{t\to+\infty}\inf x(t),\ \lim\limits_{t\to+\infty}\inf y(t)\right\}\geqslant\delta$，$\max\left\{\lim\limits_{t\to+\infty}\sup x(t),\right.$ $\left.\lim\limits_{t\to+\infty}\sup y(t)\right\}\leqslant\Delta$，对系统（2-2）和系统（2-6）所有的具有正初始值的解都成立。系统（2-2）或系统（2-6）是非持久的，如果系统（2-2）或系统（2-6）存在一个正解 $(x(t),\ y(t))$，则满足 $\min\left\{\lim\limits_{t\to+\infty}\sup x(t),\ \lim\limits_{t\to+\infty}\sup y(t)\right\}=0$。

定理 2.1 如果系统（2-2）满足下面两个条件其中之一：

$$
\begin{cases}
(\text{i}) \ f>dm_2 \text{和} (f-dm_2)\left(\dfrac{a}{b}-\dfrac{c}{bm_3}-\dfrac{dm_3}{em_2}\right)>dm_1 \\[3mm]
\text{或者} \\[3mm]
(\text{ii}) \ am_3>c+\dfrac{bdm_3^2}{em_2} \text{和} (f-dm_2)\left(\dfrac{a}{b}-\dfrac{c}{bm_3}-\dfrac{dm_3}{em_2}\right)>dm_1
\end{cases} \qquad (2H_1)
$$

则系统（2-2）是持久的。

证明： 由系统（2-2），我们可以得到：

$$x'>x\left(a-bx-\frac{c}{m_3}\right)，$$ 因此，当 $am_3>c$ 时，$\displaystyle\lim_{t\to+\infty}\inf x(t)\geqslant b^{-1}\left(a-\frac{c}{m_3}\right)\equiv \underline{x}。$

很容易看到，对系统（2-2）来说，$x'<x(a-bx)$，这意味着 $\displaystyle\lim_{t\to+\infty}\sup x(t)\leqslant$

$\dfrac{a}{b}=K\equiv \overline{x}。$

进而，$y'<y\left(-d-ey+\dfrac{f}{m_2}\right)，$

且 $\displaystyle\lim_{t\to+\infty}\sup y(t)\leqslant \dfrac{\dfrac{f}{m_2}-d}{e}\equiv \overline{y}，$

以及对足够大的 $t>0$ 来说，$y'\geqslant y\left(-d-ey+\dfrac{f\underline{x}}{m_1+m_2\underline{x}+m_3\overline{y}}\right)，$

所以 $\displaystyle\lim_{t\to+\infty}\inf y(t)\geqslant \dfrac{\dfrac{f\underline{x}}{m_1+m_2\underline{x}+m_3\overline{y}}-d}{e}\equiv \underline{y}>0。$

我们可以看出定理 2.1 中，（ⅰ）或（ⅱ）第二个条件可以保证 $\underline{y}>0$ 成立且（ⅰ）中第一个条件可以保证 $\overline{y}>0$ 成立。当（ⅰ）满足时，我们有（ⅱ）中的第一个条件，这意味着 $am_3>c$ 可以确保 $\underline{x}>0$ 成立。类似地，条件（ⅱ）也能保证 $\underline{y}>0$、$\overline{y}>0$ 以及 $\underline{x}>0$ 成立。通过以上分析，当条件（$2H_1$）成立时，系统（2-2）是持久的。定理 2.1 的证明完成。

评注 2.1 让我们来回忆下在 Cui 和 Takeuchi（2006）、Fan 和 Kuang（2004）的研究中系统（2-2）当 $e=0$ 时已经有的结论，但其他的参数都是随时间变化的。Cui 和 Takeuchi（2006）、Fan 和 Kuang（2004）的研究中定理 3.1 系统持久的条件是 $f>dm_2$（或 $am_3>c$）且 $(f-dm_2)\left(\dfrac{a}{b}-\dfrac{c}{bm_3}\right)>dm_1$。在 Cui 和 Takeuchi（2006）研究中的推论 2.1 改进了这个结论且表明系统在条件（$2H_0$）下是持久的。定理 2.1 表明捕食者密度制约率 e 在持久性方面起到负面作用。需要指出的是，条件（$2H_1$）意味着（$2H_0$）成立。这很自然地可以引出条件（$2H_1$）不仅可以保证持久性也可以保证系统（2-2）正平衡点的存在性。

通过定义 2.1，我们可以得到下面的定理：

定理 2.2　若 $f<dm_2$，则系统（2-2）是非持久的，近而（K, 0）是全局渐近稳定的。这里 $K=ab^{-1}$。

证明：对系统（2-2）来说，我们有 $y'(t)<y\left(-d+\dfrac{f}{m_2}\right)$，这意味着 $\lim\limits_{t\to+\infty}y(t)=0$。因 $x'(t)\le x(t)(a-bx(t))$，对任意的 $\varepsilon\in(0, a)$，存在 $T=T(\varepsilon)$ 使对 $t>T$，有 $x(t)(a-\varepsilon-bx(t))\le x'(t)\le x(t)(a-bx(t))$。这表明 $\lim\limits_{t\to+\infty}x(t)=ab^{-1}=K$。容易验证在（$K$, 0）点的 Jacobian 矩阵有两个负特征值 $-a$, $-d+fK/(m_1+m_2K)$。需要指出的是，由于 $f<dm_2$ 后者总是负的。完成证明。

评注 2.2　关于模型 2.2，正平衡点存在的条件，或持久和非持久的条件和模型 2.1 是一样的（定理 2.1 和定理 2.2）。

第三节　模型 2.1 的稳定性

现在让我们来考虑系统（2-2）正平衡点的局部稳定性。

令 $x(t)=x^*+X(t), y(t)=y^*+Y(t)$，则模型（2-2）线性化后的系统为：

$$\begin{cases} X'=x^*F_xX(t)+x^*F_yY(t) \\ Y'=y^*G_xX(t)+y^*G_yY(t) \end{cases} \tag{2-10}$$

其中，$F_x=\dfrac{cm_2y^*}{(m_1+m_2x^*+m_3y^*)^2}-b$，$F_y=-\dfrac{c(m_1+m_2x^*)}{(m_1+m_2x^*+m_3y^*)^2}<0$，$G_x=$

$$\frac{f(m_1+m_3y^*)}{(m_1+m_2x^*+m_3y^*)^2}>0, \quad G_y=-\frac{fm_3x^*}{(m_1+m_2x^*+m_3y^*)^2}-e<0。$$

我们可以得到，如果：

$$b>\frac{cm_2y^*}{(m_1+m_2x^*+m_3y^*)^2} \tag{2-11}$$

则 $F_x<0$。

定理 2.3 若 $(2H_1)$ 成立，则系统（2-2）的正平衡点 E^* 是局部渐近稳定的。

证明： 当 $F_x<0$ 时［也就是若式（2-11）满足］很容易可以得到 E^* 是全局渐近稳定的。我们将证明条件 $(2H_1)$ 意味着式（2-11）成立。

由于 $m_1+m_2x^*+m_3y^*=cy^*/(a-bx^*)$，式（2-11）等价于 $bcy^*>m_2(a-bx^*)^2$，近而由前一个方程，我们有 $y^*=(a-bx^*)(m_1+m_2x^*)/(c-am_3+bm_3x^*)$ 且最后一个不等式可以写为：$\dfrac{bc(a-b_x^*)(m_1+m_2x^*)}{c-am_3+bm_3x^*}>m_2(a-bx^*)^2$，可以得出 $b^2m_2m_3x^{*2}-2bm_2(am_3-c)x^*+bcm_1+am_2(am_3-c)>0$。

需要指出的是，$(2H_1)$ 意味着 $x<x^*<\bar{x}$。也就是说，$a-bx^*>0$ 和 $c-am_3+bm_3x^*>0$。由等式左端的判别式可得：$D=b^2m_2^2(am_3-c)^2-b^2m_2m_3[bcm_1+am_2(am_3-c)]=-m_2b^2[cm_2(am_3-c)+bcm_1m_3]<0$，上面的不等式对任意的正的 x^* 是成立的。指出由 $(2H_1)$，$am_3-c>0$ 成立。证明完成。

评注 2.3 在持久性条件 $(2H_1)$（或更准确地，在条件 $am_3>c$ 和 (H_0) 下），定理 2.3 意味着系统（2-2）的正平衡点总是局部渐近稳定的。

例 2.1 令 $a=1$，$b=0.6$，$c=0.15$，$d=0.02$，$e=0.9$，$f=0.1$，$m_1=0.1$，$m_2=0.2$，$m_3=0.3$，则系统（2-2）变成：

$$\begin{cases} x'=x\left(1-0.6x-\dfrac{0.15y}{0.1+0.2x+0.3y}\right) \\ y'=y\left(-0.02-0.9y+\dfrac{0.1x}{0.1+0.2x+0.3y}\right) \end{cases} \tag{2-12}$$

既然参数满足 $(2H_1)$，则由定理 2.3 可知式（2-12）的正平衡点 $E^*(x^*,y^*)=(1.508,0.315)$ 是局部渐近稳定的。

重新整理系统（2-2）有：

$$\begin{cases} x' = x\left[-b(x-x^*) + \dfrac{cy^*}{m_1+m_2x^*+m_3y^*} - \dfrac{cy}{m_1+m_2x+m_3y} \right] \\[4mm] y' = y\left[-e(y-y^*) + \dfrac{fx}{m_1+m_2x+m_3y} - \dfrac{fx^*}{m_1+m_2x^*+m_3y^*} \right] \end{cases} \quad (2\text{-}13)$$

为了研究系统（2-2）的正平衡点 $E^*(x^*,\ y^*)$ 的全局稳定性，我们考虑函数：

$$V(t) = x - x^* - x^*\ln\frac{x}{x^*} + \omega\left(y - y^* - y^*\ln\frac{y}{y^*} \right) \quad (2\text{-}14)$$

其中，ω 是下面被确定的正常数。记为：

$$\Delta(x,y) = (m_1+m_2x^*+m_3y^*)(m_1+m_2x+m_3y) \quad (2\text{-}15)$$

$V(t)$ 沿着（2-13）的时间导数为：

$$V'(t)\,|_{(2\text{-}13)} = -b(x-x^*)^2 - \omega e(y-y^*)^2 - \frac{(cm_1-\omega fm_1)(x-x^*)(y-y^*)}{\Delta(x,y)}$$

$$+ \frac{cm_2(x-x^*)(xy^*-x^*y)}{\Delta(x,y)} + \frac{\omega fm_3(y-y^*)(xy^*-x^*y)}{\Delta(x,y)}$$

$$(2\text{-}16)$$

需要指出的是，在上面方程的右端有两项都含有 xy^*-x^*y 且 $xy^*-x^*y = y^*(x-x^*)+x^*(y^*-y)$。

可以得到：

$$V'(t)\,|_{(2\text{-}13)} = -b(x-x^*)^2 - \omega e(y-y^*)^2 + \frac{cm_2y^*}{\Delta(x,y)}(x-x^*)^2 - \frac{\omega fm_3x^*}{\Delta(x,y)}(y-y^*)^2$$

$$+ \frac{\omega fm_1+\omega fm_3y^*-cm_1-cm_2x^*}{\Delta(x,y)}(x-x^*)(y-y^*)$$

$$(2\text{-}17)$$

选择 ω 为：

$$\omega(fm_1+fm_3y^*) = (cm_1+cm_2x^*) \quad (2\text{-}18)$$

则：

$$V'(t)\mid_{(2-13)} = -\left[b - \frac{cm_2 y^*}{\Delta(x,y)}\right](x-x^*)^2 - \left[\omega e + \frac{\omega f m_3 x^*}{\Delta(x,y)}\right](y-y^*)^2 \quad (2-19)$$

因此，我们有下面结论：

定理 2.4 如果（$2H_1$）成立且 $b > \dfrac{cm_2 y^*}{\Delta(\underline{x},\underline{y})}$，则系统（2-2）的正平衡点 $E^*(x^*,y^*)$ 在 R_+^2 内是全局渐近稳定的。

评注 2.4 Fan 和 Kuang（2004）给出关于系数随时间变化的系统（2-1）有界正解（$x^*(t),y^*(t)$）的一些稳定性条件。对系数和时间有关这种情形的稳定性条件其中之一是：

$$b > \frac{fm_1 + (cm_2 + fm_3)y^*}{\Delta(\underline{x},\underline{y})}, \quad \frac{fm_3 x^*}{\Delta(\overline{x},\overline{y})} > \frac{c(m_1 + m_2 x^*)}{\Delta(\underline{x},\underline{y})} \quad (2-20)$$

当所有的系数是常数且系统（2-1）包含捕食者的密度制约时（即 $e \neq 0$），定理 2.4 表明上述稳定性条件得到了改进。

评注 2.5 由定理 2.3 可知，系统（2-2）的 E^* 在条件（$2H_1$）下总是局部渐近稳定的。定理 2.4 意味着 E^* 是全局渐近稳定的。如果我们进一步假设：

$$b > \frac{cm_2 y^*}{\Delta(\underline{x},\underline{y})} \quad (2H_2)$$

需要指出的是（$2H_2$）可以写为 $b(m_1 + m_2 x^* + m_3 y^*)(m_1 + m_2 \underline{x} + m_3 \underline{y}) > cm_2 y^*$ 既然 $m_1 + m_2 x^* + m_3 y^* = cy^*/(a - bx^*)$，上式就等价于：$x^* > \left[a - \dfrac{b}{m_2}(m_1 + m_2 \underline{x} + m_3 \underline{y})\right]/b$。

在条件（$2H_1$）下，x^* 满足 $\underline{x} < x^* < \overline{x}$。因此，上面的不等式是成立的。如果 $\underline{x} > \dfrac{1}{b}\left[a - \dfrac{b}{m_2}(m_1 + m_2 \underline{x} + m_3 \underline{y})\right]$，因 $\underline{x} = \left(a - \dfrac{c}{m_3}\right)/b$，上述可以改写为若 $a \geq 2c/m_3$，则 $\dfrac{1}{b}\left(a - \dfrac{2c}{m_3}\right) > -\dfrac{1}{m_2}(m_1 + m_3 \underline{y})$ 成立。

例 2.1 中，由 $a-2c/m_3=0$ 可知满足上述条件且定理 2.4 表明例 2.1 的 E^* 是全局渐近稳定的。

评注 2.6 图 2-1 表明当 $t\to+\infty$ 时，系统（2-2）具有例 2.1 中常数的解将趋向于 E^*。

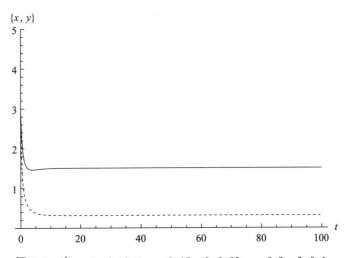

图 2-1 当 $a=1$, $b=0.6$, $c=0.15$, $d=0.02$, $e=0.9$, $f=0.1$, $m_1=0.1$, $m_2=0.2$, $m_3=0.3$ 时，系统（2-2）的正平衡点 (x^*, y^*)

注：此时系统（2-2）是全局渐近稳定的，其中实线和虚线分别表示 $x(t)$ 和 $y(t)$。

第四节　模型 2.2 的稳定性

令 $x(t)=x^*+X(t)$, $y(t)=y^*+Y(t)$, 则线性化后的式（2-6）是：

$$\begin{cases} X'=x^*F_xX(t)+x^*F_yY(t) \\ Y'=y^*G_xX(t-\tau)+y^*G_{y_1}Y(t-\tau)+y^*G_{y_2}Y(t) \end{cases} \quad (2-21)$$

这里，F_x，F_y 和 G_x 与式（2-10）是相同的且 $G_{y_1}+G_{y_2}=G_y$，其中：

$$G_{y_1}=-\frac{fm_3x^*}{(m_1+m_2x^*+m_3y^*)^2}<0, \quad G_{y_2}=-e<0 \quad (2-22)$$

令 $F_x=-p$，$F_y=-q$，$G_x=-r$，$G_{y_1}=-s_1$，$G_{y_2}=-s_2$。若（$2H_1$）成立，我们有 p，q，s_1，$s_2>0$ 且 $r<0$（见定理 2.3 的证明）。那么特征方程为：

$$\lambda^2+(px^*+s_1y^*e^{-\lambda\tau}+s_2y^*)\lambda+(ps_1-qr)x^*y^*e^{-\lambda\tau}+ps_2x^*y^*=0 \quad (2-23)$$

令 $px^*+s_2y^*=a_1>0$，$s_1y^*=a_2>0$，$(ps_1-qr)x^*y^*=a_4>0$，$ps_2x^*y^*=a_3>0$，则方程（2-23）变为：

$$\lambda^2+a_1\lambda+a_2\lambda e^{-\lambda\tau}+a_3+a_4e^{-\lambda\tau}=0 \quad (2-24)$$

这个已经被许多学者，如 Ruan（2001）、Bellman 和 Cooke（1963）、Song 和 Wei（2005）进行了广泛研究。

当 $\tau=0$，方程（2-24）变为：

$$\lambda^2+(a_1+a_2)\lambda+a_3+a_4=0 \quad (2-25)$$

且 $a_1+a_2>0$，$a_3+a_4>0$，因此，式（2-25）的所有的根都具有负实部。我们想要确定的是随着 τ 的变化，式（2-24）有些根的实部是否会减少到零且最终变成正的。若 $\lambda=i\omega$ 是一个特征根，则 $\omega\neq0$（因 $a_3+a_4>0$）且

$$\begin{cases} -\omega^2+a_2\omega\sin\omega\tau+a_4\cos\omega\tau+a_3=0 \\ a_1\omega+a_2\omega\cos\omega\tau-a_4\sin\omega\tau=0 \end{cases} \quad (2-26)$$

因此，$(\omega^2-a_3)^2+a_1^2\omega^2=a_2^2\omega^2+a_4^2$。也就是说，

$$\omega^4+(a_1^2-a_2^2-2a_3)\omega^2-a_4^2+a_3^2=0 \quad (2-27)$$

方程（2-27）的根为：

$$\omega_\pm^2=\frac{1}{2}(a_2^2-a_1^2+2a_3)\pm\frac{1}{2}[(a_2^2-a_1^2+2a_3)^2-4(a_3^2-a_4^2)]^{\frac{1}{2}} \quad (2-28)$$

因此，如果：

$$a_2^2-a_1^2+2a_3<0 \text{ 和 } a_3^2-a_4^2>0 \text{ 或者 } (a_2^2-a_1^2+2a_3)^2<4(a_3^2-a_4^2) \quad (2H_3)$$

则 ω_+^2 不是正的，ω_-^2 也不是正的。也就是说，式（2-27）不存在正根。因此，特征方程（2-24）没有纯虚根。由于式（2-25）所有的根都具有负实部，由 Rouche's 定理可以得到式（2-24）的所有特征根也具有负实部。总结为：

引理 2.1 如果（$2H_1$）和（$2H_3$）成立，则对任意的 $\tau>0$，式（2-24）所有的根都具有负实部。

另外，如果：

$$a_3^2 - a_4^2 < 0 \text{ 或者 } a_2^2 - a_1^2 + 2a_3 > 0 \text{ 和 } (a_2^2 - a_1^2 + 2a_3)^2 = 4(a_3^2 - a_4^2) \quad (2H_4)$$

则式（2-27）有一个正根 ω_+^2，且如果：

$$a_3^2 - a_4^2 > 0, \; a_2^2 - a_1^2 + 2a_3 > 0 \text{ 和 } (a_2^2 - a_1^2 + 2a_3)^2 > 4(a_3^2 - a_4^2) \quad (2H_5)$$

则式（2-27）有两个正根 $\omega_\pm^2$。在这两种情形下，式（2-24）有纯虚根。当 τ 达到某个确定值时，这些关于 τ 的临界点 $\tau_j^\pm$ 可以由方程组（2-26）确定，具体为：

$$\tau_j^\pm = \frac{1}{\omega_\pm} \arccos \left\{ \frac{a_4 (\omega_\pm^2 - a_3) - a_1 a_2 \omega_\pm^2}{a_2^2 \omega_\pm^2 + a_4^2} \right\} + \frac{2j\pi}{\omega_\pm}, \; j = 0, \; 1, \; 2, \; \cdots \quad (2-29)$$

通过以上分析，我们可以得到下面的引理。

引理 2.2

（1）如果（$2H_1$）和（$2H_4$）成立且 $\tau = \tau_j^+$，则式（2-24）有一对纯虚根 $\pm i\omega_+$。

（2）如果（$2H_1$）和（$2H_5$）成立且 $\tau = \tau_j^+$（或 $\tau = \tau_j^-$），则式（2-24）有一对纯虚根 $\pm i\omega_+$（或 $\pm i\omega_-$）。

则我们将希望看到，当 $\tau > \tau_j^+$ 和 $\tau < \tau_j^-$ 时，式（2-24）某些根的实部变为正的。如果这种情形成立，记为：

$$\lambda_j^\pm = \alpha_j^\pm(\tau) + i\omega_j^\pm(\tau), \; j = 0, \; 1, \; 2, \; \cdots \quad (2-30)$$

且式（2-24）的根满足：$\alpha_j^\pm(\tau_j^\pm) = 0, \quad \omega_j^\pm(\tau_j^\pm) = \omega_\pm$。

我们能够验证下面的横截性条件成立：$\dfrac{\mathrm{d}}{\mathrm{d}\tau} Re\lambda_j^+(\tau_j^+) > 0, \quad \dfrac{\mathrm{d}}{\mathrm{d}\tau} Re\lambda_j^-(\tau_j^-) < 0$。

则可以得到 $\tau_j^\pm$ 是分支值。因此，关于式（2-24）特征根的分布我们有下面的定理。

定理 2.5 令 $\tau_j^\pm (j = 0, \; 1, \; 2, \; \cdots)$，由式（2-29）所定义：

（1）若（$2H_1$）和（$2H_3$）成立，则式（2-24）对任意的 $\tau \geq 0$ 所有根都具有负实部。

（2）若（$2H_1$）和（$2H_4$）成立，则当 $\tau \in [0, \; \tau_0^+)$ 时，式（2-24）的所有根都具有负实部，当 $\tau = \tau_0^+$ 时，式（2-24）有一对纯虚根 $\pm i\omega_+$，且当 $\tau >$

τ_0^+ 时，式 (2-24) 至少有一个根具有正实部。

（3）当 $(2H_1)$ 和 $(2H_5)$ 成立时，存在一个正整数 k 使有 k 次从稳定到不稳定到稳定的转换。也就是说，当 $\tau \in [0, \tau_0^+]$，(τ_0^-, τ_1^+)，…，(τ_{k-1}^-, τ_k^+) 时，式 (2-24) 所有的根都具有负实部，且当 $\tau \in [\tau_0^+, \tau_0^-)$，$[\tau_1^+, \tau_1^-)$，…，$[\tau_{k-1}^+, \tau_{k-1}^-)$，$\tau > \tau_k^+$ 时，式 (2-24) 至少有一个具有正实部的根。

评注 2.7 定理 2.5（3）表明时滞 τ 穿过临界值 τ_j^+，$j = 0, 1, 2, …, k-1$，则系统 (2-6) 的内部平衡点 $E^*(x^*, y^*)$ 将失去它的稳定性且出现 Hopf 分支。

我们应当指出的是定理 2.5 的大部分内容来自 Cooke 和 Grossman (1982) 定理 4.1 在分析具有滞后摩擦和延迟恢复力的一般二阶方程中的内容。

例 2.2 在系统 (2-6) 中，如果常数值 $a, b, c, d, e, f, m_1, m_2, m_3$ 同例 2.1 一样，我们可以计算得：$a_1 = \left[b - \dfrac{cm_2 y^*}{(m_1 + m_2 x^* + m_3 y^*)^2} \right] x^* + e y^* \approx 1.130$，

$a_2 = \dfrac{fm_3 x^* y^*}{(m_1 + m_2 x^* + m_3 y^*)^2} \approx 0.058$，$a_3 = \left[b - \dfrac{cm_2 y^*}{(m_1 + m_2 x^* + m_3 y^*)^2} \right] e x^* y^* \approx 0.240$，

$a_4 = \left\{ \left[b - \dfrac{cm_2 y^*}{(m_1 + m_2 x^* + m_3 y^*)^2} \right] \dfrac{fm_3 x^*}{(m_1 + m_2 x^* + m_3 y^*)^2} + \dfrac{cf(m_1 + m_2 x^*)(m_1 + m_3 y^*)}{(m_1 + m_2 x^* + m_3 y^*)^4} \right\}$

$x^* y^* \approx 0.058$，$a_3^2 - a_4^2 \approx 0.054 > 0$，$a_2^2 - a_1^2 + 2a_3 \approx -0.794 < 0$。

结合例 2.1，条件 $(2H_1)$ 和 $(2H_3)$ 满足，这表明由定理 2.2 可知对任意的 $\tau \geq 0$ 系统 (2-6) 的 E^* 都是局部渐近稳定的。

重新整理系统 (2-6) 为：

$$\begin{cases} x' = x \left[-b(x - x^*) + \dfrac{cy^*}{m_1 + m_2 x^* + m_3 y^*} - \dfrac{cy}{m_1 + m_2 x + m_3 y} \right] \\ y' = y \left[-e(y - y^*) + \dfrac{fx(t-\tau)}{m_1 + m_2 x(t-\tau) + m_3 y(t-\tau)} - \dfrac{fx^*}{m_1 + m_2 x^* + m_3 y^*} \right] \end{cases}$$

$$(2-31)$$

为了学习系统 (2-6) 的正平衡点 $E^*(x^*, y^*)$ 的全局稳定性，我们考

虑函数:

$$V(t) = \omega_1 \int_0^{x-x^*} \frac{s}{s+x^*}\mathrm{d}s + \omega_2 \int_0^{y-y^*} \frac{s}{s+y^*}\mathrm{d}s + \frac{\omega_2 f(m_1+m_3 y^*)}{2\beta}$$

$$\int_{t-\tau}^t (x(s)-x^*)^2 \mathrm{d}s + \frac{\omega_2 f m_3 x^*}{2\beta}\int_{t-\tau}^t (y(s)-y^*)^2 \mathrm{d}s$$

$$(2-32)$$

此时 ω_1 和 ω_2 是后面要选的正常数且 $\alpha = \Delta(\bar{x}, \bar{y})$, $\beta = \Delta(\underline{x}, \underline{y})$, 其中:

$$\Delta(x,y) = (m_1+m_2 x^*+m_3 y^*)(m_1+m_2 x+m_3 y) \qquad (2-33)$$

近而我们定义 $\gamma = f(m_1+m_3 y^*)/(b\beta-cm_2 y^*)$, 它是正的, 如果 $b\beta > cm_2 y^*$, 记 $b\beta > cm_2 y^*$ 等价于 $(2H_2)$。

$V(t)$ 沿式 (2-31) 的时间导数为:

$$V'(t)\big|_{(2-31)} = -b\omega_1(x-x^*)^2 - \frac{c\omega_1 m_1}{\Delta(x,y)}(x-x^*)(y-y^*)$$

$$+\frac{c\omega_1 m_2}{\Delta(x,y)}(x-x^*)(xy^*-x^*y) - e\omega_2(y-y^*)^2$$

$$+\frac{f\omega_2 m_1}{\Delta(x(t-\tau),y(t-\tau))}(x(t-\tau)-x^*)(y-y^*)$$

$$+\frac{f\omega_2 m_3}{\Delta(x(t-\tau),y(t-\tau))}(y-y^*)(x(t-\tau)y^*-x^*y(t-\tau))$$

$$+\frac{\omega_2 f(m_1+m_3 y^*)}{2\beta}(x-x^*)^2 - \frac{\omega_2 f(m_1+m_3 y^*)}{2\beta}(x(t-\tau)-x^*)^2$$

$$+\frac{\omega_2 f m_3 x^*}{2\beta}(y-y^*)^2 - \frac{\omega_2 f m_3 x^*}{2\beta}(y(t-\tau)-y^*)^2$$

$$(2-34)$$

注意: xy^*-x^*y 项和上述方程右端的 $x(t-\tau)y^*-x^*y(t-\tau)$ 可以表述为: $xy^*-x^*y = y^*(x-x^*)+x^*(y^*-y)$, 和 $x(t-\tau)y^*-x^*y(t-\tau) = y^*(x(t-\tau)-x^*)+x^*(y^*-y(t-\tau))$。

则

$$V'(t)\mid_{(2-31)} = -\left(b\omega_1 - \frac{c\omega_1 m_2 y^*}{\Delta(x,y)}\right)(x-x^*)^2 - \frac{c\omega_1(m_1+m_2 x^*)}{\Delta(x,y)}(x-x^*)(y-y^*)$$

$$-e\omega_2(y-y^*)^2 + \frac{f\omega_2(m_1+m_3 y^*)}{\Delta(x(t-\tau),y(t-\tau))}(x(t-\tau)-x^*)(y-y^*)$$

$$-\frac{f\omega_2 m_3 x^*}{\Delta(x(t-\tau),y(t-\tau))}(y(t-\tau)-y^*)(y-y^*)$$

$$+\frac{\omega_2 f(m_1+m_3 y^*)}{2\beta}(x-x^*)^2 - \frac{\omega_2 f(m_1+m_3 y^*)}{2\beta}(x(t-\tau)-x^*)^2$$

$$+\frac{\omega_2 f m_3 x^*}{2\beta}(y-y^*)^2 - \frac{\omega_2 f m_3 x^*}{2\beta}(y(t-\tau)-y^*)^2$$

$$\leq -\left(b\omega_1 - \frac{c\omega_1 m_2 y^*}{\Delta(x,y)} - \frac{\omega_2 f(m_1+m_3 y^*)}{2\beta}\right)(x-x^*)^2$$

$$-\frac{c\omega_1(m_1+m_2 x^*)}{\Delta(x,y)}(x-x^*)(y-y^*)$$

$$-\left(e\omega_2 - \frac{\omega_2 f(m_1+m_3 y^*)}{2\beta} - \frac{\omega_2 f m_3 x^*}{\beta}\right)(y-y^*)^2$$

$$(2-35)$$

其中我们使用的不等式为 $ab \leq (a^2+b^2)/2$。

选取 $\omega_1 = \gamma\omega_2$，且如果 $\rho = e - f(m_1+m_3 y^*+2m_3 x^*)/2\beta > 0$，则 V' 是负定的。如果 $\left(\dfrac{c\omega_1(m_1+m_2 x^*)}{2\beta}\right)^2 < 4\left(b\omega_1 - \dfrac{c\omega_1 m_2 y^*}{\beta} - \dfrac{\omega_2 f(m_1+m_3 y^*)}{2\beta}\right)\omega_2\rho$

也就是说，$c^2(m_1+m_2 x^*)^2 f(m_1+m_3 y^*) < 2\beta\rho(b\beta - cm_2 y^*)^2$。

则我们有下面的结论：

定理 2.6 若 $(2H_1)$、$(2H_2)$ 以及下列条件：

(1) $\rho = e - f(m_1+m_3 y^*+2m_3 x^*)/2\beta > 0$。

(2) $c^2(m_1+m_2 x^*)^2 f(m_1+m_3 y^*) < 2\beta\rho(b\beta - cm_2 y^*)^2$。

成立，则式（2-6）的正平衡点 $E^*(x^*, y^*)$ 在 R_+^2 内对任意的 $\tau > 0$ 是全局渐近稳定的。

定理 2.4 表明在条件（$2H_1$）和（$2H_2$）下，系统（2-2）的 E^* 是全局渐近稳定的。因此，定理 2.6 意味着在任意的时滞 $\tau>0$ 下，式（2-6）的 E^* 是全局渐近稳定的，当然附加条件（1）和（2）也是需要的。

例 2.3　在系统（2-6）中，如果 a，b，c，d，e，f，m_1，m_2，m_3 的值和例 2.1 一样，我们可以计算得：

$$\beta=(m_1+m_2 x^*+m_3 y^*)(m_1+m_2\underline{x}+m_3\underline{y})\approx 0.161$$

$$b\beta-cm_2 y^*\approx 0.087>0$$

$$\rho=e-\frac{f(m_1+m_3 y^*+2m_3 x^*)}{2\beta}\approx 0.559>0$$

$$c^2(m_1+m_2 x^*)^2 f(m_1+m_3 y^*)-2\beta\rho(b\beta-cm_2 y^*)^2\approx -0.001<0$$

因（$2H_1$）、（$2H_2$）和定理 2.6 中的（1）~（2）都满足，对任意的 $\tau>0$，E^* 都是全局渐近稳定的。

本章小结

在本章中，我们考虑了两个密度制约且具有 Beddington-DeAngelis 功能反应函数的捕食—被捕食模型。模型 2.1 在功能反应函数中不包含时滞，模型 2.2 包含。模型 2.1 和模型 2.2 都包括捕食者的密度制约。在两个模型的持久性方面，定理 2.1 表明和不含密度制约的模型相比，捕食者的密度制约带来了某些负作用。近而，持久性条件（$2H_1$）意味着模型 2.1 正平衡点的局部渐近稳定性。我们也可以证明很容易验证的条件（$2H_2$）和（$2H_1$）可以确保模型 2.1 正平衡点的全局渐近稳定性。条件（$2H_2$）改进了不含捕食者密度制约模型的已知条件。我们紧接着给出了模型 2.2 全局渐近稳定的条件，这包含一些含参数的辅助条件，除模型 2.1 的全局稳定性条件（$2H_1$）和（$2H_2$）外。

让我们来比较一下具有 Beddington-DeAngelis 功能反应函数的系统，与 Lotka-Volterra 互相作用，或 Holling II 型功能反应函数，或比率依赖的功能反应函数这些系统，在持久性、局部和全局稳定性方面的结论。众所周知，Lotka-Volterra 系统（2-2）当（$m_2=m_3=0$）在条件（$2H_0$）成立下有一个正平衡点，这个可以确保持久性和正平衡点的全局渐近稳定性。我们的结论也表明对具有 Beddington–DeAngelis 功能反应函数的系统（2–2）来说，（$2H_0$）确保正平衡点的存在性。但是对持久性或正平衡点的局部（或全局）渐近稳定性来说，我们需要条件（$2H_1$）（或（$2H_2$）），这个条件比（$2H_0$）要强。现在让我们用我们的结论和 Holling Ⅱ 型且 $m_3 = 0$ 的系统（2–2）已知结论进行比较。关于正平衡点的存在性，（$2H_0$）对 Holling Ⅱ 型和 Beddington–DeAngelis 反应函数来说是充分必要条件。我们知道，Holling Ⅱ 型系统的正平衡点当捕获率 a/b 不断减少且 e 很小时将变得不稳定。定理 2.3 和定理 2.4 意味着系统（2–2）在捕获率很大的情况下正平衡点 E^* 将保持局部或全局渐近稳定。我们也可以把我们的结论和比率依赖模型（系统（2–2）中 $m_1 = 0$，$m_2 = 1$，$m_3 = m$）进行比较。Li 和 Takeuchi（2010）证明了如果（H_1）且 $m_1 = 0$ 成立，具有比率依赖模型是持久的且它的正平衡点是局部渐近稳定的。近而 Li 和 Takeuchi（2010）表明正平衡点的全局渐近稳定性需要的条件是（$2H_1$）和（$2H_2$）且 $m_1 = 0$。

在模型 2.2 的稳定性上，定理 2.5 给出了正平衡点 t E^* 局部渐近稳定性对任意的 $\tau > 0$，我们找不到一个 E^* 不稳定的例子。这就提示我们对任意的 $\tau > 0$ 在持久性条件（$2H_1$）下 E^* 始终是局部渐近稳定。也就是说，（$2H_3$）成立是正确的。如果（$2H_1$）满足，更准确地说，在条件（$2H_1$）下 $a_2^2 - a_1^2 + 2a_3$ 始终是负的。因此我们的猜想是：

对任意的 $\tau > 0$ 如果条件（$2H_1$）满足模型 2.2 的正平衡点是局部渐近稳定的。

第三章 自治且具有 Beddington-DeAngelis 功能反应函数的捕食—被捕食系统的动力性质

第一节 模型引入

捕食—被捕食系统的动力学研究在数学生态学和生物数学中都占有主导地位。对一个被捕食者 $x(t)$ 和一个捕食者 $y(t)$ 来说，最基本的捕食—被捕食模型是：

$$\begin{cases} x'(t) = x(t)(a-bx(t)) - f(x,y)y(t) \\ y'(t) = -dy(t) + hf(x,y)y(t) \end{cases} \tag{3-1}$$

其中，a 是被捕食者的内禀增长率，b 是被捕食者种群内作用的强度，h 表示的是转化系数，d 表示的是捕食者的死亡率，函数 $f(x,y)$ 为捕食者的功能反应函数。

模型（3-1）已经在 Du 和 Feng（2014）、Du 等（2014）、Huang 等（2011）、Kuang 和 Beretla（1998）、Song 和 Chen（2002）、Sun 等（2010）、Feng 和 Mehbuba（2006）的研究中被广泛应用过。既然生态学家的重要目标之一是了解捕食者和被捕食者之间的关系，则捕食者的功能反应函数作为捕食—被捕食关系的重要组成部分也受到了关注（Beddington，1975；Cui 和 Takeuchi，2006；DeAngelis 等，1975；Fan 和 Wang，2002；Skalski 和 Gilliam，2001）。其中，Beddington（1975）和 DeAngelis 等（1975）最先提出具有 Beddington-DeAngelis 功能反应函数的捕食—被捕食系统，由下面的

模型来刻画：

$$\begin{cases} x'(t)=x(t)\left(a-bx(t)-\dfrac{cy(t)}{m_1+m_2x(t)+m_3y(t)}\right) \\ y'(t)=-y(t)+\left(-d+\dfrac{fx(t)}{m_1+m_2x(t)+m_3y(t)}\right) \end{cases} \tag{3-2}$$

Skalski 和 Gilliam（2001）进一步从捕食—被捕食系统中的三种捕食者依赖功能反应函数（Beddington–DeAngelis、Crowley–Martin 和 Hassell–Varley）中给出统计性证据表明，当捕食猎物丰度在一定范围内时 Beddington–DeAngelis 功能反应函数能够更好地解释捕食—被捕食行为。

还有，一定的环境限定了捕食者应当是密度制约的，也有相当多的证据表明许多捕食者种群有可能因为环境的因素而是密度制约的（Bainov 和 Simeonov，1989，1993）。进一步地，Kratina 等（2009）表明对人均捕食率来说，不论是捕食者的密度很高的时候还是捕食者密度较低的时候，捕食者的密度制约都是很重要的。因此，仅仅考虑被捕食者是密度制约还远远不够，我们需要把捕食者的密度水平考虑进去。

在 Li 和 Takeuchi（2011）的研究中，下面的模型用捕食者和被捕食者都具有密度制约来描述被捕食者 $x(t)$ 和捕食者 $y(t)$ 的生长：

$$\begin{cases} x'(t)=x(t)\left(a-bx(t)-\dfrac{cy(t)}{m_1+m_2x(t)+m_3y(t)}\right) \\ y'(t)=-y(t)+\left(-d-ry(t)+\dfrac{fx(t)}{m_1+m_2x(t)+m_3y(t)}\right) \end{cases} \tag{3-3}$$

其中，$x(t)$ 是被捕食者的种群密度，$y(t)$ 是捕食者的种群密度，r 代表的是捕食者的密度制约率，且捕食者以 Beddington–DeAngelis 功能反应函数 $\dfrac{cx(t)y(t)}{m_1+m_2x(t)+m_3y(t)}$ 消耗着被捕食者，且以 $\dfrac{fx(t)y(t)}{m_1+m_2x(t)+m_3y(t)}$ 的比率来帮助自己成长。需要注意的是，通过与系统（3-2）进行比较可知，系统（3-3）不仅包含 $bx^2(t)$（代表被捕食者种群内的相互作用），而且还含有 $ry^2(t)$（代表捕食者种群内的相互作用）这一项。

在这一章中，我们主要研究系统（3-3）的动力性质，讨论存在唯一正平衡点的充要条件、边界平衡点全局吸引的充要条件、系统持久的充要条件，以及正平衡点局部稳定和全局吸引性。

第二节　平衡点和它们的局部稳定性

明显地，对所有的参数值，系统（3-3）有平衡点 $E_0(0, 0)$ 和 E_1 $\left(\dfrac{a}{b}, 0\right)$，分别记为原点和边界平衡点。为了研究正平衡点的存在性，我们分析如下代数方程组：

$$\begin{cases} (a-bx)(m_1+m_2x+m_3y)-cy=0 \\ (-d-ry)(m_1+m_2x+m_3y)+fx=0 \end{cases} \tag{3-4}$$

对方程 $(a-bx)(m_1+m_2x+m_3y)-cy=0$ 来说，很显然 $\left(\dfrac{a}{b}, 0\right)$ 和 $\left(-\dfrac{m_1}{m_2}, 0\right)$ 都在相应曲线上，并且如果 $c-am_3\neq 0$，则 $\left(0, \dfrac{am_1}{c-am_3}\right)$ 也在相应曲线上。再者，

当 $\dfrac{c-am_3}{bm_3}\neq\dfrac{m_1}{m_2}$ 时，这个方程是双曲线方程且它的两条渐近线是 $x+\dfrac{c-am_3}{bm_3}=0$ 和 $y+\dfrac{m_2}{m_3}x+\dfrac{bm_1m_3-cm_2}{bm_3^2}=0$。因此，相应曲线的位置可以大致从图 3-1 上看出来。

当 $\dfrac{c-am_3}{bm_3}=\dfrac{m_1}{m_2}$ 时，方程等价于 $(m_1+m_2x)(am_2-bm_2x-bm_3y)=0$。

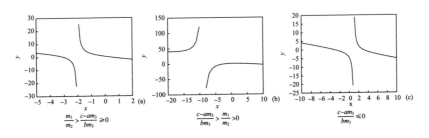

图 3-1　双曲线方程 $(a-bx)(m_1+m_2x+m_3y)-cy=0$ 的图形

对方程 $(-d-ry)(m_1+m_2x+m_3y)+fx=0$ 来说,很显然 $\left(0,\ -\dfrac{d}{r}\right)$ 和

$\left(0,\ -\dfrac{m_1}{m_3}\right)$ 在相应曲线上,且如果 $f-\mathrm{d}m_2\neq0$,则 $\left(\dfrac{\mathrm{d}m_1}{f-\mathrm{d}m_2},\ 0\right)$ 也在相应曲线上。

再者,当 $\dfrac{m_1}{m_3}\neq\dfrac{\mathrm{d}m_2-f}{rm_2}$ 时,这个方程是一个双曲线方程,且它的两条渐近线是

$y+\dfrac{\mathrm{d}m_2-f}{rm_2}=0$ 和 $y+\dfrac{m_2}{m_3}x+\dfrac{rm_1m_2+fm_3}{rm_2}=0$。因此,相应曲线的位置可以从图3-2上

大致看出来。当 $\dfrac{m_1}{m_3}=\dfrac{\mathrm{d}m_2-f}{rm_2}$ 时,方程等价于 $(m_1+m_3y)(\mathrm{d}m_3+rm_2x+rm_3y)=0$。

因此,从图3-1和图3-2以及上面的讨论,我们可以得出下面的定理:

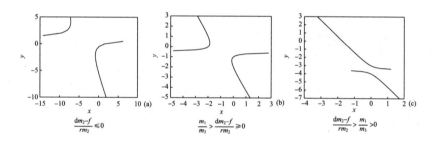

图3-2 双曲线方程 $(-d-ry)(m_1+m_2x+m_3y)+fx=0$ 的图形

定理3.1 当且仅当

$$(f-\mathrm{d}m_2)\frac{a}{b}>\mathrm{d}m_1 \tag{3-5}$$

成立,系统(3-3)有一个唯一正平衡点 $E^*(x^*,\ y^*)$。

评注3.1 Li 和 Takeuchi(2001)仅仅得出了 $(f-\mathrm{d}m_2)\dfrac{a}{b}>\mathrm{d}m_1$ 是存在一个唯一正平衡点的充分条件。

评注3.2 从式(3-5)我们可以很容易看出,捕食者的密度制约率 r 并不影响正平衡点的存在。

在剩下的部分中,我们将分别研究非负平衡点 $E_0(0,\ 0)$、$E_1\left(\dfrac{a}{b},\ 0\right)$ 和

$E^*(x^*, y^*)$ 的稳定性。为了这个目的，我们先重新整理系统（3-3）为：

$$\overline{X}'(t) = \overline{F}(\overline{X}(t)) \tag{3-6}$$

其中，$\overline{X}(t) = (x(t), y(t))$。接下来对任意固定的点 $\overline{X}^* = (x, y)$，我们将考虑它对应的特征方程。

令 $G = \left(\dfrac{\partial \overline{F}}{\partial \overline{X}(t)}\right)_{\overline{X}^*}$，则：

$$G = \begin{bmatrix} a-2bx-cq'_x & -cq'_y \\ fq'_x & -d-2ry+fq'_y \end{bmatrix}_{\overline{X}^*} \tag{3-7}$$

其中，

$$q(x, y) = \frac{xy}{m_1+m_2x+m_3y}, \quad q'_x = \frac{y(m_1+m_3y)}{(m_1+m_2x+m_3y)^2}, \quad \text{且 } q'_y = \frac{x(m_1+m_2x)}{(m_1+m_2x+m_3y)^2}$$

$$\tag{3-8}$$

因此，系统（3-3）在点 $\overline{X}^*$ 的特征方程为：

$$|G-\lambda I| = \begin{vmatrix} a-2bx-cq'_x-\lambda & -cq'_y \\ fq'_x & -d-2ry+fq'_y-\lambda \end{vmatrix} = P(\lambda, \tau) = 0 \tag{3-9}$$

其中，

$$\begin{cases} P(\lambda) = \lambda^2 + P_1\lambda + P_0 \\ P_1 = -a+2bx+cq'_x-R \\ P_0 = (a-2bx)R+cq'_x(d+2ry) \\ R = fq'_y-d-2ry \end{cases} \tag{3-10}$$

基于点 E_0 的特征方程，我们有：

定理 3.2　平衡点 $E_0(0, 0)$ 是不稳定的。

证明：系统（3-3）在点 E_0 的特征方程为：

$$|G-\lambda I|_{(0,0)} = (\lambda-a)(\lambda+d) = 0 \qquad (3-11)$$

很明显，$\lambda=-d$ 是一个负特征值且 $\lambda=a$ 是一个正特征值，这意味着 E_0 是一个不稳定的鞍点。

接下来，根据平衡点 E_1 的特征方程，我们有：

定理3.3 （1）如果 $(f-dm_2)\dfrac{a}{b}>dm_1$，则平衡点 $E_1\left(\dfrac{a}{b},\ 0\right)$ 是不稳定的。

（2）如果 $(f-dm_2)\dfrac{a}{b}<dm_1$，则平衡点 $E_1\left(\dfrac{a}{b},\ 0\right)$ 是渐近稳定的。

证明： 因为系统（3-3）在点 E_1 的特征方程是 $(\lambda+a)\left[\lambda-\left(\dfrac{af}{m_1b+m_2a}-d\right)\right]=0$，并且 $\lambda=-a$ 和 $\lambda=\dfrac{af}{m_1b+m_2a}-d$ 是两个特征值。则有：

（1）若 $(f-dm_2)\dfrac{a}{b}>dm_1$，则 $\lambda=\dfrac{af}{m_1b+m_2a}-d$ 是正的，且 E_1 是不稳定的鞍点。

（2）若 $(f-dm_2)\dfrac{a}{b}<dm_1$，则 $\lambda=\dfrac{af}{m_1b+m_2a}-d$ 是负的，意味着 E_1 是一个局部渐近稳定的节点。

评注3.3 如果 $(f-dm_2)\dfrac{a}{b}=dm_1$，我们就很容易能证明 $E_1\left(\dfrac{a}{b},\ 0\right)$ 是拟线性稳定。但是当 $(f-dm_2)\dfrac{a}{b}=dm_1$ 时，$E_1\left(\dfrac{a}{b},\ 0\right)$ 是否稳定还不知道。然而，我们可以证明当 $(f-dm_2)\dfrac{a}{b}=dm_1$ 时，$E_1\left(\dfrac{a}{b},\ 0\right)$ 是全局吸引的，这个结论将在第三节讨论。

和 Li 和 Takeuchi（2011）用特征值实部的正负性这个方法不同的是，我们通过构造 Lyapunov 函数去分析平衡点 $E^*(x^*,\ y^*)$ 的局部渐近稳定性，对应的线性化系统如下。

令 $\begin{cases} x(t)-x^*+u(t) \\ y(t)=y^*+v(t) \end{cases}$，则线性化后的系统（3-3）是：

$$\begin{cases} u'(t) = Au(t) - Cv(t) \\ v'(t) = -Dv(t) + Fu(t) \end{cases} \quad (3-12)$$

其中，

$$\begin{cases} A = a - 2bx^* - \dfrac{cy^*(m_1 + m_3 y^*)}{(m_1 + m_2 x^* + m_3 y^*)^2}, C = \dfrac{cx^*(m_1 + m_2 x^*)}{(m_1 + m_2 x^* + m_3 y^*)^2} \\ D = d + 2ry^* - \dfrac{fx^*(m_1 + m_2 x^*)}{(m_1 + m_2 x^* + m_3 y^*)^2}, F = \dfrac{fy^*(m_1 + m_3 y^*)}{(m_1 + m_2 x^* + m_3 y^*)^2} \end{cases} \quad (3-13)$$

很明显，C 和 F 都是正的。

因此，通过构造 Lyapunov 函数，关于正平衡点 $E^*(x^*, y^*)$ 我们有如下结论：

定理 3.4　若条件（3-5）和下面的条件

$$|F - C| < \min\{2D, -2A\} \quad (3-14)$$

成立，则系统（3-12）的平衡点（0，0）是局部渐近稳定的，这意味着系统（3-3）的正平衡点 $E^*(x^*, y^*)$ 是局部渐近稳定的。

证明：为了证明系统（3-12）的平衡点（0，0）的局部渐近稳定性，考虑存在一个严格的 Lyapunov 函数就足够了。

令 $W(t) = u^2(t) + v^2(t)$，则 $W(t)$ 关于时间 r 的导数是：

$$W'(t) = 2Au^2(t) - 2Dv^2(t) + 2(F-C)u(t)v(t) \quad (3-15)$$

很明显，$W(t) \geqslant 0$，$W(t) = 0$ 当且仅当 $u(t) = v(t) = 0$。再者，如果 $u(t) = v(t) = 0$，则 $W'(t) = 0$ 且：

$$W'(t) \leqslant 2Au^2(t) - 2Dv^2(t) + 2|F-C||u(t)||v(t)|$$

$$\leqslant [2A + |F-C|]u^2(t) + (-2D + |F-C|)v^2(t) \quad (3-16)$$

从条件（3-5）和条件（3-14），我们可以得出：如果 $u^2(t) + v^2(t) > 0$，则 $W(t) < 0$。因此 $W(t)$ 是一个严格的 Lyapunov 函数。根据 Lyapunov 稳定性定理（Khalil，2002），系统（3-12）的平衡点（0，0）是局部渐近稳定的，这意味着系统（3-3）的正平衡点 $E^*(x^*, y^*)$ 是局部渐近稳定的。

第三节　边界平衡点的全局吸引性

从第二节的定理 3.3 中可以得出，如果 $(f-dm_2)\dfrac{a}{b}<dm_1$，则 E_1 是局部吸引的。然而，对定性分析来说，这些还不足够。所以在这一部分中，我们想得到一个保证 E_1 全局吸引的充分必要条件。为此我们首先引入下面的引理。

引理 3.1　令 $S=\{(x,y):x>0,y>0\}$，$\overline{S}=\{(x,y):x\geq0,y\geq0\}$，则集合 S 和 $\overline{S}$ 都是不变集。

证明： 因为 $x=0$，$y=0$ 是系统（3-3）的解，由系统（3-3）解的唯一性，直接可以得到引理。

由引理 3.1，我们有如下关于 E_1 的全局吸引性的结论：

定理 3.5　对系统（3-3）具有初始值 $(x(0)>0,y(0)>0)$ 的任何解 $(x(t),y(t))$，$\lim\limits_{t\to+\infty}(x(t),y(t))=\left(\dfrac{a}{b},0\right)$ 当且仅当：

$$(f-dm_2)\dfrac{a}{b}\leq dm_1 \tag{3-17}$$

证明： 必要性。我们考虑下面两种情况：

（1）$(f-dm_2)\dfrac{a}{b}<dm_1$。

首先，我们要证 $\lim\limits_{t\to+\infty}y(t)=0$。

由引理 3.1，得到 $x'(t)\leq ax(t)-bx^2(t)$，则有下面的比较方程：

$$p'(t)=ap(t)-bp^2(t),\quad p(0)=x(0)>0 \tag{3-18}$$

对任意的 $t\geq0$，有 $x(t)\leq p(t)$，且 $\lim\limits_{t\to+\infty}p(t)=\dfrac{a}{b}$。因此，存在一个充分小的正常数 ε，使 $(f-dm_2)\left(\dfrac{a}{b}+\varepsilon\right)<dm_1$，且存在一个 $T_\varepsilon>0$，使对任意的，$t>T_\varepsilon$，

有 $x(t) < \dfrac{a}{b} + \varepsilon$。将上式代入系统（3-3）第二个方程，任给 $t > T_\varepsilon$，

$$y'(t) \leqslant \left[\frac{(f-\mathrm{d}m_2)\left(\dfrac{a}{b}+\varepsilon\right)-\mathrm{d}m_1}{m_1+m_2\left(\dfrac{a}{b}+\varepsilon\right)} \right] y(t) - ry^2(t) \qquad (3\text{-}19)$$

因此，我们考虑下面的比较方程：

$$q'(t) \leqslant \left[\frac{(f-\mathrm{d}m_2)\left(\dfrac{a}{b}+\varepsilon\right)-\mathrm{d}m_1}{m_1+m_2\left(\dfrac{a}{b}+\varepsilon\right)} \right] q(t) - rq^2(t), q(T_\varepsilon) = y(T_\varepsilon) > 0$$

$$(3\text{-}20)$$

它的解是 $q(t) = \dfrac{Fq'(T_\varepsilon)e^{F(t-T_\varepsilon)}}{1+rq'(T_\varepsilon)e^{F(t-T_\varepsilon)}}$，其中，$F = \dfrac{(f-\mathrm{d}m_2)\left(\dfrac{a}{b}+\varepsilon\right)-\mathrm{d}m_1}{m_1+m_2\left(\dfrac{a}{b}+\varepsilon\right)}$ 且 $q'(T_\varepsilon) =$

$\dfrac{q(T_\varepsilon)}{F-rq(T_\varepsilon)}$。很明显，由比较定理，我们可以得到任给 $r \geqslant T$，有 $y(t) \leqslant q(t)$。

再者，由 $(f-\mathrm{d}m_2)\left(\dfrac{a}{b}+\varepsilon\right) < \mathrm{d}m_1$，则 $F < 0$，这意味着 $\lim\limits_{t \to +\infty} q(t) = 0$，因此

$\lim\limits_{t \to +\infty} y(t) = 0$。

其次，我们要证当 $t \to +\infty$，$x(t) \to \dfrac{a}{b}$。也就是说，要证对任意的 $\varepsilon_1 \in$

$\left(0, \dfrac{a}{b}\right)$，存在一个 $T_0 > 0$ 使当 $t > T_0$ 时，$-\varepsilon_1 < x(t) - \dfrac{a}{b} < \varepsilon_1$。

由于 $\lim\limits_{t \to +\infty} y(t) = 0$ 和定理 3.1，对任意的 $\varepsilon_1 \in \left(0, \dfrac{a}{b}\right)$，存在一个 $T_1 > 0$

使对任意的 $t \geqslant T_1$，有 $0 < y(t) < \dfrac{bm_1}{2c}\varepsilon_1$。因此，对任意的 $t \geqslant T_1$，我们有：

$$\left(a - \frac{b\varepsilon_1}{2}\right)x(t) - bx^2(t) \leqslant x'(t) \leqslant ax(t) - bx^2(t) \qquad (3\text{-}21)$$

考虑下面的比较方程：

$$\tilde{p}'(t) = \left(a - \frac{b\varepsilon_1}{2} \right) \tilde{p}(t) - b\,\tilde{p}^2(t) , \quad \tilde{p}(T_1) = x(T_1) > 0 \qquad (3\text{-}22)$$

由 $a > b\varepsilon_1$，我们有 $\lim\limits_{t \to +\infty} \tilde{p}(t) = \dfrac{a}{b} - \dfrac{\varepsilon_1}{2}$。紧接着，我们有对任意的 $t \geq T_1$，$\tilde{p}(t) \leqslant$

$x(t) \leqslant p(t)$。

由于 $\lim\limits_{t \to +\infty} p(t) = \dfrac{a}{b}$，对上面的 ε_1，存在一个 $T_2 > 0$，使对任意的 $t > T_2$，

$p(t) \leqslant \dfrac{a}{b} + \varepsilon_1$。类似地，由于 $\lim\limits_{t \to +\infty} \tilde{p}(t) = \dfrac{a}{b} - \dfrac{\varepsilon_1}{2}$，对上面的 ε_1，存在一个 $T_3 >$

0，使对任意的 $t > T_3$，$\tilde{p}(t) - \dfrac{a}{b} + \dfrac{\varepsilon_1}{2} > -\dfrac{\varepsilon_1}{2}$。因此，令 $T_0 = \max \{ T_1, T_2, T_3 \}$，

对任意的 $t > T_0$，$-\varepsilon_1 < x(t) - \dfrac{a}{b} < \varepsilon_1$，这意味着 $\lim\limits_{t \to +\infty} x(t) = \dfrac{a}{b}$。

（2）$(f - dm_2) \dfrac{a}{b} = dm_1$。

首先，我们想要证明 $\lim\limits_{t \to +\infty} y(t) = 0$。

类似地，对任意的 $\varepsilon_2 > 0$，存在 $T_{\varepsilon_2} > 0$，使对任意的 $t > T_{\varepsilon_2}$，$x(t) < \dfrac{a}{b} + \varepsilon_2$。

因此，由引理 3.1，任给 $r > T_{\varepsilon_2}$，

$$y'(t) < -dy(t) - ry^2(t) + \frac{fx(t)}{m_1 + m_2 x(t)} y(t) < y(t) \left(\frac{f\left(\dfrac{a}{b} + \varepsilon_2 \right)}{m_1 + m_2 \left(\dfrac{a}{b} + \varepsilon_2 \right)} - d \right) - ry^2(t)$$

$$= \frac{\varepsilon_2 f(f - dm_2)}{m_1 + m_2 \left(\dfrac{a}{b} + \varepsilon_2 \right)} y(t) - ry^2(t)$$

$$(3\text{-}23)$$

因此，我们考虑下面的比较方程：

$$\tilde{q}'(t) = \frac{\varepsilon_2 (f - dm_2)}{m_1 + m_2 \left(\dfrac{a}{b} + \varepsilon_2 \right)} \tilde{q}(t) - r\,\tilde{q}^2(t) , \quad \tilde{q}(T_{\varepsilon_2}) = y(T_{\varepsilon_2}) > 0 \qquad (3\text{-}24)$$

它的解是 $\tilde{q}(t) = \dfrac{F\tilde{q}'(T_{\varepsilon_2})e^{F(t-T_{\varepsilon_2})}}{1+r\tilde{q}'(T_{\varepsilon_2})e^{F(t-T_{\varepsilon_2})}}$，其中，$F = \dfrac{\varepsilon_2(f-dm_2)}{m_1+m_2\left(\dfrac{a}{b}+\varepsilon_2\right)}$ 且 $\tilde{q}'(T) =$

$\dfrac{\tilde{q}'(T_{\varepsilon_2})}{F-r\tilde{q}(T_{\varepsilon_2})}$。明显地，由比较定理，我们有对任意的 $t \geqslant T_{\varepsilon_2}$，$y(t) \leqslant \tilde{q}(t)$。

再者，由 $(f-dm_2)\dfrac{a}{b}=dm_1$，则 $F>0$，意味着 $\lim\limits_{t\to+\infty}\tilde{q}(t) = \dfrac{\varepsilon_2(f-dm_2)}{r\left(m_1+m_2\left(\dfrac{a}{b}+\varepsilon_2\right)\right)}$。

因此对上述 ε_2，存在一个 $T'>0$，使对任意的 $t \geqslant T'$，$\tilde{q}(t) -$

$\dfrac{\varepsilon_2(f-dm_2)}{r\left(m_1+m_2\left(\dfrac{a}{b}+\varepsilon_2\right)\right)}<\varepsilon_2$。令 $T_0' = \max\{T_{\varepsilon_2},\ T_1'\}$，则对任意的 $t>T_0'$，$y(t) <$

$\dfrac{\varepsilon_2(f-dm_2)}{r\left(m_1+m_2\left(\dfrac{a}{b}+\varepsilon_2\right)\right)}+\varepsilon_2<\dfrac{f-dm_2+r\left(m_1+m_2\dfrac{a}{b}\right)}{r\left(m_1+m_2\dfrac{a}{b}\right)}\varepsilon_2$，意味着 $\lim\limits_{t\to+\infty}y(t)=0$。

$\lim\limits_{t\to+\infty}x(t)=\dfrac{a}{b}$ 的证明类似于 $(f-dm_2)\dfrac{a}{b}<dm_1$ 这种情形。

充分性。假定 $(f-dm_2)\dfrac{a}{b}>dm_1$，然后得出矛盾。由假设 $(f-dm_2)\dfrac{a}{b}>dm_1$，系统（3-3）有一个唯一的正平衡点 $(x^*,\ y^*)$，它也是系统（3-3）的一个解，这与 $\lim\limits_{t\to+\infty}(x^*,y^*) = \left(\dfrac{a}{b},\ 0\right)$ 矛盾。因此，条件（3-17）必须成立。

评注 3.4　Li 和 Takeuchi（2011）仅得到了 $f<dm_2$ 是 $E_1\left(\dfrac{a}{b},\ 0\right)$ 全局渐近稳定的充分条件。

评注 3.5　由定理 3.3 和定理 3.5，我们直接可以得到 $E_1\left(\dfrac{a}{b},\ 0\right)$ 是一个鞍点的充分必要条件，为 $(f-dm_2)\dfrac{a}{b}>dm_1$。

第四节　系统持久性分析

由定理 3.5 可得，$(f-\mathrm{d}m_2)\dfrac{a}{b}\leqslant \mathrm{d}m_1$ 是捕食者灭绝的充分条件。在这一部分中，我们将得到持久性的充分必要条件。

首先，对系统（3-3），我们将引入一些边界性结论。

引理 3.2　任给 $t\geqslant 0$，系统（3-3）具有正初始条件的解都是有界的。

证明： 由引理 3.1，任给 $t>0$，$x'(t)\leqslant ax(t)-bx^2(t)$。类似定理 3.5 的证明，存在一个 $T>0$，使任给 $t>T$，$x(t)\leqslant \dfrac{a}{b}+1$，这意味着任给 $t\geqslant 0$，$x(t)$ 是有界的。

令 $\omega(t)=\dfrac{f}{c}x(t)+y(t)$，则：

$$\frac{\mathrm{d}\omega(t)}{\mathrm{d}t}\leqslant -\mathrm{d}y(t)+\frac{af}{c}x(t)=-\mathrm{d}\omega(t)+\frac{(a+\mathrm{d})f}{c}x(t) \tag{3-25}$$

明显地，存在 $M>0$ 和 $T_1>0$，使任给 $t\geqslant T_1$，

$$\frac{\mathrm{d}\omega(t)}{\mathrm{d}t}\leqslant M-\mathrm{d}\omega(t) \tag{3-26}$$

令 $\dfrac{\mathrm{d}p(t)}{\mathrm{d}t}=M-\mathrm{d}p(t)$ 且 $p(T_1)=\omega(T_1)$，则对任给的 $t\geqslant T_1$，$\omega(t)\leqslant p(t)$ 且 $\lim\limits_{t\to +\infty}p(t)\leqslant \dfrac{M}{d}$。因此，存在一个 $T_2>\max\{T,\ T_1\}$ 使对任意的 $t>T_2$，$\omega(t)\leqslant p(t)\leqslant \dfrac{M}{d}+1$，这意味着对任给的 $t\geqslant 0$，$y(t)$ 是有界的。

其次，由定理 3.2 和 Khalil（2002）研究中的定理 4.1，我们直接可以得到下面的关于 ω-极限集的引理。

引理 3.3　对集合 $S=\{(x,\ y):x>0,\ y>0\}$ 内的任一点，它的 ω-极限集是非空、紧的、连通的和不变的。

再者，由引理 3.2、引理 3.3 和 Poincare-Bendixson 定理，对具有在集合

$S = \{(x(0), y(0)) : x(0) > 0, y(0) > 0\}$ 中任意选取的初始点的所有可能类型的 ω-极限集，我们有如下定理：

定理 3.6 若 $(f - \mathrm{d}m_2)\dfrac{a}{b} > \mathrm{d}m_1$，则对任意在集合 S 中的初始点，它的 ω- 极限集要么仅仅是一个正平衡点，要么是一个闭轨。

证明：对集合 S 中的任一点 (x_0, y_0)，令 $(x(t), y(t))$ 是系统（3-3）的具有初始值 $(x(0), y(0)) = (x_0, y_0)$ 的闭轨。由引理 3.3 和 Poincaré-Bendixson 定理，可知

（1）(x_0, y_0) 的 ω-极限集由单独一个点 p 组成，其中 p 是一个平衡点，使 $\lim\limits_{t \to +\infty}(x(t), y(t)) = p$，或

（2）(x_0, y_0) 的 ω-极限集是一个闭轨，或

（3）(x_0, y_0) 的 ω-极限集由平衡点和它们对应的轨道组成。当 $t \to +\infty$ 和 $t \to -\infty$ 时，每个轨道都会趋向于对应的平衡点。

再者，很明显可以得到，如果 $(f - \mathrm{d}m_2)\dfrac{a}{b} > \mathrm{d}m_1$，系统（3-3）在第一象限仅仅有三个平衡点 E_0、E_1 和 E^*。还有，由定理 3.2 的证明过程得，E_0 是一个鞍点；由定理 3.3 的证明过程得，如果 $(f - \mathrm{d}m_2)\dfrac{a}{b} > \mathrm{d}m_1$，则 E_1 也是一个鞍点。

因此，对上述的情形（a），ω-极限集仅由平衡点 E^* 组成。还有，下面我们可以证明上述的情形（c）不可能出现。

第一，我们能够证明 ω-极限集不可能由 E_0 和 E^* 构成。否则，存在一个连接着 E_0 和 E^* 的轨道 $\gamma_0(t)$。因为 E_0 是一个鞍点，$\lim\limits_{t \to +\infty}\gamma_0(t) = E_0$，这与（0，$y(t)$）是系统（3-3）唯一稳定流形且 $\lim\limits_{t \to +\infty}(0, y(t)) = E_0$ 相矛盾。

第二，我们可以假定当 $0 < x(t) < \dfrac{a}{b}$ 时，ω-极限集由 E_0、E_1 和连接它们的轨道（$x(t)$，0）组成，$\lim\limits_{t \to +\infty}(x(t), 0) = E_0$ 且 $\lim\limits_{t \to +\infty}(x(t), 0) = E_1$，下面再得出矛盾。由于 E_0 是一个鞍点，存在一个常数 $\delta > 0$，使轨道 $(x(t), y(t))$ 无限地进入然后离开区域 $\{(x, y) : x^2 + y^2 \leq \delta\}$。令 t_n 是轨道第 n 次进入区域的时刻，由引理 3.2 可知，$\{(x(t_n), y(t_n))\}$ 是一个有界序列。因此，

存在一个子序列 $\{(x(t_{n_k}),\ y(t_{n_k})\}$ 和 $(\bar{x},\ \bar{y})$ 使 $\lim_{t\to+\infty}(x(t_{n_k}),\ y(t_{n_k}))=$ $(\bar{x},\ \bar{y})$ 且 $\bar{y}\neq0$，这与假设 ω-极限集是由 E_0、E_1 和连接它们的轨道 $(x(t),$ $0)$ 组成相矛盾。

第三，类似地，我们可以证明 ω-极限集不可能由 E_1、E^* 和连接它们的轨道组成。

第四，ω-极限集不可能由 E_0 和一个同宿轨组成。因为 $(0,\ y(t))$ 是系统（3-3）唯一稳定流形且 $\lim_{t\to+\infty}(0,\ y(t))=E_0$。

第五，ω-极限集不可能由 E_1 和一个同宿轨组成。因为当 $0<x(t)<\dfrac{a}{b}$ 时，$(x(t),\ 0)$ 是系统（3-3）唯一稳定流形且 $\lim_{t\to+\infty}(x(t),\ 0)=E_1$。

第六，假定 ω-极限集由 E^* 和一个同宿轨组成。那么在由同宿轨所围成的区域内至少存在一个正平衡点，这与 E^* 是唯一正平衡点相矛盾。

因此，我们证明了如果 $(f-dm_2)\dfrac{a}{b}>dm_1$，那么对任意 S 中的点，它的 ω-极限集要么是由正平衡点 E^* 组成的，要么是一条闭轨。

最后，由定理 3.6、定理 3.5 和定义 1.8，我们有下面关于系统（3-3）持久性的结论。

定理 3.7 系统（3-3）是持久的当且仅当 $(f-dm_2)\dfrac{a}{b}>dm_1$（也就是说，正平衡点存在）时。

证明： 由定理 3.6 和定义 1.8 可知，若 $(f-dm_2)\dfrac{a}{b}>dm_1$，则系统（3-3）是持久的。再者，由定理 3.5 和定义 1.8 可知，若 $(f-dm_2)\dfrac{a}{b}\leqslant dm_1$，系统（3-3）是不持久的。因此，充分性和必要性都得到了证明。

评注 3.6 由定理 3.7 可知，捕食者的密度制约率 r 并不影响系统（3-3）的持久性。

第五节　正平衡点的全局吸引性

由定理 3.6 和定理 3.7 可知，系统的持久性表明两个种群随着时间的演变最终要么形成一个循环圈，要么吸引到正平衡点。在这一部分中，我们想要利用比较定理得到 $E^*(x^*, y^*)$ 的全局渐近稳定性。

令初始点在集合 $S=\{(x, y): x>0, y>0\}$ 中。为了多次利用比较定理，我们需要下面的准备工作。

类似于定理 3.5 的证明，对任意充分小的 $\varepsilon'_1>0$，存在一个 T_1，使任给 $t \geq T_1$，都有：

$$x(t)<\frac{a}{b}+\varepsilon'_1 \tag{3-27}$$

令 $A_1=\frac{a}{b}+\varepsilon'_1$，由系统（3-3）第一个方程我们也可以得到：对任意的 $t>0$，都有：

$$x'(t)>ax(t)-bx^2(t)-\frac{c}{m_3}x(t) \tag{3-28}$$

当 $a>\frac{c}{m_3}$，任给 $\varepsilon'_{1,B}>0$ 且 $\varepsilon'_{1,B}<\min\left\{\varepsilon'_1, \frac{1}{b}\left(a-\frac{c}{m_3}\right)\right\}$，存在一个 $T_2>T_1$，使任给 $t>T_2$ 时，都有：

$$x(t)>\frac{1}{b}\left(a-\frac{c}{m_3}\right)-\varepsilon'_{1,B}>0 \tag{3-29}$$

令 $B_1=\frac{1}{b}\left(a-\frac{c}{m_3}\right)-\varepsilon'_{1,B}$。

由系统（3-3）第二个方程，我们可以得到：任给 $t>0$，$y'(t)<y(t)\left[\frac{f}{m_2}-d-ry(t)\right]$。由式（3-5）可知，$f>dm_2$ 一定成立。因此，类似于定理 3.5 第二种情况的证明，对上述的 ε'_1，存在一个 $T_3>T_2$，使任给 $t>T_3$，都有：

$$y(t)<\frac{1}{r}\left(\frac{f}{m_2}-d\right)+\varepsilon'_1 \tag{3-30}$$

令 $C_1=\frac{1}{r}\left(\frac{f}{m_2}-d\right)+\varepsilon'_1$，接下来对系统（3-3）第二个方程来说，由不等式（3-29）和式（3-30），我们也可以得到。任给 $t>T_3$，都有：

$$y'(t) > y(t)\left[-d - ry(t) + \frac{fB_1}{m_1 + m_2B_1 + m_3C_1}\right] \qquad (3\text{-}31)$$

若 $\dfrac{fB_1}{m_1 + m_2B_1 + m_3C_1} > d$，类似于定理 3.5 第二种情形的证明，任给 $\varepsilon'_{1,D} > 0$ 且

$\varepsilon'_{1,D} < \min\left\{\varepsilon'_1, \dfrac{1}{r}\left(\dfrac{fB_1}{m_1 + m_2B_1 + m_3C_1} - d\right)\right\}$，存在一个 $T_4 > T_3$，使对任意的 $t > T_4$，

都有：

$$y(t) > \frac{1}{r}\left(\frac{fB_1}{m_1 + m_2B_1 + m_3C_1} - d\right) - \varepsilon'_{1,D} > 0 \qquad (3\text{-}32)$$

令 $D_1 = \dfrac{1}{r}\left(\dfrac{fB_1}{m_1 + m_2B_1 + m_3C_1} - d\right) - \varepsilon'_{1,D}$。

因此，对系统（3-3）来说，我们有：$B_1 < x(t) < A_1$，$D_1 < y(t) < C_1$，$t \geq T_4$。

由于 $a > \dfrac{c}{m_3}$ 和 $\dfrac{fB_1}{m_1 + m_2B_1 + m_3C_1} > d$，且把不等式（3-27）和式（3-32）代入系统（3-3）第一个方程中，可以得到：

$$x'(t) < ax(t) - bx^2(t) - \frac{cD_1x(t)}{m_1 + m_2A_1 + m_3D_1}, t > T_4 \qquad (3\text{-}33)$$

若 $a > \dfrac{c}{m_3}$ 成立，则 $a > \dfrac{cD_1}{m_1 + m_2A_1 + m_3D_1}$。类似地，对上述 ε'_1，存在一个 $T_5 > T_4$，使任给 $t > T_5$，都有：

$$x(t) < \frac{1}{b}\left(a - \frac{cD_1}{m_1 + m_2A_1 + m_3D_1}\right) + \varepsilon'_1 \qquad (3\text{-}34)$$

令 $A_2 = \dfrac{1}{b}\left(a - \dfrac{cD_1}{m_1 + m_2A_1 + m_3D_1}\right) + \varepsilon'_1$，很明显，$A_2 < A_1$。再者，把不等式（3-29）和式（3-30）代入系统（3-3）第一个方程中得：

$$x'(t) > ax(t) - bx^2(t) - \frac{cx(t)C_1}{m_1 + m_2B_1 + m_3C_1}, t > T_4 \qquad (3\text{-}35)$$

当 $a > \dfrac{c}{m_3}$ 成立时，有 $a > \dfrac{cC_1}{m_1 + m_2B_1 + m_3C_1}$。类似地，任给 $\varepsilon'_{2,B} > 0$ 且 $\varepsilon'_{2,B} < \min$

$$\left\{\varepsilon_1', \ \varepsilon_{1,B}', \ \frac{1}{b}\left(a-\frac{cC_1}{m_1+m_2B_1+m_3C_1}\right)\right\}, \ \text{存在一个 } T_6>T_5, \ \text{使对任意的 } t>T_6,$$
都有：

$$x(t)>\frac{1}{b}\left(a-\frac{cC_1}{m_1+m_2B_1+m_3C_1}\right)-\varepsilon_{2,B}'>0 \tag{3-36}$$

令 $B_2=\frac{1}{b}\left(a-\frac{cC_1}{m_1+m_2B_1+m_3C_1}\right)-\varepsilon_{2,B}'$，很明显，$B_2>B_1$。

再则，由 $a>\dfrac{c}{m_3}$ 和 $\dfrac{fB_1}{m_1+m_2B_1+m_3C_1}>d$，且把不等式（3-27）和式（3-32）

代入系统（3-3）第二个方程中有：

$$y'(t)<y(t)\left[\frac{fA_1}{m_1+m_2A_1+m_3D_1}-d-ry(t)\right],t>T_4 \tag{3-37}$$

若 $\dfrac{fB_1}{m_1+m_2B_1+m_3C_1}>d$ 成立，则 $\dfrac{fA_1}{m_1+m_2A_1+m_3D_1}>d$。类似地，对上述 ε_1'，存在

一个 $T_7>T_6$，使对任意的 $t>T_7$，都有：

$$y(t)<\frac{1}{r}\left(\frac{fA_1}{m_1+m_2A_1+m_3D_1}-d\right)+\varepsilon_1' \tag{3-38}$$

令 $C_2=\dfrac{1}{r}\left(\dfrac{fA_1}{m_1+m_2A_1+m_3D_1}-d\right)+\varepsilon_1'$，很明显，$C_2>C_1$。再者，把不等式（3-29）

和式（3-30）代入系统（3-3）第二个方程得：

$$y'(t)>y(t)\left[-d-ry(t)+\frac{fB_1}{m_1+m_2B_1+m_3C_1}\right], \ t>T_4 \tag{3-39}$$

类似地，任给 $\varepsilon_{2,D}'>0$，$\varepsilon_{2,D}'<\min\left\{\varepsilon_1', \ \varepsilon_{1,D}', \ \dfrac{1}{r}\left(\dfrac{fB_1}{m_1+m_2B_1+m_3C_1}-d\right)\right\}$，存在一

个 $T_8>T_7$，使对任意的 $t>T_8$，都有：

$$y(t)>\frac{1}{r}\left(\frac{fB_1}{m_1+m_2B_1+m_3C_1}-d\right)-\varepsilon_{2,D}' \tag{3-40}$$

令 $D_2=\dfrac{1}{r}\left(\dfrac{fB_1}{m_1+m_2B_1+m_3C_1}-d\right)-\varepsilon_{2,D}'$，很明显，$D_2>D_1$。

因此，综合上述的讨论，我们直接可以得出：$B_1 < B_2 < x(t) < A_2 < A_1$，$D_1 < D_2 < y(t) < C_2 < C_1$，$t > T_8$。

不断地进行上述过程，就可以得到五个序列 $\{T_n\}_{n=1}^{+\infty}$，$\{A_n\}_{n=1}^{\infty}$，$\{C_n\}_{n=1}^{\infty}$，$\{B_n\}_{n=1}^{\infty}$ 和 $\{D_n\}_{n=1}^{\infty}$。在这里，我们定义 $\Delta(x, y)$ 为 $m_1 + m_2 x + m_3 y$，则对任意的 $n \geq 2$，A_n、C_n、B_n 和 D_n 分别有如下表达式：

$$A_n = \frac{1}{b}\left(a - \frac{cD_{n-1}}{\Delta(A_{n-1}, D_{n-1})}\right) + \varepsilon_1', \quad B_n = \frac{1}{b}\left(a - \frac{cC_{n-1}}{\Delta(B_{n-1}, C_{n-1})}\right) - \varepsilon_{n,B}'$$

$$C_n = \frac{1}{r}\left(\frac{fA_{n-1}}{\Delta(A_{n-1}, D_{n-1})} - d\right) + \varepsilon_1', \quad D_n = \frac{1}{r}\left(\frac{fB_{n-1}}{\Delta(B_{n-1}, C_{n-1})} - d\right) - \varepsilon_{n,D}'$$

$$(3\text{-}41)$$

满足：

$$
\begin{cases}
0 < \varepsilon_{n,B}' < \min\left\{\varepsilon_1', \ \varepsilon_{n-1,B}', \ \frac{1}{b}\left(a - \frac{cC_{n-1}}{\Delta(B_{n-1}, C_{n-1})}\right)\right\} \\[2mm]
0 < \varepsilon_{n,D}' < \min\left\{\varepsilon_1', \ \varepsilon_{n-1,D}', \ \frac{1}{r}\left(\frac{fB_{n-1}}{\Delta(B_{n-1}, C_{n-1})} - d\right)\right\} \\[2mm]
0 < B_1 < B_2 < \cdots < B_n < x(t) < A_n < \cdots < A_2 < A_1, \ t \geq T_{4n} \\[2mm]
0 < D_1 < D_2 < \cdots < D_n < y(t) < C_n < \cdots < C_2 < C_1, \ t \geq T_{4n}
\end{cases}
\quad (3\text{-}42)
$$

很明显，$\{A_n\}$ 和 $\{C_n\}$ 是有界递减的序列且 $\{B_n\}$ 和 $\{D_n\}$ 是有界递增序列。因此，存在 $\overline{A}$、$\overline{C}$、$\overline{B}$ 和 $\overline{D}$，使 $\lim\limits_{t \to +\infty} A_n = \overline{A}$，$\lim\limits_{t \to +\infty} C_n = \overline{C}$，$\lim\limits_{t \to +\infty} B_n = \overline{B}$ 和 $\lim\limits_{t \to +\infty} D_n = \overline{D}$。再者，由式（3-42）可得 $\overline{A} \geq \overline{B}$ 和 $\overline{C} \geq \overline{D}$。

进一步，由 A_n、C_n、B_n 和 D_n，我们有：

$$A_n - B_n = \varepsilon_1' + \varepsilon_{n,B}' + \frac{cm_1(C_{n-1} - D_{n-1}) + cm_2[A_{n-1}(C_{n-1} - D_{n-1}) + D_{n-1}(A_{n-1} - B_{n-1})]}{b\Delta(B_{n-1}, C_{n-1})\Delta(A_{n-1}, D_{n-1})}$$

$$(3\text{-}43)$$

因此，当 $n \to +\infty$ 时有：

$$\overline{A} - \overline{B} = \frac{cm_1(\overline{C} - \overline{D}) + cm_2[\overline{A}(\overline{C} - \overline{D}) + \overline{D}(\overline{A} - \overline{B})]}{b\Delta(\overline{B}, \overline{C})\Delta(\overline{A}, \overline{D})} + \varepsilon_1' + \varepsilon_{n,B}' \quad (3\text{-}44)$$

类似地，可得：

$$C_n - D_n = \varepsilon_1' + \varepsilon_{n,D}' + \frac{fm_1(A_{n-1} - B_{n-1}) + fm_3[A_{n-1}(C_{n-1} - D_{n-1}) + D_{n-1}(A_{n-1} - B_{n-1})]}{r\Delta(B_{n-1}, C_{n-1})\Delta(A_{n-1}, D_{n-1})}$$

$$(3-45)$$

因此，当 $n \to +\infty$ 时有：

$$\overline{C} - \overline{D} = \frac{f(m_1 + m_3\overline{D})(\overline{A} - \overline{B}) + (\varepsilon_1' + \varepsilon_{n,D}')r\Delta(\overline{B}, \overline{C})\Delta(\overline{A}, \overline{D})}{r\Delta(\overline{B}, \overline{C})\Delta(\overline{A}, \overline{D}) - fm_3\overline{A}} \qquad (3-46)$$

将式（3-46）代入式（3-34），可得：

$$\overline{A} - \overline{B} \leq \left| \frac{2\left(\dfrac{cr(m_1 + m_2\overline{A})}{b[r\Delta(\overline{B}, \overline{C})\Delta(\overline{A}, \overline{D}) - fm_3\overline{A}]} + 1\right)}{1 - \dfrac{c}{b\Delta(\overline{B}, \overline{C})\Delta(\overline{A}, \overline{D})}\left[\dfrac{f(m_1 + m_2\overline{A})(m_1 + m_3\overline{D})}{r\Delta(\overline{B}, \overline{C})\Delta(\overline{A}, \overline{D}) - fm_3\overline{A}} + m_2\overline{D}\right]} \right| \varepsilon_1' \qquad (3-47)$$

则由 ε_1' 的任意性，有 $\overline{A} = \overline{B}$。

类似地，由方程（3-46）和关系式 $\overline{A} = \overline{B}$ 有：

$$\overline{C} - \overline{D} \leq \left| \frac{2r\Delta(\overline{B}, \overline{C})\Delta(\overline{A}, \overline{D})}{r\Delta(\overline{B}, \overline{C})\Delta(\overline{A}, \overline{D}) - fm_3\overline{A}} \right| \varepsilon_1' \qquad (3-48)$$

则由 ε_1' 的任意性，有 $\overline{C} = \overline{D}$。

因此，综合上述的准备工作，我们可以证明如下的定理：

定理 3.8　如果条件（3-5）和条件

$$am_3 > c, \quad \frac{\dfrac{f}{bm_3}(am_3 - c)}{m_1 + \dfrac{m_2}{bm_3}(am_3 - c) + \dfrac{m_3}{rm_2}(f - dm_2)} > d \qquad (3-49)$$

都成立，则系统（3-3）的任意正初始条件在集合 S 中的解 $(x(t), y(t))$ 有 $\lim\limits_{t \to +\infty}(x(t), y(t)) = E^*$ 这意味着系统（3-3）的正平衡点 E^* 是全局吸引的。

证明： 条件（3-49）可以保证 $a > \dfrac{c}{m_3}$ 和 $\dfrac{fB_1}{m_1 + m_2 B_1 + m_3 C_1} > d$ 成立。因此，当条件（3-5）成立时，通过上述准备和式（3-42），对系统（3-3）的任何在集合 S 中的正初始条件解 $(x(t), y(t))$，存在 $\overline{A}$ 和 $\overline{C}$，使 $\lim\limits_{t \to +\infty} (x(t), y(t)) = (\overline{A}, \overline{C})$。

因为 $(\overline{A}, \overline{C})$ 是 $(x(0), y(0))$ 的唯一 ω-极限集，由 ω-极限集的特性可知，$(\overline{A}, \overline{C})$ 一定是集合 $\overline{S} = \{(x, y) : x \geq 0, y \geq 0\}$ 中的一个平衡点。再则，由定理 3.2、条件（3-5）和定理 3.5 得，此平衡点一定是正平衡点 E^*。因此，我们完成了此定理的证明。

例 3.1 令 $a = 2$，$b = 16$，$c = 1$，$d = 0.01$，$r = 3$，$f = 2$，$m_1 = 1$，$m_2 = 2$ 且 $m_3 = 3$，则系统（3-3）变为：

$$\begin{cases} x' = x\left[2 - 16x - \dfrac{y}{1 + 2x + 3y}\right] \\ y' = y\left[-\dfrac{1}{100} - 3y + \dfrac{2x}{1 + 2x + 3y}\right] \end{cases} \tag{3-50}$$

易算得 $(f - dm_2)\dfrac{a}{b} - dm_1 \approx 0.238$，$am_3 - c = 5$，$\dfrac{\dfrac{f}{bm_3}(am_3 - c)}{m_1 + \dfrac{m_2}{bm_3}(am_3 - c) + \dfrac{m_3}{rm_2}(f - dm_2)} - d \approx$

0.102。因此，条件（3-5）和式（3-49）成立。由定理 3.8 可得，系统（3-50）的正平衡点 $E^* = (0.123, 0.055)$ 是全局吸引的，这也可以通过图 3-3 看出。需要指出的是，在图 3-3 中，这四条曲线分别从初始点 $(0.2, 0.1)$，$(0.05, 0.01)$，$(0.1, 0.1)$ 和 $(0.18, 0.04)$ 出发，最终随着时间 t 趋向于 $+\infty$ 而趋近于 $E^* = (0.123, 0.055)$。

评注 3.7 定理 3.8 提供的条件仅仅依赖于参数，而 Li 和 Takeuchi（2011）研究中的正平衡点全局吸引的条件不仅依赖于参数还依赖于平衡点 (x^*, y^*)，进而就需要为得到平衡点 (x^*, y^*) 而求解方程组（3-4）。

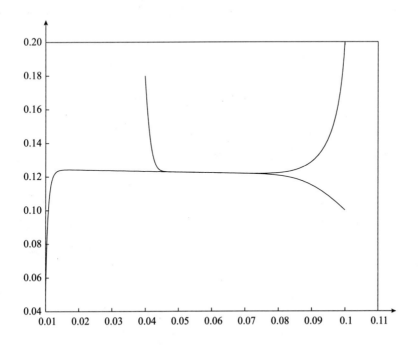

图 3-3　系统（3-50）的四个相图

本章小结

在这一部分中，在 Li 和 Takeuchi（2011）研究的基础上，我们研究了被捕食者具有密度制约的捕食—被捕食系统的动力性质：

$$
\begin{cases}
x'(t) = x(t)\left(a - bx(t) - \dfrac{cy(t)}{m_1 + m_2 x(t) + m_3 y(t)}\right) \\[3mm]
y'(t) = y(t)\left(-d - ry(t) + \dfrac{fx(t)}{m_1 + m_2 x(t) + m_3 y(t)}\right)
\end{cases}
$$

得到了如下结论：

（1）系统有唯一正平衡点的充分必要条件是 $(f - \mathrm{d}m_2)\dfrac{a}{b} \leqslant \mathrm{d}m_1$。

（2）边界平衡点 $E_1\left(\dfrac{a}{b},\ 0\right)$ 是一个鞍点的充分必要条件是 $(f-dm_2)\dfrac{a}{b}>dm_1$，$E_1\left(\dfrac{a}{b},\ 0\right)$ 全局吸引的充分必要条件是 $(f-dm_2)\dfrac{a}{b}\leqslant dm_1$。

（3）系统持久的充分必要条件是 $(f-dm_2)\dfrac{a}{b}>dm_1$。

除此之外，我们通过构造 Lyapunov 函数得到了 $E^*(x^*,\ y^*)$ 局部渐近稳定的充分条件，并且利用比较定理得到了 $E^*(x^*,\ y^*)$ 全局吸引的充分条件。

最后，我们发现捕食者的密度制约率 r 并不影响正平衡点的存在性和系统（3-3）的持久性。然而，r 是否会影响 $E^*(x^*,\ y^*)$ 的局部渐近稳定性和 $E^*(x^*,\ y^*)$ 的全局吸引性仍然是未知的，这也是我们将来要解决的问题。

第四章 时滞具有 Beddington-DeAngelis 功能反应函数的捕食—被捕食系统的动力性质

第一节 模型引入

Beddington（1975）和 DeAngelis 等（1975）最初提出的具有 Beddington-DeAngelis 功能反应函数的捕食—被捕食系统，具体描述如下：

$$
\begin{cases}
x'(t) = x(t)\left(a - bx(t) - \dfrac{cy(t)}{m_1 + m_2 x(t) + m_3 y(t)}\right) \\[3mm]
y'(t) = y(t)\left(-d + \dfrac{fx(t)}{m_1 + m_2 x(t) + m_3 y(t)}\right)
\end{cases}
\tag{4-1}
$$

Skalski 和 Gilliam（2001）进一步从捕食—被捕食系统的三种捕食者依赖的功能反应函数（Beddington-DeAngelis、Crowley-Martin 和 Hassell-Varley）中给出统计性证据表明，研究 Beddington-DeAngelis 功能反应函数在捕食猎物丰度在一定范围内的情况可以更好地解释捕食—被捕食行为。

然而，在自然界中存在许多物种，它们每个成员的成长过程都会经过两个阶段（Aiello 和 Freedman，1990；Beretta 和 Kuang，2002；Cai 等，2008；Gourley 和 Kuang，2004；Liu 和 Beretta，2006）：未成熟阶段和成熟阶段，并且在这两个阶段的种群会有不同的特性行为。例如，对大多数哺乳动物来说，未成熟的被捕食者可以躲避在山洞中且被它的父母喂养使它不必外出觅食而导致受到捕食者的攻击。因此，为了与自然现象保持一致，被捕食者具有阶段结构的系统已经广泛地被研究。特别地，Liu 和 Zhang（2008）讨论了对应的模型：

$$\begin{cases} x_i'(t) = a'x(t) - d_i x_i(t) - a'e^{-d_i\tau}x(t-\tau) \\[2mm] x'(t) = a'e^{-d_i\tau}x(t-\tau) - bx^2(t) - \dfrac{cx(t)y(t)}{m_1 + m_2 x(t) + m_3 y(t)} \\[2mm] y'(t) = -dy(t) + \dfrac{fx(t)y(t)}{m_1 + m_2 x(t) + m_3 y(t)} \end{cases} \qquad (4\text{-}2)$$

其中，$x_i(t)$ 为未成熟的被捕食者种群，$x(t)$ 为成熟的被捕食者种群，$y(t)$ 为成熟的捕食者种群，τ 为由未成熟向成熟转化的时间。

在系统（4-2）的基础之上，考虑捕食者和被捕食者同时具有密度制约，对应的模型为：

$$\begin{cases} x_i'(t) = a'x(t) - d_i x_i(t) - a'e^{-d_i\tau}x(t-\tau) \\[2mm] x'(t) = a'e^{-d_i\tau}x(t-\tau) - bx^2(t) - \dfrac{cx(t)y(t)}{m_1 + m_2 x(t) + m_3 y(t)} \\[2mm] y'(t) = -dy(t) - ry^2(t) + \dfrac{fx(t)y(t)}{m_1 + m_2 x(t) + m_3 y(t)} \end{cases} \qquad (4\text{-}3)$$

其中，r 代表捕食者的密度制约率。

在模型（4-3）中，令 $a = a'e^{-d_i\tau}$ 和 $x_i(0) = a'\displaystyle\int_{-\tau}^{0} e^{d_i s}x(s)\,ds$，且由系统解的连续性得：

$$x_i(t) = a'\int_{-\tau}^{0} e^{d_i s}x(t+s)\,ds \qquad (4\text{-}4)$$

这就意味着 $x_i(t)$ 可以完全由 $x(t)$ 代替。所以，系统（4-3）等价于下面的系统：

$$\begin{cases} x'(t) = ax(t-\tau) - bx^2(t) - \dfrac{cx(t)y(t)}{m_1 + m_2 x(t) + m_3 y(t)} \\[4mm] y'(t) = -\mathrm{d}y(t) - ry^2(t) + \dfrac{fx(t)y(t)}{m_1 + m_2 x(t) + m_3 y(t)} \end{cases} \tag{4-5}$$

系统（4-5）实质上就是时滞密度制约的具有 Beddington-DeAngelis 功能的反应函数捕食—被捕食系统。

在这一章中，我们主要研究系统（4-5）的动力性质，讨论正平衡点局部渐近稳定的充分条件以及全局吸引性的充分条件。

第二节　平衡点和它们的局部稳定性

对所有参数值来说，易得系统（4-5）有平衡点 $E_0(0, 0)$ 和 $E_1\left(\dfrac{a}{b}, 0\right)$，分别记为原点和边界平衡点。从第二章得到下面关于正平衡点存在的结论如下：

定理 4.1　系统（4-5）有一个唯一正平衡点 $E^*(x^*, y^*)$ 的充分必要条件是：

$$(f-\mathrm{d}m_2)\frac{a}{b} > \mathrm{d}m_1 \tag{4-6}$$

这个条件等价于：

$$(f-\mathrm{d}m_2)\frac{a'e^{-d_i\tau}}{b} > \mathrm{d}m_1 \tag{4-7}$$

从式（4-6）［或等价的条件（4-7）］，我们很容易看到被捕食者的密度制约率 r 不影响正平衡点的存在性。再者，条件（4-7）也意味着对捕食者成熟期 τ 来说，正平衡点 E^* 存在需要 τ 在区间 $I=(0, \tau^*)$ 内才行，其中：

$$\tau^* = \frac{1}{d_i} \ln \frac{a'(f - dm_2)}{bdm_1} \tag{4-8}$$

还有，在 τ^* 是有限值时，E^* 将和 E_1 一致，且当 τ 很大时，系统无正平衡点。再者，E^* 与 E_1 将在有限值 τ^* 处相交，并且当 τ 很大时将没有正平衡点。

接下来我们将分别研究平衡点 $E_0(0,\ 0)$、$E_1\left(\dfrac{a}{b},\ 0\right)$ 和 $E^*(x^*,\ y^*)$ 的稳定性。为此，我们重新整理系统（4-5）中 $\overline{X}'(t) = \overline{F}[\overline{X}(t),\ \overline{X}(t-\tau)]$，其中，$\overline{X}(t) = (x(t),\ y(t))$。那么对任意固定的点 $\overline{X}^* = (x,\ y)$ 来说，我们可以考虑它相应的特征方程如下。

令 $H = \left(\dfrac{\partial \overline{F}}{\partial \overline{X}(t-\tau)}\right)_{\overline{X}^*}$ 和 $G = \left(\dfrac{\partial \overline{F}}{\partial \overline{X}(t)}\right)_{\overline{X}^*}$，则：

$$H = \begin{bmatrix} a & 0 \\ 0 & 0 \end{bmatrix}_{\overline{X}^*} \text{和} \quad G = \begin{bmatrix} -2bx - cq'_x & -cq'_y \\ fq'_x & -d - 2ry + fq'_y \end{bmatrix}_{\overline{X}^*} \tag{4-9}$$

其中，

$$q(x,\ y) = \frac{xy}{m_1 + m_2 x + m_3 y},\ q'_x = \frac{y(m_1 + m_3 y)}{(m_1 + m_2 x + m_3 y)^2} \text{和} q'_y = \frac{x(m_1 + m_2 x)}{(m_1 + m_2 x + m_3 y)^2}$$

$$\tag{4-10}$$

因此，系统（4-5）在点 $\overline{X}^*$ 的特征方程为：

$$|G + He^{-\lambda\tau} - \lambda I| = \begin{vmatrix} -2bx - cq'_x + ae^{-\lambda\tau} - \lambda & -cq'_y \\ fq'_x & -d - 2ry + fq'_y - \lambda \end{vmatrix}$$

$$= P(\lambda,\ \tau) + Q(\lambda,\ \tau)\ e^{-\lambda\tau} = 0 \tag{4-11}$$

其中，

$$\begin{cases} P(\lambda,\tau)=\lambda^2+P_1(\tau)\lambda+P_0(\tau) \\ P_1(\tau)=2bx+cq'_x-R \\ P_0(\tau)=-2bxR+cq'_x(d+2ry) \\ R=fq'_y-d-2ry \end{cases} \text{和} \begin{cases} Q(\lambda,\tau)=Q_1(\tau)\lambda+Q_0(\tau) \\ Q_1(\tau)=-a \\ Q_0(\tau)=aR \end{cases} \quad (4\text{-}12)$$

那么，由点 E_0 的特征方程，我们有：

定理 4.2　平衡点 $E_0(0,0)$ 是不稳定的。

证明：系统（4-5）在点 E_0 的特征方程为：

$$|G+He^{-\lambda\tau}-\lambda I|_{(0,0)}=(\lambda+d)(\lambda-ae^{-\lambda\tau})=0 \quad (4\text{-}13)$$

很明显，$\lambda=-d$ 是一个负的特征值，并且其他的特征值由 $\lambda-ae^{-\lambda\tau}=0$ 的解来确定。需要注意的是，直线 $y=\lambda$ 和曲线 $y=ae^{-\lambda\tau}$ 一定会相交于唯一点 (λ,y)，其中，λ 是一个正值，我们可以得出 E_0 是一个鞍点的结论。因此，E_0 是不稳定的。

进一步地，在点 E_1 特征方程的基础之上，我们有：

定理 4.3　平衡点 $E_1\left(\dfrac{a}{b},0\right)$ 是：

（1）不稳定的$\left(\text{如果 }(f-\mathrm{d}m_2)\dfrac{a}{b}>\mathrm{d}m_1\right)$。

（2）局部渐近稳定的$\left(\text{如果 }(f-\mathrm{d}m_2)\dfrac{a}{b}<\mathrm{d}m_1\right)$。

证明：系统（4-5）在点 E_1 的特征方程是：

$$|G+He^{-\lambda\tau}-\lambda I|_{\left(\frac{a}{b},0\right)}=(\lambda+2a-ae^{-\lambda\tau})\left[\lambda-\left(\frac{af}{m_1b+m_2a}-d\right)\right]=0 \quad (4\text{-}14)$$

（1）如果 $(f-\mathrm{d}m_2)\dfrac{a}{b}>\mathrm{d}m_1$，则 $\lambda=\dfrac{af}{m_1b+m_2a}-d$ 是特征方程（4-14）的一个正根，然而其他特征值由方程 $\lambda+2a-ae^{-\lambda\tau}=0$ 的解确定。需要注意的是，直线 $y=\lambda+2a$ 和曲线 $y=ae^{-\lambda\tau}$ 一定会相交于唯一的点 (λ,y)，其中，λ 是一个负值，方程 $\lambda+2a-ae^{-\lambda\tau}=0$ 有唯一负根。因此，我们可以得到 E_1 是一个鞍点的结论，这意味着 E_1 是不稳定的。

（2）很容易可以得到，如果 $(f-dm_2)\dfrac{a}{b}<dm_1$，则 $\lambda=\dfrac{af}{m_1b+m_2a}-d$ 是特征方程（4-14）的一个负根，然而其他特征值是由方程 $\lambda+2a-ae^{-\lambda\tau}=0$ 的解来确定的。类似地，需要注意的是，直线 $y=\lambda+2a$ 和曲线 $y=ae^{-\lambda\tau}$ 一定会相交于唯一的点（λ，y），其中 λ 是一个负值，方程 $\lambda+2a-ae^{-\lambda\tau}=0$ 有一个唯一的负根。再者，对方程 $\lambda+2a-ae^{-\lambda\tau}=0$ 来说，假定 $\lambda=\alpha\pm\beta i$ 也是其解，其中 $\beta>0$，则 $e^{2\alpha\tau}=\dfrac{a^2}{\beta^2+(\alpha+2a)^2}$。很明显，$\alpha<0$；否则，$e^{2\alpha\tau}\geqslant1$ 和 $\dfrac{a^2}{\beta^2+(\alpha+2a)^2}<1$，这与 $e^{2\alpha\tau}=\dfrac{a^2}{\beta^2+(\alpha+2a)^2}$ 矛盾。因此，我们可以得到 E_1 是一个稳定的结点这一结论，这意味着 E_1 是局部渐近稳定的。

评注 4.1　如果 $(f-dm_2)\dfrac{a}{b}=dm_1$，我们可以很容易证得：$E_1\left(\dfrac{a}{b},0\right)$ 是拟线性稳定。但是，当 $(f-dm_2)\dfrac{a}{b}=dm_1$ 时，$E_1\left(\dfrac{a}{b},0\right)$ 是否稳定是未知的。然而，我们可以证明的是当 $(f-dm_2)\dfrac{a}{b}=dm_1$ 时，$E_1\left(\dfrac{a}{b},0\right)$ 是全局吸引的，将在本章第三节中讨论。

评注 4.2　从 Liu 和 Zhang（2008）研究中的定理 4.2 可以得到，系统（4-5）的点 E_1 渐近稳定和不稳定的条件也是系统（4-3）的点 $\left(\dfrac{a^2}{bd_i}(e^{d_i\tau}-1),\dfrac{a}{b},0\right)$ 渐近稳定和不稳定的条件。

接下来在条件（4-6）的基础上，我们将讨论正平衡点 $E^*(x^*,y^*)$ 的稳定性。需要注意的是，系统（4-5）在 E^* 点的特征方程中不仅包含指数项还含有 x^* 和 y^*，所以直接求解这个特征方程是困难的。因此，我们试图将系统（4-5）线性化，且为进行稳定性分析构造一个李雅普诺夫函数。

令 $\begin{cases}x(t)-x^*+u(t)\\y(t)=y^*+v(t)\end{cases}$，则系统（4-5）线性化后为：

$$\begin{cases}u'(t)=Au(t-\tau)-Bu(t)-Cv(t)\\v'(t)=-Dv(t)+Fu(t)\end{cases} \tag{4-15}$$

其中，

$$\begin{cases} A=a, B=2bx^*+\dfrac{cy^*(m_1+m_3y^*)}{(m_1+m_2x^*+m_3y^*)^2}, C=\dfrac{cx^*(m_1+m_2x^*)}{(m_1+m_2x^*+m_3y^*)^2} \\ D=d+2ry^*-\dfrac{fx^*(m_1+m_2x^*)}{(m_1+m_2x^*+m_3y^*)^2}, F=\dfrac{fy^*(m_1+m_3y^*)}{(m_1+m_2x^*+m_3y^*)^2} \end{cases} \quad (4-16)$$

很明显，A、B、C 和 F 都是正的，且线性化后的系统（4-10）第一个方程可改写为：

$$u'(t) = (A-B)u(t) - Cv(t) - A\int_{t-\tau}^{t} u'(s)\,\mathrm{d}s$$

$$= (A-B)u(t) - Cv(t) - A\int_{t-\tau}^{t}[Au(s-\tau) - Bu(s) - Cv(s)]\,\mathrm{d}s$$

$$(4-17)$$

因此，通过李雅普诺夫函数的构造我们有下面关于正平衡点 $E^*(x^*, y^*)$ 的结论：

定理 4.4　如果 $\tau \in (0, \tau^*)$，其中，τ^* 由表达式（4-8）来确定，且下面条件：

$$\tau \in (0, \tau_1), \ \tau_1 = \min\left\{\frac{2D-|F-C|}{AC}, \frac{2(B-A)-|F-C|}{A(2A+2B+C)}\right\},$$

$$|F-C| < \min\{2D, 2(B-A)\}$$

$$(4-18)$$

也成立，则系统（4-15）的平衡点（0,0）是局部渐近稳定的，这也意味着系统（4-5）的正平衡点 $E^*(x^*, y^*)$ 是局部渐近稳定的。

证明： 为了证明系统（4-15）的平衡点（0,0）的局部渐近稳定性，考虑一个严格的李雅普诺夫函数的存在性就足够了。

令 $W_{11}(t) = u^2(t)$，$W_{11}(t)$ 关于时间的导数是：

$$W_{11}'(t) = 2(A-B)u^2(t) - 2Cu(t)v(t) - 2Au(t)$$

$$\int_{t-\tau}^{t}[Au(s-\tau) - Bu(s) - Cv(s)]\,\mathrm{d}s \quad (4-19)$$

由不等式 $2ab \leq a^2 + b^2$ ，我们有：

$$W'_{11}(t) \leq 2(A-B)u^2(t) - 2Cu(t)v(t)$$

$$+ A(A+B+C)\tau u^2(t) + A\int_{t-\tau}^{t}$$

$$[Au^2(s-\tau) - Bu^2(s) + Cv^2(s)]ds \qquad (4-20)$$

令 $W_{12}(t) = A\int_{t-\tau}^{t}\int_{z}^{t}[Au^2(s-\tau) + Bu^2(s) + Cv^2(s)]dsdz$ ，我们有：

$$W'_{11}(t) + W'_{12}(t) \leq 2(A-B)u^2(t) - 2Cu(t)v(t) + A(A+B+C)\tau u^2(t)$$

$$+ A\tau[Au^2(t-\tau) + Bu^2(t) + Cv^2(t)] \qquad (4-21)$$

再者，令 $W_{13}(t) = A^2\tau\int_{t-\tau}^{t}u^2(s)ds$ 和 $W_1(t) = W_{11}(t) + W_{12}(t) + W_{13}(t)$ ，我们有：

$$W'_1(t) \leq [2(A-B) + A(2A+2B+C)\tau]u^2(t) + AC\tau v^2(t) - 2Cu(t)v(t)$$

$$(4-22)$$

令 $W_2(t) = v^2(t)$ 和 $W(t) = W_1(t) + W_2(t)$ 。很明显， $W(t) \geq 0$ 且 $W(t) = 0$ 当且仅当 $u(t) = v(t) = 0$ 。再者，如果 $u(t) = v(t) = 0$ ，那么 $W'(t) = 0$ 。还有：

$$W'(t) \leq [2(A-B) + A(2A+2B+C)\tau]u^2(t) + 2(F-C)u(t)v(t) + (AC\tau-2D)v^2(t)$$

$$\leq [2(A-B) + A(2A+2B+C)\tau]u^2(t) + 2|F-C||u(t)||v(t)| + (AC\tau-2D)v^2(t)$$

$$\leq [2(A-B) + |F-C| + A(2A+2B+C)\tau]u^2(t) + (AC\tau-2D+|F-C|)v^2(t)$$

$$(4-23)$$

从条件 $\tau \in (o, \tau^*)$ 和条件（4-18），我们可以得到：如果 $u^2(t) + v^2(t) > 0$ ，则 $W'(t) < 0$ 。因此， $W(t)$ 是一个严格李雅普诺夫函数。由李雅普诺夫稳定性定理可知，系统（4-15）的平衡点（0，0）是局部渐近稳定的，这意味着系统（4-5）的正平衡点 $E^*(x^*, y^*)$ 是局部渐近稳定的。

评注 4.3 需要注意的是，条件（4-18）包含着 x^* 和 y^* ， x^* 和 y^* 由方程组（3-4）确定。事实上，通过使用代数计算系统（也就是量词消去法和实根分类），我们可以消去 x^* 和 y^* ，从而达到仅含有参数 a 、 b 、 c 、 d 、 f 、 m_1 、 m_2 、 m_3 和 r 的等效无量公式。

例 4.1 令 $a = 1$ ， $b = 0.6$ ， $c = 0.15$ ， $d = 0.02$ ， $r = 0.9$ ， $f = 0.1$ ， $m_1 = 0.1$ ，

$m_2 = 0.2$，$m_3 = 0.3$ 和 $\tau = 0.2$，则系统（4-5）变为：

$$\begin{cases} x'(t) = x(t-0.2) - 0.6x^2(t) - \dfrac{0.15x(t)y(t)}{0.1+0.2x(t)+0.3y(t)} \\[4mm] y'(t) = -0.02y(t) - 0.9y^2(t) + \dfrac{0.1x(t)y(t)}{0.1+0.2x(t)+0.3y(t)} \end{cases} \quad (4\text{-}24)$$

由计算可得，$(f-dm_2)\dfrac{a}{b}-dm_1 = 0.158>0$ 且由方程组（4-16）得，$A=1$，$B=1.847$，$C=0.369$，$D=0.341$，$F=0.006$，$|F-C|=0.363$，$B-A=0.847$，$\dfrac{2D-|F-C|}{AC}=0.864$，且 $\dfrac{2(B-A)-|F-C|}{A(2A+2B+C)}=0.220$。因此，条件（4-6）和（4-18）成立。由定理 4.4 得，系统（4-24）的正平衡点 $E^*(1.508, 0.315)$ 是局部渐近稳定的，这也可以从图 4.1 看出。需要指出的是，在图 4-1 中，分别从初始点（0.2, 0.5）、（1, 1）、（1.5, 2.1）、（2, 2）和（3, 3）出发的五条轨线，当 t 趋向于 $+\infty$ 时都将趋近于点 $E^*(1.508, 0.315)$。

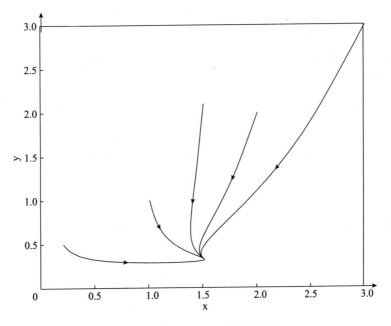

图 4-1　系统（4-24）的五条轨线

第三节　全局吸引性分析

由定理 4.3 得，如果 $(f-\mathrm{d}m_2)\dfrac{a}{b}<\mathrm{d}m_1$，则 E_1 是局部吸引的；由定理 4.4 得，如果条件（4-6）和（4-18）成立，则 E^* 也是局部吸引的。然而，对定性分析来说，这是远远不够的。因此，在这一节中我们试图得到分别保证 E_1 和 E^* 全局吸引的充分条件。为此，我们将第一次引入下面这个引理。

引理 4.1　对下面系统来说：

$$x'(t)=b_1 x(t-\tau_1)-a_1 x(t)-a_2 x^2(t) \tag{4-25}$$

其中，$b_1>0$，$a_1\geqslant 0$，$a_2>0$，$\tau_1\geqslant 0$，和对任意的 $-\tau_1\leqslant t\leqslant 0$，$x(t)>0$，我们有：

（1）$\lim\limits_{t\to+\infty}x(t)=\dfrac{b_1-a_1}{a_2}$ 当且仅当 $b_1>a_1$。

（2）$\lim\limits_{t\to+\infty}x(t)=0$ 当且仅当 $b_1\leqslant a_1$。

那么在引理 4.1 和引理 3.1 的基础之上，我们有下面关于 E_1 全局吸引性的结论：

定理 4.5　对系统（4-5）具有正初始条件（也就是 $x(0)>0$ 且 $y(0)>0$）的任意解 $(x(t)，y(t))$ 来说，$\lim\limits_{t\to+\infty}(x(t)，y(t))=\left(\dfrac{a}{b},0\right)$ 当且仅当：

$$(f-\mathrm{d}m_2)\dfrac{a}{b}\leqslant\mathrm{d}m_1 \tag{4-26}$$

这意味着对系统（4-3）的任意具有正初始条件的解 $(x_i(t)，x(t)，y(t))$ 来说：

$$\lim\limits_{t\to+\infty}(x_i(t)，x(t)，y(t))=\left(\dfrac{a^2}{bd_i}(e^{d_i\tau}-1)，\dfrac{a}{b}，0\right) \tag{4-27}$$

当且仅当 $(f-\mathrm{d}m_2)\dfrac{a}{b}\leqslant\mathrm{d}m_1$。

证明：我们将分两种情形证明必要性：

（1）$(f-\mathrm{d}m_2)\dfrac{a}{b}<\mathrm{d}m_1$。

首先，我们要证明 $\lim\limits_{t\to+\infty}y(t)=0$。

由引理 3.1 可得，$x'(t)\leqslant ax(t-\tau)-bx^2(t)$。则通过考虑下面的比较方程：

$$p'(t)=ap(t-\tau)-bp^2(t)，p(0)=x(0)>0 \qquad (4-28)$$

对任意的 $t\geqslant 0$，我们有 $x(t)\leqslant p(t)$。再者，由引理 4.1 得，$\lim\limits_{t\to+\infty}p(t)=\dfrac{a}{b}$。

因此，存在一个充分小的正常数 ε 在 $(f-\mathrm{d}m_2)\left(\dfrac{a}{b}+\varepsilon\right)<\mathrm{d}m_1$ 中使对这个 ε，

存在一个 $T_\varepsilon>0$，使对任意的 $t>T_\varepsilon$ 有 $x(t)<\dfrac{a}{b}+\varepsilon$。把它代入系统（4-5）的第

二个方程，我们得到对任意 $t>T_\varepsilon$，都有：

$$y'(t)\leqslant\left[\frac{(f-\mathrm{d}m_2)\left(\dfrac{a}{b}+\varepsilon\right)-\mathrm{d}m_1}{m_1+m_2\left(\dfrac{a}{b}+\varepsilon\right)}\right]y(t)-ry^2(t) \qquad (4-29)$$

因此，让我们来考虑下面的比较方程：

$$q'(t)=\left[\frac{(f-\mathrm{d}m_2)\left(\dfrac{a}{b}+\varepsilon\right)-\mathrm{d}m_1}{m_1+m_2\left(\dfrac{a}{b}+\varepsilon\right)}\right]q(t)-rq^2(t)，q(T_\varepsilon+\tau)=y(T_\varepsilon+\tau)>0$$

$$(4-30)$$

它的解是 $q(t)=\dfrac{Fq'(T_\varepsilon+\tau)e^{F(t-T_\varepsilon-\tau)}}{1+rq'(T_\varepsilon+\tau)e^{F(t-T_\varepsilon-\tau)}}$，其中，$F=\dfrac{(f-\mathrm{d}m_2)\left(\dfrac{a}{b}+\varepsilon\right)-\mathrm{d}m_1}{m_1+m_2\left(\dfrac{a}{b}+\varepsilon\right)}$ 和

$q'(T_\varepsilon+\tau)=\dfrac{q(T_\varepsilon+\tau)}{F-rq(T_\varepsilon+\tau)}$。很明显，由比较定理，对任意的 $t\geqslant T+\tau$，我们有

$y(t)\leqslant q(t)$。再者，既然 $(f-\mathrm{d}m_2)\left(\dfrac{a}{b}+\varepsilon\right)<\mathrm{d}m_1$，则 $F<0$，意味着 $\lim\limits_{t\to+\infty}q(t)=0$ 且

因此有 $\lim\limits_{t\to+\infty}y(t)=0$。

其次，我们想要证明当 $t \to +\infty$ 时，$x(t) \to \dfrac{a}{b}$。也就是说，我们想要证明的是对任意的 $\varepsilon_1 \in \left(0, \dfrac{a}{b}\right)$，存在一个 $T_0 > 0$，使对任意的 $t > T_0$，有 $-\varepsilon_1 < x(t) - \dfrac{a}{b} < \varepsilon_1$。既然 $\lim\limits_{t \to +\infty} y(t) = 0$，由引理 3.1 可知，对任意给定的 $\varepsilon_1 \in \left(0, \dfrac{a}{b}\right)$，存在一个 $T_1 > 0$，使对任意的 $t \geq T_1$ 有 $0 < y(t) < \dfrac{bm_1}{2c}\varepsilon_1$。因此，对所有的 $t \geq T_1$，我们有：

$$ax(t-\tau) - \frac{b\varepsilon_1}{2}x(t) - bx^2(t) \leq x'(t) \leq ax(t-\tau) - bx^2(t) \tag{4-31}$$

我们考虑下面的比较方程：

$$\widetilde{p}'(t) = a\,\widetilde{p}(t-\tau) - \frac{b\varepsilon_1}{2}\widetilde{p}(t) - b\,\widetilde{p}^2(t),\ \widetilde{p}(T_1) = x(T_1) > 0 \tag{4-32}$$

既然 $a > b\varepsilon_1$ 由引理 4.1，我们得到 $\lim\limits_{t \to +\infty}\widetilde{p}(t) = \dfrac{a}{b} - \dfrac{\varepsilon_1}{2}$。再者，对所有的 $t \geq T_1$，我们有 $\widetilde{p}(t) \leq x(t) \leq p(t)$。

既然 $\lim\limits_{t \to +\infty} p(t) = \dfrac{a}{b}$，则对上面的 ε_1，存在一个 $T_2 > 0$，使对所有的 $t > T_2$，有 $p(t) \leq \dfrac{a}{b} + \varepsilon_1$。类似地，由于 $\lim\limits_{t \to +\infty}\widetilde{p}(t) = \dfrac{a}{b} - \dfrac{\varepsilon_1}{2}$，则对上方的 ε_1，存在一个 $T_3 > 0$，使对任意的 $t > T_3$，$\widetilde{p}(t) - \dfrac{a}{b} + \dfrac{\varepsilon_1}{2} > -\dfrac{\varepsilon_1}{2}$。因此，令 $T_0 = \max\{T_1,\ T_2,\ T_3\}$，对任意的 $t > T_0$，$-\varepsilon_1 < x(t) - \dfrac{a}{b} < \varepsilon_1$，意味着 $\lim\limits_{t \to +\infty} x(t) = \dfrac{a}{b}$。

最后，由表达式（4-4），我们可以很容易推导出 $\lim\limits_{t \to +\infty} x_i(t) = \dfrac{a^2(e^{d_i\tau} - 1)}{bd_i}$。

（2）$(f - dm_2)\dfrac{a}{b} = dm_1$。

首先，我们想要证明 $\lim\limits_{t \to +\infty} y(t) = 0$。

类似地，对任意的 $\varepsilon_2 > 0$，存在 $T_{\varepsilon_2} > 0$，使对任意的 $t > T_{\varepsilon_2}$，$x(t) < \dfrac{a}{b} + \varepsilon_2$。因此，由引理 3.1，对任意的 $t > T_{\varepsilon_2}$，都有：

$$y'(t) < -dy(t) - ry^2(t) + \frac{fx(t)}{m_1 + m_2 x(t)} y(t) < y(t) \left(\frac{f\left(\dfrac{a}{b} + \varepsilon_2 \right)}{m_1 + m_2 \left(\dfrac{a}{b} + \varepsilon_2 \right)} - d \right) - ry^2(t)$$

$$= \frac{\varepsilon_2(f - dm_2)}{m_1 + m_2 \left(\dfrac{a}{b} + \varepsilon_2 \right)} y(t) - ry^2(t) \tag{4-33}$$

因此，让我们考虑下面的比较方程：

$$\tilde{q}'(t) = \frac{\varepsilon_2(f - dm_2)}{m_1 + m_2 \left(\dfrac{a}{b} + \varepsilon_2 \right)} \tilde{q}(t) - r\tilde{q}^2(t), \quad \tilde{q}(T_{\varepsilon_2} + \tau) = y(T_{\varepsilon_2} + \tau) > 0 \tag{4-34}$$

它的解是 $\tilde{q}(t) = \dfrac{F\,\tilde{q}'(T_{\varepsilon_2} + \tau) e^{F(t - T_{\varepsilon_2} - \tau)}}{1 + r\,\tilde{q}'(T_{\varepsilon_2} + \tau) e^{F(t - T_{\varepsilon_2} - \tau)}}$，其中，$F = \dfrac{\varepsilon_2(f - dm_2)}{m_1 + m_2 \left(\dfrac{a}{b} + \varepsilon_2 \right)}$ 和 $\tilde{q}'(T + \tau) =$

$\dfrac{\tilde{q}(T_{\varepsilon_2} + \tau)}{F - r\,\tilde{q}(T_{\varepsilon_2} + \tau)}$。很明显，由比较定理，对任意的 $t \geq T_{\varepsilon_2} + \tau$，我们有 $y(t) \leq$

$\tilde{q}(t)$。再者，既然 $(f - dm_2) \dfrac{a}{b} = dm_1$，那么 $F > 0$，这意味着 $\lim\limits_{t \to +\infty}$

$\tilde{q}(t) = \dfrac{\varepsilon_2(f - dm_2)}{r \left(m_1 + m_2 \left(\dfrac{a}{b} + \varepsilon_2 \right) \right)}$。

因此，对上述的 ε_2，存在一个 $T' > 0$，使对任意的 $t \geq T'$，都有：

$$\tilde{q}(t) - \frac{\varepsilon_2(f - dm_2)}{r \left(m_1 + m_2 \left(\dfrac{a}{b} + \varepsilon_2 \right) \right)} < \varepsilon_2 \tag{4-35}$$

令 $T_0' = \max\{T_{\varepsilon_2} + \tau,\ T_1'\}$，则当 $t > T_0'$，$y(t) < \dfrac{\varepsilon_2(f - dm_2)}{r\left(m_1 + m_2\left(\dfrac{a}{b} + \varepsilon_2\right)\right)} + \varepsilon_2$

$\dfrac{f - dm_2 + r\left(m_1 + m_2\dfrac{a}{b}\right)}{r\left(m_1 + m_2\dfrac{a}{b}\right)}\varepsilon_2$ 时，意味着 $\lim\limits_{t \to +\infty} y(t) = 0$。

$\lim\limits_{t \to +\infty} x(t) = \dfrac{a}{b}$ 的证明类似于情形 $(f - dm_2)\dfrac{a}{b} < dm_1$。

$\lim\limits_{t \to +\infty} x_i(t) = \dfrac{a^2(e^{d_i\tau} - 1)}{bd_i}$ 的证明也可以直接可得。

接下来，为证明充分性我们假定 $(f - dm_2)\dfrac{a}{b} < dm_1$，并且试图推出矛盾。

由假定 $(f - dm_2)\dfrac{a}{b} > dm_1$ 可知，系统（4-5）有唯一正平衡点 $(x^*,\ y^*)$，这也是系统（4-5）的一个解，与 $\lim\limits_{t \to +\infty}(x^*, y^*) = \left(\dfrac{a}{b},\ 0\right)$ 矛盾。同样地，如果 $(f - dm_2)\dfrac{a}{b} > dm_1$，则系统（4-3）有唯一正平衡点 $(x_i^*,\ x^*,\ y^*)$，与 $\lim\limits_{t \to +\infty}(x_i^*, x^*, y^*) = \left(\dfrac{a^2}{bd_i}(e^{d_i\tau} - 1),\ \dfrac{a}{b},\ 0\right)$ 矛盾。因此，条件（4-26）必然成立。

由定理 4.5，我们可以很容易地得到下面的推论。

推论 4.1　如果 $f \leqslant dm_2$，则对系统（4-3）的任意具有初始条件的解 $(x_i(t),\ x(t),\ y(t))$ 有：

$$\lim\limits_{t \to +\infty}(x_i(t),\ x(t),\ y(t)) = \left(\frac{a^2}{bd_i}(e^{d_i\tau} - 1),\ \frac{a}{b},\ 0\right) \tag{4-36}$$

评注 4.4　由定理 4.3 和定理 4.5，直接可得 $E_1\left(\dfrac{a}{b},\ 0\right)$ 是一个鞍点当且仅当 $(f - dm_2)\dfrac{a}{b} > dm_1$。

在接下来的研究中，我们将研究正平衡点 E^* 的全局吸引性。为此，假定初始条件是定义在集合 $S=\{(x,y):x>0,\ y>0\}$ 中的，我们需要为反复使用比较定理做如下准备。

类似定理 4.5 的证明，对任意充分小的 $\varepsilon_1'>0$，存在一个 T_1，使对任意的 $t\geq T_1$，都有：

$$x(t)<\frac{a}{b}+\varepsilon_1' \tag{4-37}$$

令 $A_1=\frac{a}{b}+\varepsilon_1'$，由系统（4-5）第一个方程我们也可以得到：对任意的 $t>0$，都有：

$$x'(t)>ax(t-\tau)-bx^2(t)-\frac{c}{m_3}x(t) \tag{4-38}$$

因此，由引理 4.1 可知，类似于定理 4.5 中第一种情形的证明，当 $a>\frac{c}{m_3}$，对任意给定的 $\varepsilon_{1,B}'>0$ 且 $\varepsilon_{1,B}'<\min\left\{\varepsilon_1',\ \frac{1}{b}\left(a-\frac{c}{m_3}\right)\right\}$，存在一个 $T_2>T_1$，使对任意的 $t>T_2$，都有：

$$x(t)>\frac{1}{b}\left(a-\frac{c}{m_3}\right)-\varepsilon_{1,B}'>0 \tag{4-39}$$

令 $B_1=\frac{1}{b}\left(a-\frac{c}{m_3}\right)-\varepsilon_{1,B}'$。

由系统（4-5）第二个方程，我们可以得到：对任意的 $t>0$，$y'(t)<y(t)\left[\frac{f}{m_2}-d-ry(t)\right]$，由条件（4-6）可得，$f>dm_2$ 直接成立。因此，类似于定理 4.5 第二种情形的证明，对上述 ε_1'，存在一个 $T_3>T_2$，使对任意的 $t>T_3$，都有：

$$y(t)<\frac{1}{r}\left(\frac{f}{m_2}-d\right)+\varepsilon_1' \tag{4-40}$$

令 $C_1=\frac{1}{r}\left(\frac{f}{m_2}-d\right)+\varepsilon_1'$，对系统（4-5）第二个方程利用不等式（4-39）和（4-40），我们也可以得到：对任意的 $t>T_3$，都有：

$$y'(t) > y(t)\left[-d - ry(t) + \frac{fB_1}{m_1 + m_2 B_1 + m_3 C_1}\right] \tag{4-41}$$

如果 $\dfrac{fB_1}{m_1 + m_2 B_1 + m_3 C_1} > d$，则类似于定理 4.5 第二种情况的证明，对任给 $\varepsilon'_{1,D} >$

0 且 $\varepsilon'_{1,D} < \min\left\{\varepsilon'_1, \dfrac{1}{r}\left(\dfrac{fB_1}{m_1 + m_2 B_1 + m_3 C_1} - d\right)\right\}$，存在一个 $T_4 > T_3$，使对任意的

$t > T_4$，都有：

$$y(t) > \frac{1}{r}\left(\frac{fB_1}{m_1 + m_2 B_1 + m_3 C_1} - d\right) - \varepsilon'_{1,D} > 0 \tag{4-42}$$

令 $D_1 = \dfrac{1}{r}\left(\dfrac{fB_1}{m_1 + m_2 B_1 + m_3 C_1} - d\right) - \varepsilon'_{1,D}$。

因此，对系统（4-5），我们有：

$$B_1 < x(t) < A_1, \ D_1 < y(t) < C_1, \ t \geq T_4 \tag{4-43}$$

基于 $a > \dfrac{c}{m_3}$ 和 $\dfrac{fB_1}{m_1 + m_2 B_1 + m_3 C_1} > d$，通过在系统（4-5）第一个方程中利用

不等式（4-37）和（4-42），我们可以得到：

$$x'(t) < ax(t-\tau) - bx^2(t) - \frac{cD_1 x(t)}{m_1 + m_2 A_1 + m_3 D_1}, t > T_4 \tag{4-44}$$

若 $a > \dfrac{c}{m_3}$ 成立，则 $a > \dfrac{cD_1}{m_1 + m_2 A_1 + m_3 D_1}$。类似地，对上述 ε'_1，存在一个 $T_5 > T_4$，

使对任意的 $t > T_5$，都有：

$$x(t) < \frac{1}{b}\left(a - \frac{cD_1}{m_1 + m_2 A_1 + m_3 D_1}\right) + \varepsilon'_1 \tag{4-45}$$

令 $A_2 = \dfrac{1}{b}\left(a - \dfrac{cD_1}{m_1 + m_2 A_1 + m_3 D_1}\right) + \varepsilon'_1$，很明显，$A_2 < A_1$。再者，把不等式（4-38）

（4-39）代入系统（4-5）第一个方程中有：

$$x'(t) > ax(t-\tau) - bx^2(t) - \frac{cx(t)C_1}{m_1 + m_2 B_1 + m_3 C_1}, t > T_4 \tag{4-46}$$

如 $a > \dfrac{c}{m_3}$ 成立，则 $a > \dfrac{cC_1}{m_1 + m_2 B_1 + m_3 C_1}$。类似地，任给 $\varepsilon'_{2,B} > 0$ 且 $\varepsilon'_{2,B} < \min$

$\left\{ \varepsilon'_1,\ \varepsilon'_{1,B},\ \dfrac{1}{b}\left(a - \dfrac{cC_1}{m_1 + m_2 B_1 + m_3 C_1} \right) \right\}$，存在一个 $T_6 > T_5$，使对任意的 $t > T_6$，

都有：

$$x(t) > \frac{1}{b}\left(a - \frac{cC_1}{m_1 + m_2 B_1 + m_3 C_1} \right) - \varepsilon'_{2,B} > 0 \qquad (4\text{-}47)$$

令 $B_2 = \dfrac{1}{b}\left(a - \dfrac{cC_1}{m_1 + m_2 B_1 + m_3 C_1} \right) - \varepsilon'_{2,B}$，很明显，$B_2 > B_1$。

再者，对给定的 $a > \dfrac{c}{m_3}$ 和 $\dfrac{fB_1}{m_1 + m_2 B_1 + m_3 C_1} > d$，在系统（4-5）第二个方程

中利用不等式（4-37）和（4-42）有：

$$y'(t) < y(t)\left[\frac{fA_1}{m_1 + m_2 A_1 + m_3 D_1} - d - ry(t) \right], t > T_4 \qquad (4\text{-}48)$$

如果 $\dfrac{fB_1}{m_1 + m_2 B_1 + m_3 C_1} > d$ 成立，则 $\dfrac{fA_1}{m_1 + m_2 A_1 + m_3 D_1} > d$。类似地，对上述 ε'_1，存

在一个 $T_7 > T_6$ 使对任意的 $t > T_7$，都有：

$$y(t) < \frac{1}{r}\left(\frac{fA_1}{m_1 + m_2 A_1 + m_3 D_1} - d \right) + \varepsilon'_1 \qquad (4\text{-}49)$$

令 $C_2 = \dfrac{1}{r}\left(\dfrac{fA_1}{m_1 + m_2 A_1 + m_3 D_1} - d \right) + \varepsilon'_1$，很明显，$C_2 < C_1$。再者，在系统（4-5）

第二个方程中利用不等式（4-39）和（4-40），我们有：

$$y'(t) > y(t)\left[-d - ry(t) + \frac{fB_1}{m_1 + m_2 B_1 + m_3 C_1} \right],\ t > T_4 \qquad (4\text{-}50)$$

类似地，对任给的 $\varepsilon'_{2,D} > 0$ 且 $\varepsilon'_{2,D} < \min\left\{ \varepsilon'_1,\ \varepsilon'_{1,D},\ \dfrac{1}{r}\left(\dfrac{fB_1}{m_1 + m_2 B_1 + m_3 C_1} - d \right) \right\}$，

存在一个 $T_8 > T_7$，使对任意的 $t > T_8$，都有：

$$y(t)>\frac{1}{r}\left(\frac{fB_1}{m_1+m_2B_1+m_3C_1}-d\right)-\varepsilon'_{2,D} \qquad (4-51)$$

令 $D_2=\frac{1}{r}\left(\frac{fB_1}{m_1+m_2B_1+m_3C_1}-d\right)-\varepsilon'_{2,D}$，很明显，$D_2<D_1$。

因此，综合上述讨论，我们可以直接得出：$B_1<B_2<x(t)<A_2<A_1$，$D_1<D_2<y(t)<C_2<C_1$，$t\geq T_8$。

重复上述过程，我们可以得到五个序列 $\{T_n\}_{n=1}^{+\infty}$，$\{A_n\}_{n=1}^{\infty}$，$\{C_n\}_{n=1}^{\infty}$，$\{B_n\}_{n=1}^{\infty}$ 和 $\{D_n\}_{n=1}^{\infty}$。这里定义 $\Delta(x,y)$ 为 $m_1+m_2x+m_3y$，则对任意 $n\geq2$，A_n、C_n、B_n 和 D_n 分别有下述关系式：

$$A_n=\frac{1}{b}\left(a-\frac{cD_{n-1}}{\Delta(A_{n-1},D_{n-1})}\right)+\varepsilon'_1, \quad B_n=\frac{1}{b}\left(a-\frac{cC_{n-1}}{\Delta(B_{n-1},C_{n-1})}\right)-\varepsilon'_{n,B}$$

$$C_n=\frac{1}{r}\left(\frac{fA_{n-1}}{\Delta(A_{n-1},D_{n-1})}-d\right)+\varepsilon'_1, \quad D_n=\frac{1}{r}\left(\frac{fB_{n-1}}{\Delta(B_{n-1},C_{n-1})}-d\right)-\varepsilon'_{n,D}$$

$$(4-52)$$

满足：

$$\begin{cases}0<\varepsilon'_{n,B}<\min\left\{\varepsilon'_1,\ \varepsilon'_{n-1,B},\ \frac{1}{b}\left(a-\frac{cC_{n-1}}{\Delta(B_{n-1},C_{n-1})}\right)\right\}\\[3mm] 0<\varepsilon'_{n,D}<\min\left\{\varepsilon'_1,\ \varepsilon'_{n-1,D},\ \frac{1}{r}\left(\frac{fB_{n-1}}{\Delta(B_{n-1},C_{n-1})}-d\right)\right\}\\[3mm] 0<B_1<B_2<\cdots<B_n<x(t)<A_n<\cdots<A_2<A_1,\ t\geq T_{4n}\\[3mm] 0<D_1<D_2<\cdots<D_n<y(t)<C_n<\cdots<C_2<C_1,\ t\geq T_{4n}\end{cases} \qquad (4-53)$$

很明显，$\{A_n\}$ 和 $\{C_n\}$ 是有界递减序列，且 $\{B_n\}$ 和 $\{D_n\}$ 是有界递增序列。因此，存在 $\bar{A}$、$\bar{C}$、$\bar{B}$ 和 $\bar{D}$，使 $\lim_{t\to+\infty}A_n=\bar{A}$，$\lim_{t\to+\infty}C_n=\bar{C}$，$\lim_{t\to+\infty}B_n=\bar{B}$ 和 $\lim_{t\to+\infty}D_n=\bar{D}$。再者，由表达式（4-53）得，$\bar{A}\geq\bar{B}$ 和 $\bar{C}\geq\bar{D}$。

再者，由表达式 A_n、C_n、B_n 和 D_n，我们可以得到：

$$A_n - B_n = \frac{c}{b}\left(\frac{C_{n-1}}{\Delta(B_{n-1},\ C_{n-1})} - \frac{D_{n-1}}{\Delta(A_{n-1},\ D_{n-1})}\right) + \varepsilon_1' + \varepsilon_{n,B}'$$

$$= \frac{cm_1(C_{n-1}-D_{n-1}) + cm_2[A_{n-1}(C_{n-1}-D_{n-1}) + D_{n-1}(A_{n-1}-B_{n-1})]}{b\Delta(B_{n-1},C_{n-1})\Delta(A_{n-1},D_{n-1})} + \varepsilon_1' + \varepsilon_{n,B}'$$

$$(4-54)$$

因此，当 $n\rightarrow+\infty$ 时，有：

$$\bar{A}-\bar{B} = \frac{cm_1(\bar{C}-\bar{D}) + cm_2[\bar{A}(\bar{C}-\bar{D}) + \bar{D}(\bar{A}-\bar{B})]}{b\Delta(\bar{B},\bar{C})\Delta(\bar{A},\bar{D})} + \varepsilon_1' + \varepsilon_{n,B}' \qquad (4-55)$$

类似地，我们可以得到：

$$C_n - D_n = \frac{f}{r}\left(\frac{A_{n-1}}{\Delta(A_{n-1},\ D_{n-1})} - \frac{B_{n-1}}{\Delta(B_{n-1},\ C_{n-1})}\right) + \varepsilon_1' + \varepsilon_{n,D}'$$

$$= \frac{fm_1(A_{n-1}-B_{n-1}) + fm_3[A_{n-1}(C_{n-1}-D_{n-1}) + D_{n-1}(A_{n-1}-B_{n-1})]}{r\Delta(B_{n-1},C_{n-1})\Delta(A_{n-1},D_{n-1})} + \varepsilon_1' + \varepsilon_{n,D}'$$

$$(4-56)$$

因此，当 $n\rightarrow+\infty$ 时，我们有：

$$\bar{C}-\bar{D} = \frac{fm_1(\bar{A}-\bar{B}) + fm_3[\bar{A}(\bar{C}-\bar{D}) + \bar{D}(\bar{A}-\bar{B})]}{r\Delta(\bar{B},\ \bar{C})\Delta(\bar{A},\ \bar{D})} + \varepsilon_1' + \varepsilon_{n,D}' \qquad (4-57)$$

这意味着：

$$\bar{C}-\bar{D} = \frac{f(m_1+m_3\bar{D})(\bar{A}-\bar{B}) + (\varepsilon_1'+\varepsilon_{n,D}')r\Delta(\bar{B},\ \bar{C})\Delta(\bar{A},\ \bar{D})}{r\Delta(\bar{B},\ \bar{C})\Delta(\bar{A},\bar{D}) - fm_3\bar{A}} \qquad (4-58)$$

把式（4-58）代入式（4-55）中有：

$$\bar{A}-\bar{B} = \cfrac{\cfrac{cr(m_1+m_2\bar{A})(\varepsilon_1'+\varepsilon_{n,D}')}{b[r\Delta(\bar{B},\bar{C})\Delta(\bar{A},\bar{D})-fm_3\bar{A}]}+\varepsilon_1'+\varepsilon_{n,B}'}{1-\cfrac{c}{b\Delta(\bar{B},\bar{C})\Delta(\bar{A},\bar{D})}\left[\cfrac{f(m_1+m_2\bar{A})(m_1+m_3\bar{D})}{r\Delta(\bar{B},\bar{C})\Delta(\bar{A},\bar{D})-fm_3\bar{A}}+m_2\bar{D}\right]}$$

$$\leqslant \left|\cfrac{2\left(\cfrac{cr(m_1+m_2\bar{A})}{b[r\Delta(\bar{B},\bar{C})\Delta(\bar{A},\bar{D})-fm_3\bar{A}]}+1\right)}{1-\cfrac{c}{b\Delta(\bar{B},\bar{C})\Delta(\bar{A},\bar{D})}\left[\cfrac{f(m_1+m_2\bar{A})(m_1+m_3\bar{D})}{r\Delta(\bar{B},\bar{C})\Delta(\bar{A},\bar{D})-fm_3\bar{A}}+m_2\bar{D}\right]}\right|\varepsilon_1'$$

$$(4-59)$$

那么，由 ε_1' 的任意性，我们有 $\bar{A}=\bar{B}$。

同样地，由方程（4-58）和关系式 $\bar{A}=\bar{B}$，我们有：

$$\bar{C}-\bar{D} \leqslant \left|\frac{2r\Delta(\bar{B},\bar{C})\Delta(\bar{A},\bar{D})}{r\Delta(\bar{B},\bar{C})\Delta(\bar{A},\bar{D})-fm_3\bar{A}}\right|\varepsilon_1' \qquad (4-60)$$

那么由 ε_1' 的任意性，我们有 $\bar{C}=\bar{D}$。

因此，通过合并上面的准备工作，我们可以证明下面定理：

定理4.6 如果条件（4-6）［或等价条件（4-7）］和下面的条件：

$$am_3>c, \quad \frac{\frac{f}{bm_3}(am_3-c)}{m_1+\frac{m_2}{bm_3}(am_3-c)+\frac{m_3}{rm_2}(f-dm_2)}>d \qquad (4-61)$$

都成立，则对系统（4-5）的任意正初始条件在集合 S 中的解 $(x(t), y(t))$，有 $\lim_{t\to+\infty}(x(t), y(t))=E^*$，意味着系统（4-5）的正平衡点 E^* 是全局吸引的。

证明：条件（4-61）可以保证 $a>\dfrac{c}{m_3}$ 且 $\dfrac{fB_1}{m_1+m_2B_1+m_3C_1}>d$。因此，假设

条件 (4-6) 成立, 从以上准备工作和式 (4-53), 对系统 (4-5) 的任意正初始条件在集合 S 中的解 $(x(t), y(t))$, 存在 $\bar{A}$ 和 $\bar{C}$, 使 $\lim\limits_{t\to+\infty}(x(t), y(t))=(\bar{A}, \bar{C})$。

既然 $(\bar{A}, \bar{C})$ 是 $(x(0), y(0))$ 的唯一 ω-极限集, 由 ω-极限集的特性可知, $(\bar{A}, \bar{C})$ 一定是集合 $\bar{S}=\{(x, y): x\geq 0, y\geq 0\}$ 中的一个平衡点。进而, 由定理 4.2、条件 (4-6) 和定理 4.5 可以得出这个平衡点一定是正平衡点 E^*。

因此, 我们完成了此定理的证明。

例 4.2 对系统 (4-24), 我们有 $am_3 - c = 0.15 > 0$ 且

$$\dfrac{\dfrac{f}{bm_3}(am_3-c)}{m_1+\dfrac{m_2}{bm_3}(am_3-c)+\dfrac{m_3}{rm_2}(f-dm_2)}-d=0.175>0。$$

因此, 条件 (4-61) 满足, 系统 (4-24) 的正平衡点 $E^*(1.508, 0.315)$ 是全局吸引的, 这也可以从图 4-2 上看出。需要注意的是, 在图 4-2 中, 分别从初始点 (1, 1)、(2, 2) 和 (3, 3) 出发的三条轨线当 t 趋近于 $+\infty$ 时全部都趋向于点 (1.508, 0.315)。

再者, 在系统 (4-24) 中我们重新给 r 赋值为 0.1, 则系统 (4-24) 变为:

$$\begin{cases} x'(t)=x(t-0.2)-0.6x^2(t)-\dfrac{0.15x(t)y(t)}{0.1+0.2x(t)+0.3y(t)} \\ \\ y'(t)=-0.02y(t)-0.1y^2(t)+\dfrac{0.1x(t)y(t)}{0.1+0.2x(t)+0.3y(t)} \end{cases} \quad (4-62)$$

很明显, 条件 (4-61) 也是满足的, 意味着系统 (4-62) 的正平衡点 $E^*(1.208, 1.392)$ 也是全局吸引的, 这也可以在图 4-3 上看出。在图 4-3 中, 分别从初始点 (1, 1)、(2, 2) 和 (3, 3) 出发的三条轨线当 t 趋近于 $+\infty$ 时全部都趋向于点 (1.208, 1.392)。

评注 4.5 如果 $am_3>c$, $\dfrac{am_3-c}{bdm_3(f-dm_1)}>m_1$ 和 $r>\dfrac{m_3(f-dm_2)}{m_2\left[\dfrac{am_3-c}{bdm_3(f-dm_1)}-m_1\right]}$ 成

立，则条件（4-61）直接成立。这意味着参数 r 没有边界限制仍然可以在一定程度上保证系统（4-5）是全局吸引的。

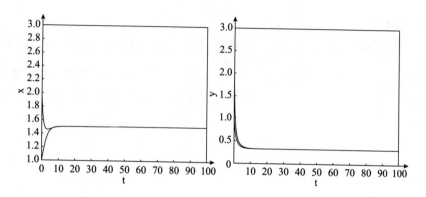

图 4-2　系统（4-13）的三条轨线，其中 $r=0.9$

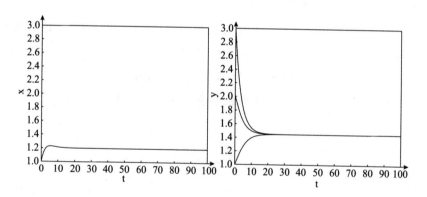

图 4-3　系统（4-28）的三条轨线，其中 $r=0.1$

本章小结

在这一章中，我们讨论了捕食者具有密度制约阶段结构的、具有 Beddington-DeAngelis 功能反应函数的捕食—被捕食系统的动力性质，得到了以下结论：

（1）系统（4-5）有唯一正平衡点 $E^*(x^*, y^*)$ 当且仅当 $(f-dm_2)\dfrac{a}{b}>$

$dm_1\left($ 或等价于 $(f-dm_2)\dfrac{a'e^{-d_i\tau}}{b}>dm_1\right)$。

（2）原点 $E_0(0, 0)$ 是一个鞍点。

（3）边界平衡点 $E_1\left(\dfrac{a}{b}, 0\right)$ 是一个鞍点当且仅当 $(f-dm_2)\dfrac{a}{b}>dm_1$，而

且 $E_1\left(\dfrac{a}{b}, 0\right)$ 是全局吸引的当且仅当 $(f-dm_2)\dfrac{a}{b}\leqslant dm_1$。

再者，通过构造李雅普诺夫函数我们得到 $E^*(x^*, y^*)$ 局部渐近稳定的充分条件，并且通过比较定理的应用我们得到了 $E^*(x^*, y^*)$ 全局吸引的充分条件。

第五章 非自治密度制约具有 Beddington-DeAngelis 功能反应函数的捕食—被捕食系统的动力性质

第一节 模型引入

生态系统的稳定性是数学生态学中最重要且有趣的课题之一。捕食—被捕食关系中一个重要的组成部分就是捕食者的功能反应函数，也就是捕食者平均消耗被捕食者的速率。有许多著名的功能反应函数类型：Holling Ⅰ～Ⅲ型；Hassell-Varley 型；由 Beddington（1975）、DeAngelis 等（1975）分别提出的 Beddington-DeAngelis 型；Crowley-Martin 型；以及最近被 Kuang 和 Beretta（1998）研究，大家熟知的由 Arditi 和 Ginzburg（1989）提出的比率依赖型。在很多情形中，Beddington-DeAngelis 功能反应函数会更好些。他们最显著的发现是在已公布的数据中，捕食者的依赖性几乎是无处不在的一个特性。虽然他们认为这些捕食者密度制约的模型对数据比较合适，但不是单一的功能反应函数就能更好地描述所有的数据。理论研究表明，具有捕食者密度制约的模型动力学与被捕食者密度制约的模型之间存在很大的区别。

Beddington（1975）和 DeAngelis（1975）分别提出了下列捕食—被捕食系统：

$$\begin{cases} x'(t) = x(t)\left(a - bx(t) - \dfrac{cy(t)}{m_1 + m_2 x(t) + m_3 y(t)}\right) \\[4mm] y'(t) = y(t)\left(-d + \dfrac{fx(t)}{m_1 + m_2 x(t) + m_3 y(t)}\right) \end{cases} \tag{5-1}$$

其中，a，b，c，d，f，m_1，m_2，m_3 是正常数且 $x(t)$，$y(t)$ 分别表示被捕食种群和捕食者种群在时间 t 的密度。被捕食者的内禀增长率为 a 且不被掠夺时的容纳量为 a/b，捕食者以 Beddington-DeAngelis 功能反应函数 $cxy/(m_1 + m_2 x + m_3 y)$ 消耗着被捕食者，导致它的生长率为 $fxy/(m_1 + m_2 x + m_3 y)$。常数 d 是捕食者的死亡率，$m_3 y$ 这一项是度量捕食者之间的相互干扰程度。近年来，有许多专家开始研究具有 Beddington-DeAngelis 功能反应函数的捕食—被捕食系统（Cantrell 和 Cosner，2001，2004；Dimitrov 和 Kojouharov，2005；Fan 和 Kuang，2004；Hwang，2003，2004；Liu 和 Beretta，2006；Liu 和 Yuan，2004；Qiu 等，2004）。

再者，特定的环境要求捕食者应该是密度制约的，并且也有相当多的证据表明一些捕食者种群有可能因为环境因素是密度制约的（Bainov 和 Simeonov，1989，1993）。进而，Kratina 等（2009）指出捕食者依赖不仅在捕食者密度高的时候重要而且在捕食者密度低的时候也很重要。因此仅仅要求被捕食者密度制约是远远不够的，我们也需要把捕食者的实际水平依赖考虑进去。在 Li 和 Takeuchi（2001）的研究中，对下面模型的持久性、局部和全局渐近稳定性都进行了讨论：

$$\begin{cases} x'(t) = x(t)\left(a - bx(t) - \dfrac{cy(t)}{m_1 + m_2 x(t) + m_3 y(t)}\right) \\[4mm] y'(t) = y(t)\left(-d - ey(t) + \dfrac{fx(t)}{m_1 + m_2 x(t) + m_3 y(t)}\right) \end{cases} \tag{5-2}$$

其中，e 代表捕食者的密度制约率。

然而，在实际生活中常系数的环境系统是很少见的。大多数自然环境都是物理性的高度可变的，且出生率、死亡率和其他重要的种群比率随着时间都会不断变化。再则，生物或环境参数会随着时间发生自然周期波动。周期性变化环境的影响对于进化理论来说是重要的，因为在波动环境中选择力对系统的作用和在稳定环境中是不一样的。因此，对参数周期性的假设是一种将环境的周期性（如天气、食物供应、交配习惯等）相结合的方法。然而，种群和社会动力理论模型的主要焦点并不是种群如何随着物理环境的变化而变化，而是取决于种群如何依赖于自身的种群密度或其他生物的种群密度。Kloeden 和 Rasmussen（2011）已经指出非自治动力系统的重要性，理论研究也表明许多种群和社会模式代表了生物学和物理环境变化之间的复杂相互作用（Chen 等，2008；Cui 和 Takeuchi，2006；Fan 和 Kuang，2004）。

在这一章中我们将考虑密度制约非自治具有 Beddington-DeAngelis 功能反应函数的捕食—被捕食系统：

$$
\begin{cases}
x'(t) = x(t)\left(a(t) - b(t)x(t) - \dfrac{c(t)y(t)}{m_1(t) + m_2(t)x(t) + m_3(t)y(t)}\right) \\
y'(t) = y(t)\left(-d(t) - e(t)y(t) + \dfrac{f(t)x(t)}{m_1(t) + m_2(t)x(t) + m_3(t)y(t)}\right)
\end{cases}
\tag{5-3}
$$

总假定 $a(t)$，$b(t)$，$c(t)$，$d(t)$，$e(t)$，$f(t)$，$m_1(t)$，$m_2(t)$，$m_3(t)$ 是连续的且是介于某两个正数之间有界的。

对系统（5-3），我们首先得到持久性的充分条件，接着再讨论区域 Γ_ε 的正不变性。总体来说，如果系统是正不变的，则系统是非持久的。然而，对系统（5-3）我们可以确定如果 Γ_ε 是正不变的，则系统（5-3）一定是持久的。进而，我们通过构造 Lyapunov 函数讨论系统（5-3）边界正解的全局吸引性。

接下来，我们得到两个关于正周期解存在性的定理，第一个定理用 Brouwer 不动点定理，第二个定理用连续性定理，再者，表明由第二个定理得到的正周期解存在性的充分条件比第一个定理弱。还有，第二个定理给出了周期解的存在边界。

最后，我们讨论了在捕食者不存在的情况下边界周期解的存在性、全局吸引性。同时，我们通过构造 Lyapunov 函数得到边界周期解全局吸引的充分条件。

第二节　持久性和全局吸引性

出于生物上的原因，我们仅考虑具有初始值 $x(t_0)>0$，$y(t_0)>0$ 的解（$x(t)$，$y(t)$）。对一个有界的连续函数 $f(t)$ 定义在 R 上，我们记：$f^u := \sup_{t\in R} f(t)$，$f^l := \inf_{t\in R} f(t)$。

在这一小节中，我们先讨论非自治系统（5-3）的持久和正不变性，再讨论系统（5-3）有界正解的全局吸引性。

一、持久性和正不变性

为了讨论持久性，我们需要引入持久性的定义。

定义 5.1　系统（5-3）是持久的，如果存在系统（5-3）具有正初始值的所有解在正常数 δ，Δ，且 $0<\delta\leqslant\Delta$，使对系统（5-3）具有正初始值的所有解有：

$$\min\left\{\liminf_{t\to+\infty} x(t), \liminf_{t\to+\infty} y(t)\right\}\geqslant\delta, \max\left\{\limsup_{t\to+\infty} x(t), \limsup_{t\to+\infty} y(t)\right\}\leqslant\Delta$$

$$(5\text{-}4)$$

如果系统（5-3）存在一个正解（$x(t)$，$y(t)$）满足 $\min\left\{\liminf_{t\to+\infty} x(t), \liminf_{t\to+\infty} y(t)\right\}=0$，系统（5-3）是非持久的。

接下来，我们将用比较定理来讨论系统（5-3）的持久性。

定理 5.1　如果下面的条件：

$$m_3^l a^l>c^u, \ f^l>d^u m_2^u, \ (f^l-d^u m_2^u) m_x^0>d^u (m_1^u+m_3^u M_y^0) \qquad (5H_0)$$

成立，则系统（5-3）是持久的，其中，$m_x^0=\dfrac{m_3^l a^l-c^u}{m_3^l b^u}$，$M_y^0=\dfrac{f^u-d^l m_2^l}{e^l m_2^l}$。

证明：由系统（5-3），我们可以得到：

$$x'(t)>x(t)\left(a^l-b^u x(t)-\frac{c^u}{m_3^l}\right) \qquad (5\text{-}5)$$

因此，我们有当 $m_3^l a^l > c^u$，

$$\liminf_{t\to+\infty} x(t) \geq \frac{m_3^l a^l - c^u}{m_3^l b^u} = m_x^0 \tag{5-6}$$

易得，对系统（5-3），

$$x'(t) < x(t)(a^u - b^l x(t)) \tag{5-7}$$

这意味着：

$$\limsup_{t\to+\infty} x(t) \leq \frac{a^u}{b^l} \equiv M_x^0 \tag{5-8}$$

进而我们有：

$$y'(t) < y(t)\left(-d^l - e^l y(t) + \frac{f^u}{m_2^l}\right) \tag{5-9}$$

且

$$\limsup_{t\to+\infty} y(t) \leq \frac{f^u - d^l m_2^l}{e^l m_2^l} = M_y^0 \tag{5-10}$$

需要指出的是，$f^l > d^u m_2^u$ 意味着 $f^u > d^l m_2^l$。类似地，系统（5-3）的捕食者方程可得：

$$y'(t) > y(t)\left(-d^u - e^u y(t) + \frac{f^l m_x^0}{m_1^u + m_2^u m_x^0 + m_3^u M_y^0}\right) \tag{5-11}$$

对 $t\to+\infty$，因此我们有：

$$\liminf_{t\to+\infty} y(t) \geq \frac{(f^l - d^u m_2^u)m_x^0 - d^u(m_1^u + m_3^u M_y^0)}{e^u(m_1^u + m_2^u m_x^0 + m_3^u M_y^0)} \equiv m_y^0 \tag{5-12}$$

需要指出的是，$m_y^0 > 0$ 可确保条件（$5H_0$）成立。定理 5.1 的证明已完成。

例 5.1 令 $a(t) = 3$，$b(t) = 2 + \cos t$，$c(t) = 2$，$d(t) = \frac{1}{10} + \frac{1}{20}\cos t$，$e(t) = 2$，$f(t) = 1$，$m_1(t) = \frac{1}{8} + \frac{1}{10}\sin t$，$m_2(t) = 4 + \frac{1}{10}\sin t$，$m_3(t) = 2 + \cos t$，则系统

(5-3) 变为：

$$
\begin{cases}
x'(t)=x(t)\left[3-(2+\cos t)x(t)-\dfrac{2y(t)}{\dfrac{1}{8}+\dfrac{1}{10}\sin t+\left(4+\dfrac{1}{10}\sin t\right)x(t)+(2+\cos t)y(t)}\right] \\[6mm]
y'(t)=y(t)\left[-\dfrac{1}{10}-\dfrac{1}{20}\cos t-2y(t)+\dfrac{x(t)}{\dfrac{1}{8}+\dfrac{1}{10}\sin t+\left(4+\dfrac{1}{10}\sin t\right)x(t)+(2+\cos t)y(t)}\right]
\end{cases}
$$

$$(5-13)$$

通过简单的数值计算，有 $m_3^l a^l-c^u=1$，$f^l-d^u m_2^u=0.385$，$(f^l-d^u m_2^u)m_x^0-d^u(m_1^u+m_3^u M_y^0)\approx0.048$。

因此参数满足 $(5H_0)$。由定理 5.1 可知，系统 (5-13) 是持久的，这也可以由图 5-1 看出。需要指出的是，图 5-1 是分别从初始点 (1，0.06) 和 (2.5，0.08) 出发的相图。

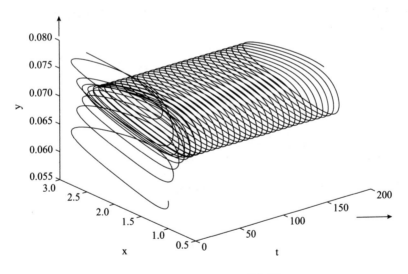

图 5-1　系统 (5-13) 的相图

评注 5.1　由定理 2.1 可知，自治系统 (5-2) 持久性的条件是：

$$f>dm_2 \text{ 或者 } am_3>c+\dfrac{bdm_3^2}{em_2},\quad (f-dm_2)\left(\dfrac{a}{b}-\dfrac{c}{bm_3}-\dfrac{dm_3}{em_2}\right)>dm_1 \qquad (5H_0')$$

当非自治系统（5-3）的所有参数都是常数时，（$5H_0$）和（$5H_0'$）是一样的。

在持久性定理的基础上，我们讨论正区域 Γ_ε 的正不变性，定义如下。

定理 5.2 若条件：

$$m_3^l a^l > c^u, \quad f^l > d^u m_2^u, \quad (f^l - d^u m_2^u) m_x^\varepsilon > d^u (m_1^u + m_3^u M_y^\varepsilon) \tag{$5H_1$}$$

成立，则集合 Γ_ε 有如下定义：

$$\Gamma_\varepsilon : = \{ (x(t), y(t)) \in R^2 \mid m_x^\varepsilon \leq x(t) \leq M_x^\varepsilon, \ m_y^\varepsilon \leq y(t) \leq M_y^\varepsilon \} \tag{5-14}$$

是正不变的。对系统（5-3）来说，其中 $M_x^\varepsilon = \dfrac{a^u}{b^l} + \varepsilon$，$M_y^\varepsilon = \dfrac{f^u - d^u m_2^l}{e^l m_2^l} + \varepsilon$，$m_x^\varepsilon = \dfrac{a^l m_3^l - c^u}{b^u m_3^l} - \varepsilon$，$m_y^\varepsilon = \dfrac{(f^l - d^u m_2^u) m_x^\varepsilon - d^u (m_1^u + m_3^u M_y^\varepsilon)}{e^u (m_1^u + m_2^u m_x^\varepsilon + m_3^u M_y^\varepsilon)}$，和 $\varepsilon \geq 0$ 是足够小的以至于 $m_x^\varepsilon > 0$。

证明： 令 $(x(t), y(t))$ 是系统（5-3）过 $(x(t_0), y(t_0))$ 的解且 $m_x^\varepsilon \leq x(t_0) \leq M_x^\varepsilon$ $m_y^\varepsilon \leq y(t_0) \leq M_y^\varepsilon$。由系统（5-3）可知，当 $t \geq t_0$ 时，我们可以得到：

$$x'(t) \leq x(t)(a^u - b^l x(t)) \leq b^l x(t)(M_x^\varepsilon - x(t)) \tag{5-15}$$

因此当 $t \geq t_0$ 时，$x(t) \leq M_x^\varepsilon$。进而有：

$$y'(t) \leq y(t)\left(-d^l - e^l y(t) + \frac{f^u}{m_2^l}\right) = e^l y(t)(M_y^\varepsilon - y(t)) \tag{5-16}$$

和 $y(t) \leq M_y^\varepsilon$。对系统（5-3），很容易得到：

$$x'(t) \geq x(t)\left(a^l - b^u x(t) - \frac{c^u}{m_3^l}\right) \geq b^u x(t)(m_x^\varepsilon - x(t)) \tag{5-17}$$

这就意味着 $x(t) \geq m_x^\varepsilon$。进而有：

$$y'(t) \geq y(t)\left(-d^u - e^u y(t) + \frac{f^l m_x^\varepsilon}{m_1^u + m_2^u m_x^\varepsilon + m_3^u M_y^\varepsilon}\right) \geq e^u y(t)(m_y^\varepsilon - y(t))$$

$$\tag{5-18}$$

因此 $y(t) \geqslant m_y^\varepsilon$。完成定理 5.2 的证明。

评注 5.2　即使系统有一个正不变集，系统也不能保证是持久的。然而，对定理 5.1 和定理 5.2，我们可以确定，如果 $\varepsilon = 0$，则（$5H_1$）和（$5H_0$）相同。也就是说，在系统（5-3）中如果 Γ_ε 是正不变的，则系统（5-3）一定是持久的。总体来说，持久性可以确保所有解满足定义 2.1 中的特性，但是不能给出 δ 和 Δ 的任何估计值。定理 5.2 能给出一定的估计范围。

例 5.2　在系统（5-3）中，如果系数函数 $a(t)$，$b(t)$，$c(t)$，$d(t)$，$e(t)$，$f(t)$，$m_1(t)$，$m_2(t)$，$m_3(t)$ 和例 5.1 一样，且选取 $\varepsilon = 0.01$，我们可以计算 $m_3^l a^l - c^u = 1$，$f^l - d^u m_2^u = 0.385$，$(f^l - d^u m_2^u)m_x^\varepsilon - d^u(m_1^u + m_3^u M_y^u) \approx 0.044$，因此系数函数满足（$5H_1$），且：

$$\Gamma_\varepsilon = \{(x(t), y(t)) \in R^2 \mid 0.323 \leqslant x(t) \leqslant 3.01, 0.013 \leqslant y(t) \leqslant 0.103\}$$

$$(5-19)$$

也就是说，不论 Γ_ε 集是正不变的，还是系统（5-13）是持久的，这些都可以由图 5-1 看出。在图 5-1 中，系统（5-13）具有初始点（0.5, 0.02）和（4, 0.15）的解（$x(t)$，$y(t)$）将停留在区域 Γ_ε 中对足够大的 $t > 0$。

二、边界正解的全局吸引性

接下来，我们将讨论有界正解的全局吸引性，需要给出全局吸引的定义。

定义 5.2　如果系统（5-3）的其他任意解（$x(t)$，$y(t)$）满足 $\lim\limits_{t \to +\infty}(|x(t) - \hat{x}(t)| + |y(t) - \hat{y}(t)|) = 0$，系统（5-3）的有界非负解（$\hat{x}(t)$），$\hat{y}(t)$）是全局吸引的。

由定义 5.2，我们想通过构建 Lyapunov 函数得到有界正解全局吸引的条件。

定理 5.3　令（$x^*(t)$，$y^*(t)$）是系统（5-3）的有界正解。如果条件（$5H_1$）和

$$
\left\{
\begin{aligned}
& f(t)m_y^\varepsilon [\, m_1(t)+m_3(t)m_y^\varepsilon\,] - c(t)M_x^\varepsilon [\, m_1(t)+m_2(t)M_x^\varepsilon\,] > 0 \\[2mm]
& -a(t)+2b(t)m_x^\varepsilon + \frac{c(t)[\, m_1(t)+m_3(t)m_y^\varepsilon\,]m_y^\varepsilon}{(m_1(t)+m_2(t)M_x^\varepsilon+m_3(t)m_y^\varepsilon)^2} \\[2mm]
& \qquad - \frac{f(t)M_y^\varepsilon [\, m_1(t)+m_3(t)M_y^\varepsilon\,] - c(t)m_x^\varepsilon [\, m_1(t)+m_2(t)m_x^\varepsilon\,]}{2(m_1(t)+m_2(t)m_x^\varepsilon+m_3(t)M_y^\varepsilon)^2} > 0 \quad (5H_2) \\[2mm]
& d(t)+2e(t)m_y^\varepsilon - \frac{f(t)[\, m_1(t)+m_2(t)m_x^\varepsilon\,]m_x^\varepsilon}{(m_1(t)+m_2(t)M_x^\varepsilon+m_3(t)m_y^\varepsilon)^2} \\[2mm]
& \qquad - \frac{f(t)M_y^\varepsilon [\, m_1(t)+m_3(t)M_y^\varepsilon\,] - c(t)m_x^\varepsilon [\, m_1(t)+m_2(t)m_x^\varepsilon\,]}{2(m_1(t)+m_2(t)m_x^\varepsilon+m_3(t)M_y^\varepsilon)^2} > 0
\end{aligned}
\right.
$$

成立，则 $(x^*(t),\, y^*(t))$ 是全局吸引的。

证明：令 $(x(t),\, y(t))$ 是系统（5-3）的任意其他解。既然 Γ_ε 是系统（5-3）的一个永久有界区域，存在 $T_1 > 0$，使 $(x(t),\, y(t)) \in \Gamma_\varepsilon$ 且 $(x^*(t),\, y^*(t)) \in \Gamma_\varepsilon$，任给 $t \geq t_0+T_1$，我们考虑函数：

$$
V(t) = \frac{1}{2}(x(t)-x^*(t))^2 + \frac{1}{2}(y(t)-y^*(t))^2 \tag{5-20}
$$

为计算方便，令 $\Delta(t, x(t), y(t)) = [\, m_1(t)+m_2(t)x^*(t)+m_3(t)y^*(t)\,][\, m_1(t)+m_2(t)x(t)+m_3(t)y(t)\,]$，则 $V(t)$ 沿着系统（5-3）的时间导数为：

$$
\begin{aligned}
V'(t) = {} & [\, x(t)-x^*(t)\,]^2\left[\, a(t)-b(t)[\, x(t)+x^*(t)\,]\right. \\[2mm]
& \left. - \frac{c(t)[\, m_1(t)+m_3(t)y^*(t)\,]y(t)}{\Delta(t, x(t), y(t))}\right] \\[2mm]
& - \frac{c(t)[\, m_1(t)+m_2(t)x(t)\,]x^*(t)}{\Delta(t, x(t), y(t))}[\, x(t)-x^*(t)\,][\, y(t)-y^*(t)\,] \\[2mm]
& + [\, y(t)-y^*(t)\,]^2\left[\, -d(t)-e(t)[\, y(t)+y^*(t)\,]\right. \\[2mm]
& \left. + \frac{f(t)[\, m_1(t)+m_2(t)x(t)\,]x^*(t)}{\Delta(t, x(t), y(t))}\right] \\[2mm]
& + \frac{f(t)[\, m_1(t)+m_3(t)y^*(t)\,]y(t)}{\Delta(t, x(t), y(t))}[\, x(t)-x^*(t)\,][\, y(t)-y^*(t)\,]
\end{aligned}
$$

$$\tag{5-21}$$

由（$5H_2$）的第一个条件可知，上面表达式中系数 $[x(t)-x^*(t)][y(t)-y^*(t)]$ 对足够大的 $t>0$ 是正的，由不等式 $ab \leqslant \frac{1}{2}(a^2+b^2)$ 我们得到：

$$V'(t) \leqslant -\left\{-a(t)+2b(t)m_x^\varepsilon + \frac{c(t)[m_1(t)+m_3(t)m_y^\varepsilon]m_y^\varepsilon}{(m_1(t)+m_2(t)M_x^\varepsilon+m_3(t)m_y^\varepsilon)^2}\right\}[x(t)-x^*(t)]^2$$

$$+\frac{f(t)M_y^\varepsilon[m_1(t)+m_3(t)M_y^\varepsilon]-c(t)m_x^\varepsilon[m_1(t)+m_2(t)m_x^\varepsilon]}{2(m_1(t)+m_2(t)m_x^\varepsilon+m_3(t)M_y^\varepsilon)^2}[x(t)-x^*(t)]^2$$

$$-\left\{d(t)+2e(t)m_y^\varepsilon - \frac{f(t)[m_1(t)+m_2(t)M_x^\varepsilon]M_x^\varepsilon}{(m_1(t)+m_2(t)M_x^\varepsilon+m_3(t)m_y^\varepsilon)^2}\right\}[y(t)-y^*(t)]^2$$

$$+\frac{f(t)M_y^\varepsilon[m_1(t)+m_3(t)M_y^\varepsilon]-c(t)m_x^\varepsilon[m_1(t)+m_2(t)m_x^\varepsilon]}{2(m_1(t)+m_2(t)m_x^\varepsilon+m_3(t)M_y^\varepsilon)^2}[y(t)-y^*(t)]^2$$

$$(5-22)$$

令 $M=\min\{M_1,M_2\}$，$M_1=\min\left\{-a(t)+2b(t)m_x^\varepsilon + \frac{c(t)[m_1(t)+m_3(t)m_y^\varepsilon]m_y^\varepsilon}{(m_1(t)+m_2(t)M_x^\varepsilon+m_3(t)m_y^\varepsilon)^2}\right.$

$\left. -\frac{f(t)M_y^\varepsilon[m_1(t)+m_3(t)M_y^\varepsilon]-c(t)m_x^\varepsilon[m_1(t)+m_2(t)m_x^\varepsilon]}{2(m_1(t)+m_2(t)m_x^\varepsilon+m_3(t)M_y^\varepsilon)^2}\right\}$，

$M_2=\min\left\{-\frac{f(t)[m_1(t)+m_2(t)M_x^\varepsilon]M_x^\varepsilon}{(m_1(t)+m_2(t)M_x^\varepsilon+m_3(t)m_y^\varepsilon)^2}+d(t)+2e(t)m_y^\varepsilon - \right.$

$\left. \frac{f(t)M_y^\varepsilon[m_1(t)+m_3(t)M_y^\varepsilon]-c(t)m_x^\varepsilon[m_1(t)+m_2(t)m_x^\varepsilon]}{2(m_1(t)+m_2(t)m_x^\varepsilon+m_3(t)M_y^\varepsilon)^2}\right\}$，由条件（$5H_2$）可知，

存在 $\varepsilon'>0$，使 $M>\varepsilon'$。因此，

$$V'(t) \leqslant -M_1[x(t)-x^*(t)]^2 - M_2[y(t)-y^*(t)]^2$$
$$\leqslant -M[x(t)-x^*(t)]^2+[y(t)-y^*(t)]^2 = -2MV(t)$$

$$(5-23)$$

所以，$0 \leqslant V(t) \leqslant V(0)e^{-2Mt}$，则 $\lim\limits_{t \to +\infty} V(t)=0$。也就是说，$\lim\limits_{t \to +\infty}|(x(t),y(t))-(x^*(t),y^*(t))|=0$。因此，由定义 5.2 得 $(x^*(t),y^*(t))$ 是全局吸引的。

例5.3 令 $a(t)=100$，$b(t)=20+\frac{1}{10}\cos t$，$c(t)=0.4$，$d(t)=1+\frac{1}{20}\sin t$，

$e(t)=1$，$f(t)=10$，$m_1(t)=\frac{1}{8}+\frac{1}{10}\sin t$，$m_2(t)=1$，$m_3(t)=\frac{1}{12}+\frac{1}{96}\sin t$，则系

统（5-3）变为：

$$\begin{cases} x'(t) = x(t)\left[100 - \left(20 + \dfrac{1}{10}\cos t\right)x(t) - \dfrac{0.4y(t)}{\dfrac{1}{8} + \dfrac{1}{10}\sin t + x(t) + \left(\dfrac{1}{12} + \dfrac{1}{96}\sin t\right)y(t)}\right] \\ y'(t) = y(t)\left[-\left(1 + \dfrac{1}{20}\sin t\right) - y(t) + \dfrac{10x(t)}{\dfrac{1}{8} + \dfrac{1}{10}\sin t + x(t) + \left(\dfrac{1}{12} + \dfrac{1}{96}\sin t\right)y(t)}\right] \end{cases}$$

$$(5\text{-}24)$$

通过简单的计算，我们可以得到 $M_x^\varepsilon = 5.035$，$M_y^\varepsilon = 9.05$，$m_x^\varepsilon = 4.692$，$m_y^\varepsilon = 7.088$，$m_3^l a^l - c^u = 6.892$，$f^l - d^u m_2^u = 8.95$，$(f^l - d^u m_2^u)m_x^\varepsilon - d^u(m_1^u + m_3^u M_y^\varepsilon) = 40.866$，$f(t)m_y^\varepsilon[m_1(t) + m_3(t)m_y^\varepsilon] - c(t)M_x^\varepsilon[m_1(t) + m_2(t)M_x^\varepsilon] \geq 27.812$，

$$\frac{c(t)[m_1(t) + m_3(t)m_y^\varepsilon]m_y^\varepsilon}{(m_1(t) + m_2(t)M_x^\varepsilon + m_3(t)m_y^\varepsilon)^2} - \frac{f(t)M_y^\varepsilon[m_1(t) + m_3(t)M_y^\varepsilon] - c(t)m_x^\varepsilon[m_1(t) + m_2(t)m_x^\varepsilon]}{2(m_1(t) + m_2(t)m_x^\varepsilon + m_3(t)M_y^\varepsilon)^2}$$

$-a(t) + 2b(t)m_x^\varepsilon \geq 95.473$，$d(t) + 2e(t)m_y^\varepsilon -$

$$\frac{f(t)M_y^\varepsilon[m_1(t) + m_3(t)M_y^\varepsilon] - c(t)m_x^\varepsilon[m_1(t) + m_2(t)m_x^\varepsilon]}{2(m_1(t) + m_2(t)m_x^\varepsilon + m_3(t)M_y^\varepsilon)^2} -$$

$$\frac{f(t)[m_1(t) + m_2(t)M_x^\varepsilon]M_x^\varepsilon}{(m_1(t) + m_2(t)M_x^\varepsilon + m_3(t)m_y^\varepsilon)^2} \geq 5.872$$，条件（$5H_1$）和（$5H_2$）满足，且由

定理 5.3 知系统（5-24）的有界正解（$x^*(t)$，$y^*(t)$）是全局吸引的，这个也可以从图 5-2 看出。需要指出的是，在图 5-2 中，系统（5-24）的相图分别从初始点（4.5, 6）、（4.6, 8）、（5.2, 8.5）和（5.2, 6.2）出发。

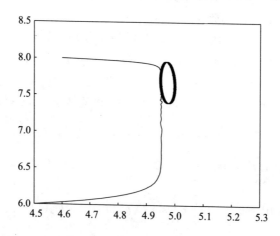

图 5-2 系统（5-24）的相图

评注 5.3 定理 5.3 类似的证明意味着条件 ($5H_2$) 将被

$$\begin{cases} f(t)M_y^\varepsilon[m_1(t)+m_3(t)M_y^\varepsilon]-c(t)m_x^\varepsilon[m_1(t)+m_2(t)m_x^\varepsilon]<0 \\ \\ -a(t)+2b(t)m_x^\varepsilon+\dfrac{c(t)[m_1(t)+m_3(t)m_y^\varepsilon]m_y^\varepsilon}{(m_1(t)+m_2(t)M_x^\varepsilon+m_3(t)m_y^\varepsilon)^2} \\ \\ \qquad -\dfrac{c(t)M_x^\varepsilon[m_1(t)+m_2(t)M_x^\varepsilon]-f(t)m_y^\varepsilon[m_1(t)+m_3(t)m_y^\varepsilon]}{2(m_1(t)+m_2(t)M_x^\varepsilon+m_3(t)m_y^\varepsilon)^2}>0 \\ \\ d(t)+2e(t)m_y^\varepsilon-\dfrac{f(t)[m_1(t)+m_2(t)M_x^\varepsilon]M_x^\varepsilon}{(m_1(t)+m_2(t)M_x^\varepsilon+m_3(t)m_y^\varepsilon)^2} \\ \\ \qquad -\dfrac{c(t)M_x^\varepsilon[m_1(t)+m_2(t)M_x^\varepsilon]-f(t)m_y^\varepsilon[m_1(t)+m_3(t)m_y^\varepsilon]}{2(m_1(t)+m_2(t)M_x^\varepsilon+m_3(t)m_y^\varepsilon)^2}>0 \end{cases}$$

$$(5H_2')$$

替换。也就是说，如果条件 ($5H_1$) 和 ($5H_2'$) 成立，则 ($x^*(t)$, $y^*(t)$) 是全局吸引的。

第三节 周 期 解

在这一部分中，我们仅考虑系统 (5-3) 中参数具有某个公共周期的情形。参数的周期性可以和环境变化的周期性相匹配。由于交配习惯、食物的获取、天气条件、捕食与狩猎等这些存在季节性的因素存在，所以参数的周期性震荡看上去就有道理了。在研究具有周期环境中的种群生长模型时一个非常基本且重要的问题是正周期解的存在性和边界周期解的全局吸引性，这和自治模型一样起到类似的作用。

我们总是假定系统 (5-3) 中的参数是关于 t 的 ω-周期，也就是说，

$$a(t+\omega)=a(t), \ b(t+\omega)=b(t), \ c(t+\omega)=c(t), \ d(t+\omega)=d(t), \ f(t+\omega)=f(t),$$

$$e(t+\omega)=e(t), \ m_1(t+\omega)=m_1(t), \ m_2(t+\omega)=m_2(t), \ m_3(t+\omega)=m_3(t)$$

$$(5-25)$$

记为 $\tilde{f} : = \dfrac{1}{\omega} \displaystyle\int_0^\omega f(t)\,\mathrm{d}t$，其中，$f(t)$ 是一个连续且周期为 ω 的周期函数。

在这一部分，我们先讨论正周期解的存在性，接着讨论边界周期解的全局吸引性。

一、正周期解的存在性

我们将得到两个关于正周期解存在的定理，第一个定理利用的是 Brouwer 不动点定理，第二个定理利用的是连续性定理，再者，表明由第二个定理给出的充分条件比第一个定理要弱。

为了得到第一个定理，我们需要下面的引理。

引理 5.1 令 σ 是一个连续性算子映射一个闭有界凸子集 $\overline{\Omega} \subset R^n$ 到自身，则 $\overline{\Omega}$ 至少包含算子 σ 的一个不动点，就是说至少存在一个 $x^* \in \overline{\Omega}$ 使 $\sigma(x^*) = x^*$（Browser 不动点定理）。

利用引理 5.1，我们可以证明关于正周期解存在的第一个定理。

定理 5.4 如果条件 $(5H_1)$ 成立，则系统 $(5\text{-}3)$ 至少有一个周期为 ω 的正周期解，记为 $(x^*(t),\ y^*(t))$，它位于 Γ_ε 中。

证明： 定义一个转换算子，它也称为映射 $\sigma : R^2 \to R^2$：

$$\sigma(x_0,\ y_0) = (x(t_0+\omega,\ t_0,\ (x_0,\ y_0)),\ y(t_0+\omega,\ t_0,\ (x_0,\ y_0))),\ (x_0,\ y_0) \in R^2$$

$$(5\text{-}26)$$

其中，$(x(t,\ t_0,\ (x_0,\ y_0)),\ y(t,\ t_0,\ (x_0,\ y_0)))$ 记为系统 $(5\text{-}3)$ 过点 $(t_0,\ (x_0,\ y_0))$ 的解。定理 5.2 意味着由式 $(5\text{-}14)$ 定义的集合 Γ_ε 关于系统 $(5\text{-}3)$ 是正不变的，因此，由上面定义给出的算子 σ 把 Γ_ε 映射到自身，也就是说 $\sigma(\Gamma_\varepsilon) \subset \Gamma_\varepsilon$。由于系统 $(5\text{-}3)$ 的解关于初始值是连续的，所以算子 σ 是连续的。易得 Γ_ε 在 R^2 内是有界闭的凸集合。由 Brouwer 不动点定理可知，σ 在 Γ_ε 内至少存在一个不动点。也就是说，存在 $(x^*,\ y^*) \in \Gamma_\varepsilon$，使 $(x^*,\ y^*) = (x(t_0+\omega,\ t_0,\ (x^*,\ y^*)),\ y(t_0+\omega,\ t_0,\ (x^*,\ y^*)))$。因此，至少存在一个正周期解，记为 $(x^*,\ y^*)$，且 Γ_ε 的不变性保证了 $(x^*,\ y^*) \in \Gamma_\varepsilon$。证毕。

下面我们将得到关于正周期解存在的第二个定理。在给出引理连续性定理之前，我们需要做下面的准备工作。

令 X、Z 是赋范向量空间，$L : \text{Dom } L \subset X \to Z$ 是一个线性映射，$N : X \to Z$ 是一个连续映射。如果 $\dim \text{Ker } L = \text{codim Im} L < +\infty$ 且 $\text{Im} L$ 在 Z 中是闭的，映射 L 将被叫作指数为零的 Fredholm 映射。如果 L 是一个指数为零的 Fredholm 映射且存在连续投影 $P : X \to X$ 和 $Q : Z \to Z$ 使 $\text{Im} P = \text{Ker} L$，$\text{Im} L = \text{Ker} Q = \text{Im}(I-Q)$，则 $L \mid \text{Dom} L \cap \text{Ker} P : (I-P)X \to \text{Im} L$ 是可逆的。我们定义映射的逆为 K_P。如果 Ω 是一个关于 X 的有界开子集，在 $\overline{\Omega}$ 上如果 $QN(\overline{\Omega})$ 是有界的且 $K_P(I-Q)N : \overline{\Omega} \to X$ 是紧的，则映射 N 将被称为 L-紧的。既然 $\text{Im} Q$ is isomorphic to 对 $\text{Ker} L$ 是同构的，则存在一个同构 $J : \text{Im} Q \to \text{Ker} L$。

在上面定义的基础上，我们介绍下面的引理。

引理 5.2　令 L 是一个指数为零的 Fredholm 映射且 N 是在 $\overline{\Omega}$ 上 L-紧的（连续性定理）。假定：

（1）对任意 $\lambda \in (0, 1)$，$Lx = \lambda Nx$ 的每个解 x 满足 $x \notin \partial \Omega$。

（2）对每个 $x \in \partial \Omega \cap \text{Ker} L$ 有 $QNx \neq 0$ 且 Brouwer 度 $deg\{JQN, \Omega \cap KerL,$ $0\} \neq 0$。

则算子方程 $Lx = Nx$ 至少有一个位于 $\text{Dom} L \cap \Omega$ 的解。

则基于引理 5.2，我们有关于正周期解存在性的第二个定理。

定理 5.5　若下面条件：

$$\tilde{a} > \left(\frac{\tilde{c}}{m_3}\right), \exp\{-2\tilde{a}\omega\}\ (\tilde{f} - \tilde{d}m_2^u)\left[\left(\tilde{a} - \left(\frac{\tilde{c}}{m_3}\right)\right)\Big/\tilde{b}\right] > \tilde{d}m_1^u \quad (5H_3)$$

成立，则系统（5-3）至少存在一个正 ω 周期解。

证明： 令 $x(t) = \exp\{u(t)\}$，$y(t) = \exp\{v(t)\}$，重新整理系统（5-3）为：

$$\begin{cases} u'(t) = a(t) - b(t)\exp\{u(t)\} - \dfrac{c(t)\exp\{v(t)\}}{m_1(t) + m_2(t)\exp\{u(t)\} + m_3(t)\exp\{v(t)\}} \\[3mm] v'(t) = -d(t) - e(t)\exp\{v(t)\} + \dfrac{f(t)\exp\{u(t)\}}{m_1(t) + m_2(t)\exp\{u(t)\} + m_3(t)\exp\{v(t)\}} \end{cases}$$

$$(5-27)$$

且 $X = \{(u, v)^T \in C(R, R^2) \mid u(t+\omega) = u(t), v(t+\omega) = v(t) \text{ for all } t \in R\}$, $\|(u,$ $v)\| = \max\limits_{t \in [0,\omega]} |u(t)| + \max\limits_{t \in [0,\omega]} |v(t)|$, for $(u, v) \in X$。当它们被赋予上面的模 $\| \cdot \|$ 时,X 是 Banach 空间。

令:

$$N\begin{pmatrix} u \\ v \end{pmatrix} = \begin{pmatrix} N_1(t) \\ N_2(t) \end{pmatrix}$$

$$= \begin{pmatrix} a(t) - b(t)\exp\{u(t)\} - \dfrac{c(t)\exp\{v(t)\}}{m_1(t) + m_2(t)\exp\{u(t)\} + m_3(t)\exp\{v(t)\}} \\ -d(t) - e(t)\exp\{v(t)\} + \dfrac{f(t)\exp\{v(t)\}}{m_1(t) + m_2(t)\exp\{u(t)\} + m_3(t)\exp\{v(t)\}} \end{pmatrix}$$

$$L\begin{pmatrix} u \\ v \end{pmatrix} = \begin{pmatrix} u' \\ v' \end{pmatrix}, P\begin{pmatrix} u \\ v \end{pmatrix} = \begin{pmatrix} \dfrac{1}{\omega}\int_0^\omega u(t)\,dt \\ \dfrac{1}{\omega}\int_0^\omega v(t)\,dt \end{pmatrix}, \begin{pmatrix} u \\ v \end{pmatrix} \in X \qquad (5\text{-}28)$$

则:

$$\text{Ker}L = \{(u, v) \in X \mid (u(t), v(t)) \equiv (h_1, h_2) \in R^2 \text{ for } t \in R\}$$

$$\text{Im}L = \left\{(u, v) \in X \,\middle|\, \int_0^\omega u(t)\,dt = 0, \int_0^\omega v(t)\,dt = 0\right\}$$

$$(5\text{-}29)$$

其中,h_1、$h_2 \in R$ 且 $\dim \text{Ker}L = 2 = \text{codim Im}L$。因 $\text{Im}L$ 在 X 中是闭的,L 是一个指数为零的 Fredholm 映射。这就很容易表明 P 是一个连续投影,使 $\text{Im}P = \text{Ker}L$,$\text{Im}L = \text{Ker}P = \text{Im}(I - P)$。再者,广义拟(关于 L) K_p:$\text{Im}L \to \text{Dom}L \cap \text{Ker}P$ 存在且用:

$$K_P\begin{pmatrix} u \\ v \end{pmatrix} = \begin{pmatrix} \int_0^t u(s)\,ds - \dfrac{1}{\omega}\int_0^\omega\int_0^t u(s)\,ds\,dt \\ \int_0^t v(s)\,ds - \dfrac{1}{\omega}\int_0^\omega\int_0^t v(s)\,ds\,dt \end{pmatrix} \qquad (5\text{-}30)$$

给出。由 PN 和 $K_p(I-P)N$ 是连续的,我们可以得到 N 是 L-紧的在 $\overline{\Omega}$ 上关于

有界开集 $\Omega \subset X$。

由算子方程 $Lx = \lambda Nx$，$\lambda \in (0, 1)$，我们得到：

$$\begin{cases} u'(t) = \lambda \left\{ a(t) - b(t)\exp\{u(t)\} - \dfrac{c(t)\exp\{v(t)\}}{m_1(t) + m_2(t)\exp\{u(t)\} + m_3(t)\exp\{v(t)\}} \right\} \\[3mm] v'(t) = \lambda \left\{ -d(t) - e(t)\exp\{v(t)\} + \dfrac{f(t)\exp\{u(t)\}}{m_1(t) + m_2(t)\exp\{u(t)\} + m_3(t)\exp\{v(t)\}} \right\} \end{cases}$$

$$(5-31)$$

若 $(u(t), v(t)) \in X$ 是式（5-31）的一个对特定 $\lambda \in (0, 1)$ 的任意解，我们可以得到：

$$\begin{cases} \tilde{a}\omega = \displaystyle\int_0^\omega \left\{ b(t)\exp\{u(t)\} + \dfrac{c(t)\exp\{v(t)\}}{m_1(t) + m_2(t)\exp\{u(t)\} + m_3(t)\exp\{v(t)\}} \right\} dt \\[3mm] \tilde{d}\omega = \displaystyle\int_0^\omega \dfrac{f(t)\exp\{u(t)\}}{m_1(t) + m_2(t)\exp\{u(t)\} + m_3(t)\exp\{v(t)\}} d(t) - \int_0^\omega e(t)\exp\{v(t)\}dt\} \end{cases}$$

$$(5-32)$$

因此，我们有：

$$\begin{cases} \displaystyle\int_0^\omega |u'(t)|dt \leqslant \lambda \int_0^\omega a(t)dt + \\[3mm] \lambda \displaystyle\int_0^\omega \left[b(t)\exp\{u(t)\} + \dfrac{c(t)\exp\{v(t)\}}{m_1(t) + m_2(t)\exp\{u(t)\} + m_3(t)\exp\{v(t)\}} \right]dt < 2\tilde{a}\omega \\[3mm] \displaystyle\int_0^\omega |v'(t)|dt \leqslant \lambda\int_0^\omega d(t)dt + \lambda \int_0^\omega \dfrac{f(t)\exp\{u(t)\}}{m_1(t) + m_2(t)\exp\{u(t)\} + m_3(t)\exp\{v(t)\}}dt - \\[3mm] \displaystyle\int_0^\omega e(t)\exp\{v(t)\}dt < 2\tilde{d}\omega \end{cases}$$

$$(5-33)$$

记为：

$$u(\xi_1) = \min_{t \in [0,\omega]} u(t), \quad u(\xi_2) = \max_{t \in [0,\omega]} u(t), \quad v(\xi_i) = \min_{t \in [0,\omega]} v(t), \quad v(\xi_2) = \max_{t \in [0,\omega]} v(t)$$

$$(5-34)$$

由式（5-32）和式（5-34）得：

$$\tilde{a}\omega \geq \int_0^\omega b(t)\exp\{u(\xi_1)\}\,dt = \tilde{b}\omega\exp\{u(\xi_1)\} \tag{5-35}$$

也就是说，$u(\xi_1) \leq \ln(\tilde{a}/\tilde{b})$，因此：

$$u(t) \leq u(\xi_1) + \int_0^\omega |u'(t)|\,dt \leq \ln(\tilde{a}/\tilde{b}) + 2\tilde{a}\omega :=S_1 \tag{5-36}$$

由式（5-32）第一个方程和式（5-34），我们可以得到：

$$\tilde{a}\omega \leq \int_0^\omega \left[b(t)\exp\{u(\xi_2)\} + \frac{c(t)}{m_3(t)} \right]dt = \left(\frac{\tilde{c}}{m_3}\right)\omega + \tilde{b}\omega\exp\{u(\xi_2)\} \tag{5-37}$$

因此，有 $u(\xi_2) \geq \ln\left(\tilde{a} - \left(\frac{\tilde{c}}{m_3}\right)\right)/\tilde{b}$，和

$$u(t) \geq u(\xi_2) - \int_0^\omega |u'(t)|\,dt \geq \ln\{[\tilde{a} - (\widetilde{c/m_3})]/\tilde{b}\} + 2\tilde{a}\omega :=S_2 \tag{5-38}$$

连同式（5-36），有 $\max_{t \in [0,\omega]} |u(t)| \leq \max\{|S_1|, |S_2|\} :=A_1$。

由式（5-32）第二个方程和式（5-34），有：

$$\tilde{d}\omega \leq \int_0^\omega \frac{f(t)\exp\{S_1\}}{m_1^l + m_2^l\exp\{S_1\}}dt - \int_0^\omega e(t)\exp\{v(\xi_1)\}\,dt \tag{5-39}$$

且

$$\exp\{v(\xi_1)\} \leq \frac{\tilde{f}\exp\{S_1\} - \tilde{d}(m_1^l + m_2^l\exp\{S_1\})}{\tilde{e}(m_1^l + m_2^l\exp\{S_1\})} \tag{5-40}$$

则：

$$v(t) \leq v(\xi_1) + \int_0^\omega |v'(t)| \, \mathrm{d}t \leq \ln\left\{ \frac{\tilde{f}\exp\{S_1\} - \tilde{d}(m_1^l + m_2^l \exp\{S_1\})}{\tilde{e}(m_1^l + m_2^l \exp\{S_1\})} \right\} + 2\tilde{d}\omega : = S_3$$

$$(5-41)$$

另外，由式（5-32）第二个方程，我们也有：

$$\tilde{d}\omega \leq \int_0^\omega \frac{f(t)\exp\{S_2\}}{m_1^u + m_2^u \exp\{S_2\} + m_3^u \exp\{v(\xi_2)\}} \mathrm{d}t - \int_0^\omega e(t)\exp\{v(\xi_2)\} \mathrm{d}t$$

$$(5-42)$$

就是：

$$\tilde{e}m_3^u(\exp\{v(\xi_2)\})^2 + [\tilde{e}(m_1^u + m_2^u \exp\{S_2\}) + \tilde{d}m_3^u]\exp\{v(\xi_2)\}$$

$$+\tilde{d}(m_1^u + m_2^u \exp\{S_2\}) - \tilde{f}\exp\{S_2\} \geq 0 \qquad (5-43)$$

令 $b_1 = \tilde{e}m_3^u$，$b_2 = \tilde{e}(m_1^u + m_2^u \exp\{S_2\}) + \tilde{d}m_3^u$，$b_3 = \tilde{d}(m_1^u + m_2^u \exp\{S_2\}) - \tilde{f}\exp\{S_2\}$，由条件（$5H_3$）可知，有 $b_3 < 0$，因此：

$$\exp\{v(\xi_2)\} \geq \frac{-b_2 + \sqrt{b_2^2 - 4b_1 b_3}}{2b_1} \qquad (5-44)$$

可以得到：

$$v(t) \geq v(\xi_2) - \int_0^\omega |v'(t)| \, \mathrm{d}t \geq \ln\left\{ \frac{-b_2 + \sqrt{b_2^2 - 4b_1 b_3}}{2b_1} \right\} - 2\tilde{d}\omega : = S_4$$

$$(5-45)$$

因此，连同式（5-41），我们有 $\max\limits_{t \in [0,\omega]} |v(t)| \leq \max\{|S_3|, |S_4|\} : = A_2$。$A_1$ 且 A_2 依赖于 λ，令 $A = A_1 + A_2 + A_3$，此时 $A_3 > 0$ 足够大，使 $A_3 > |l_1| + |L_1| + |l_2| + |L_2|$。

由下面方程，其中，$0 \leq \mu \leq 1$ 是一个参数，

$$\tilde{a} - \tilde{b}\exp\{u\} - \frac{1}{\omega}\int_0^\omega \frac{\mu c(t)\exp\{v\}}{m_1(t) + m_2(t)\exp\{u\} + m_3(t)\exp\{v\}} \mathrm{d}v = 0$$

$$- \widetilde{d} - \widetilde{e}\exp\{v\} + \frac{1}{\omega}\int_0^\omega \frac{f(t)\exp\{u\}}{m_1(t) + m_2(t)\exp\{u\} + m_3(t)\exp\{v\}}dv = 0$$

$$(5-46)$$

我们很容易得到上面方程的任意解 (u^*, v^*) 满足:

$$l_1 \leqslant u^* \leqslant L_1, \ l_2 \leqslant v^* \leqslant L_2 \qquad (5-47)$$

令 $\Omega = \{(u, v)^T \in X \mid \|(u, v)\| < A\}$,易得 Ω 满足条件引理 5.2 中的(1)。当 $(u, v) \in \partial\Omega \cap \mathrm{Ker}L = \partial\Omega \cap R^2$,$(u, v)$ 是一个常向量且 $\|(u, v\| = |u| + |v| = A$。由 A 的定义和式(5-47),我们有:

$$PN\binom{u}{v} = \begin{pmatrix} \widetilde{a} - \widetilde{b}\exp\{u\} - \dfrac{1}{\omega}\int_0^\omega \dfrac{c(t)\exp\{v\}}{m_1(t) + m_2(t)\exp\{u\} + m_3(t)\exp\{v\}}dt \\[4mm] -\widetilde{d} - \widetilde{e}\exp\{v\} + \dfrac{1}{\omega}\int_0^\omega \dfrac{f(t)\exp\{u\}}{m_1(t) + m_2(t)\exp\{u\} + m_3(t)\exp\{v\}}dt \end{pmatrix} \neq \binom{0}{0}$$

$$(5-48)$$

也就是说,引理 5.2 中(2)的第一部分是有效的。

让我们考虑映射:

$$H_\mu((u, v)^T) = \mu PN((u, v)^T) + (1-\mu)G((u, v)^T), \ \mu \in [0, 1] \quad (5-49)$$

其中,

$$G((u, v)^T) = \begin{pmatrix} \widetilde{a} - \widetilde{b}\exp\{u\} \\[4mm] \widetilde{d} + \widetilde{e}\exp\{v\} - \dfrac{1}{\omega}\int_0^\omega \dfrac{f(t)\exp\{u\}}{m_1(t) + m_2(t)\exp\{u\} + m_3(t)\exp\{v\}}dt \end{pmatrix}$$

$$(5-50)$$

由式 (5.14),可以得到当 $\mu \in [0, 1]$ 时 $0 \notin H_\mu(\partial\Omega \cap \mathrm{Ker}L)$。方程 $G((u, v)^T) = 0$ 有唯一解在 R^2。由于 $\mathrm{Im}P = \mathrm{Ker}L$,可以记 $J=I$,因映射的不变性,直接计算为:

$$\deg(JPN, \Omega \cap \mathrm{Ker}L, 0) = \deg(PN, \Omega \cap \mathrm{Ker}L, 0) = \deg(G, \Omega \cap \mathrm{Ker}L, 0) \neq 0$$

$$(5-51)$$

其中，$\deg(\cdot, \cdot, \cdot)$ 是映射度。既然我们能够证明 Ω 可以满足引理 5.2 的所有要求，$Lx = Nx$ 至少有一个解在 $\mathrm{Dom}L \cap \overline{\Omega}$，即式（5-27）至少有一个 ω 为周期的周期解在 $\mathrm{Dom}L \cap \overline{\Omega}$，即 $(u^*(t), v^*(t))$。令 $x^*(t) = \exp\{u^*(t)\}$，$y^*(t) = \exp\{v^*(t)\}$，且 $(x^*(t), y^*(t))$ 是系统（5-3）具有严格正性质的一个 ω 周期解。完成证明。

例 5.4 在系统（5-3）中，如果系数函数 $a(t) = 0.3$，$b(t) = 2 + \cos t$，$c(t) = 0.2$，$d(t) = \dfrac{1}{100} + \dfrac{1}{200}\cos t$，$e(t) = 2$，$f(t) = 3 + \dfrac{1}{10}\cos t$，$m_1(t) = \dfrac{1}{8} + \dfrac{1}{10}\sin t$，$m_2(t) = 4 + \dfrac{1}{10}\sin t$，$m_3(t) = 2 + \cos t$，且选择 $\omega = 2\pi$，则系统（5-3）变成：

$$
\begin{cases}
x'(t) = x(t)\left[0.3 - (2 + \cos t)x(t) - \dfrac{0.2y(t)}{\dfrac{1}{8} + \dfrac{1}{10}\sin t + \left(4 + \dfrac{1}{10}\sin t\right)x(t) + (2 + \cos t)y(t)}\right] \\[2em]
y'(t) = y(t)\left[-\left(\dfrac{1}{100} + \dfrac{1}{200}\cos t\right) - 2y(t) + \right.\\[2em]
\qquad\qquad \left. \dfrac{\left(3 + \dfrac{1}{10}\cos t\right)x(t)}{\dfrac{1}{8} + \dfrac{1}{10}\sin t + \left(4 + \dfrac{1}{10}\sin t\right)x(t) + (2 + \cos t)y(t)}\right]
\end{cases}
$$

$$(5-52)$$

我们能够计算：$\tilde{a} - \dfrac{\tilde{c}}{m_3} \approx 0.185$，$\exp\{-2\tilde{a}\omega\}(\tilde{f} - \tilde{d}m_2^u)\left[\left(\tilde{a} - \left(\dfrac{\tilde{c}}{m_3}\right)\right)\bigg/\tilde{b}\right] - \tilde{d}m_1^u \approx 0.004$

因此，系数函数满足（$5H_3$），且系统（5-52）至少有一个正周期解，这也可以从图 5-3 中看出。需要指出的是，图 5-3 是分别从初始点（0.12，0.15）、（0.12，0.19）、（0.16，0.16）和（0.16，0.19）出发的相图。

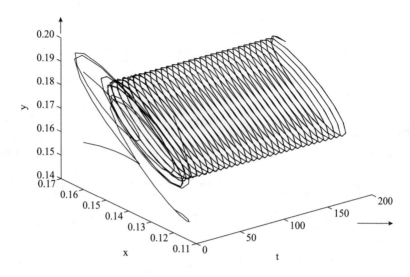

图 5-3　系统（5-52）的相图

评注 5.4　定理 5.5 和定理 5.4 给出了周期解的存在性条件，但是条件 $(5H_3)$ 不同于条件 $(5H_1)$。由 $(5H_1)$，我们有 $\left(f^l-d^u m_2^u\right)\left(\left(a^l-\dfrac{c^u}{m_3^l}\right)/b^u-\varepsilon\right)>$

$d^u m_1^u$。因此，如果 $\exp\left\{-2\widetilde{a\omega}\right\}\left(f^l-d^u m_2^u\right)\left(a^l-\dfrac{c^u}{m_3^l}\right)/b^u>\left(f^l-d^u m_2^u\right)$

$\left(\left(a^l-\dfrac{c^u}{m_3^l}\right)/b^u-\varepsilon\right)$ 成立，则 $(5H_1)$ 意味着 $(5H_3)$ 成立。也就是说，如果 $\varepsilon\in$

$\left(\left(1-\exp\left\{-2\widetilde{a\omega}\right\}\right)\dfrac{a^l m_3^l-c^u}{b^u m_3^l},\dfrac{a^l m_3^l-c^u}{b^u m_3^l}\right)$ 和条件 $(5H_1)$ 成立，则条件 $(5H_3)$

成立。因此，定理 5.5 弱于定理 5.4。再者，由 $|l_1|+|L_1|+|l_2|+|L_2|<A_3=$ $A-(A_1+A_2)=|u|+|v|-(A_1+A_2)$ 和式（5-47）、定理 5.5 我们能够得到周期解 $(x^*(t),y^*(t))=(\exp\{u^*(t)\},\exp\{v^*(t)\})$ 边界存在性。

二、边界周期解的全局吸引性

我们将讨论在捕食者不存在时边界周期解的全局吸引性。

为了描述下面的结论，首先我们需要讨论系统（5-3）在捕食者不存在时的情形，也就是 Riccatti 方程：

$$x'(t) = x(t)\left[a(t) - b(t)x(t)\right] \tag{5-53}$$

具有初始值 $x(t) = x(x_0 \neq 0)$，解由下面给出：

$$x(t) = \left(\frac{1}{x_0}\exp\left\{-\int_{t_0}^t a(s)\mathrm{d}s\right\} + \int_{t_0}^t b(s)\exp\left\{-\int_s^t a(\tau)\mathrm{d}\tau\right\}\mathrm{d}s\right)^{-1}$$

$$\tag{5-54}$$

很明显，零解 $x(t) = 0$ 存在于方程（5-53）中。由解的唯一性，我们能够得到具有正初始值的解会保持正的。容易得到 $x^{**}(t+\omega) = x^{**}(t)$ 是周期为 ω 方程（5-53）的解，其中，

$$x^{**}(t) = \left(\exp\left\{\int_0^\omega a(s)\mathrm{d}s\right\} - 1\right)\left(\int_t^{t+\omega} b(s)\exp\left\{-\int_s^t a(\tau)\mathrm{d}\tau\right\}\mathrm{d}s\right)^{-1}$$

$$\tag{5-55}$$

接下来，我们将讨论捕食者在经过很长一段时间后的存在性。

定理 5.6　如果条件：

$$\int_0^\omega \left(-d(t) + \frac{f(t)x^{**}(t)}{m_1(t) + m_2(t)x^{**}(t)}\right)\mathrm{d}t < 0 \tag{5H_4}$$

成立，则对系统（5-3）任意具有正初始条件的解 $(x(t), y(t))$，有 $\lim\limits_{t\to+\infty} y(t) = 0$，其中 $x^{**}(t)$ 由式（5-55）给出。

证明：由 $(5H_4)$，任给 $0 < \varepsilon < 1$，存在 $\varepsilon_1 (0 < \varepsilon_1 < \varepsilon)$ 和 $\varepsilon_0 > 0$，使：

$$\int_0^\omega \left(-d(t) + \frac{f(t)(x^{**}(t) + \varepsilon_1)}{m_1(t) + m_2(t)(x^{**}(t) + \varepsilon_1)} - e(t)\varepsilon\right)\mathrm{d}t \leqslant -\frac{\tilde{\varepsilon}e\omega}{2} < -\varepsilon_0$$

$$\tag{5-56}$$

对系统（5-3），易得 $x'(t) \leqslant x(t)(a(t) - b(t)x(t))$，因此，任给 ε_1，存在 $T_1 > 0$，有：

$$x(t) \leqslant x^{**}(t) + \varepsilon_1, \ t \geqslant T_1 \tag{5-57}$$

由式（5-56）和式（5-57），我们有：

$$\int_t^{t+\omega} \left(-d(s) + \frac{f(s)x(s)}{m_1(s) + m_2(s)x(s)} - e(s)\varepsilon\right)\mathrm{d}s \leqslant -\varepsilon_0, \ \ t > T_1$$

$$\tag{5-58}$$

将存在 $T_2 > T_1$，且 $y(T_2) < \varepsilon$。否则：

$$\varepsilon \leq y(t) \leq y(T_1) \exp\left\{\int_{T_1}^{t}\left(-d(s) + \frac{f(s)x(s)}{m_1(s) + m_2(s)x(s)} - e(s)\varepsilon\right)ds\right\}$$
$$\rightarrow 0, \quad t \rightarrow +\infty$$

$$(5-59)$$

且给出 $\varepsilon \leq 0$，这是矛盾的。接下来我们将证明：

$$y(t) \leq \varepsilon \exp\{D(\varepsilon)\omega\}, \quad t > T_2 \tag{5-60}$$

其中，

$$D(\varepsilon) = \max_{0 \leq t \leq \omega}\left\{d(t) + \frac{f(t)(x^{**}(t)+\varepsilon)}{m_1(t) + m_2(t)(x^{**}(t)+\varepsilon)} + e(t)\varepsilon\right\} \tag{5-61}$$

否则，存在 $T_3 > T_2$，使 $y(T_3) > \varepsilon\exp\{D(\varepsilon)\omega\}$。由 $y(t)$ 的连续性，一定存在 $T_4 \in (T_2, T_3)$ 使 $y(T_4) = \varepsilon$ 且 $y(t) > \varepsilon$，对 $t \in (T_4, T_3)$。令 N_1 是非负正整数，使 $T_3 \in (T_4 + N_1\omega, T_4 + (N_1+1)\omega)$，由式（5-57）和式（5-58），我们有：

$$\varepsilon\exp\{D(\varepsilon)\omega\} < y(T_3) < y(T_4)\exp\left\{\int_{T_4}^{T_3}\left(-d(t) + \frac{f(t)x(t)}{m_1(t) + m_2(t)x(t)} - e(t)\varepsilon\right)dt\right\}$$

$$= \varepsilon\exp\left\{\left(\int_{T_4}^{T_4+N_1\omega} + \int_{T_4+N_1\omega}^{T_3}\right)\left(-d(t) + \frac{f(t)x(t)}{m_1(t) + m_2(t)x(t)} - e(t)\varepsilon\right)dt\right\}$$

$$< \varepsilon\exp\left\{\int_{T_4+N_1\omega}^{T_3}\left(d(t) + \frac{f(t)x(t)}{m_1(t) + m_2(t)x(t)} + e(t)\varepsilon\right)dt\right\}$$

$$< \varepsilon\exp\left\{\max_{0 \leq t \leq \omega}\left(d(t) + \frac{f(t)(x^{**}(t)+\varepsilon)}{m_1(t) + m_2(t)(x^{**}(t)+\varepsilon)} + e(t)\varepsilon\right)\omega\right\}$$

$$= \varepsilon\exp\{D(\varepsilon)\omega\}$$

$$(5-62)$$

这是矛盾的。也就是说，$y(t) \leq \varepsilon\exp\{D(\varepsilon)\omega\}$，由 ε 的任意性，我们得到 $\lim_{t \rightarrow +\infty} y(t) = 0$，这就完成了定理 5.6 的证明。

由定理 5.6，我们可以直接得到下面推论。

推论 5.1 如果条件（$5H_4$）成立，则系统（5-3）是非持久的。

接下来，我们将讨论被捕食者经过很长时间后的存在性。

定理 5.7　方程（5-53）存在一个唯一正周期 ω 的解 $x^{**}(t)$。除此之外，$x^{**}(t)$ 对具有正初始值 $x(t_0)=x_0>0$ 的 $x(t)$ 是全局吸引的。

证明：我们已经知道 $x^{**}(t)$ 是一个周期为 ω 的方程（5-53）的解。接下来，我们想去验证：

$$\lim_{t\to+\infty}|x(t)-x^{**}(t)|=0 \tag{5-63}$$

其中，$x(t)$，$x^{**}(t)$ 是由式（5-54）和式（5-55）分别给出的。

记 $A=\exp\left\{\int_0^\omega a(s)\,\mathrm{d}s\right\}$，且定义函数：

$$
\begin{aligned}
F(t) &= \int_{t_0}^t b(s)\exp\left\{-\int_s^t a(\tau)\,\mathrm{d}\tau\right\}\mathrm{d}s - \frac{1}{A-1}\int_t^{t+\omega} b(s)\exp\left\{-\int_s^t a(\tau)\,\mathrm{d}\tau\right\}\mathrm{d}s \\
&= \exp\left\{-\int_{t_0}^t a(s)\,\mathrm{d}s\right\}\int_{t_0}^t b(s)\exp\left\{\int_{t_0}^s a(\tau)\,\mathrm{d}\tau\right\}\mathrm{d}s \\
&\quad - \exp\left\{-\int_{t_0}^t a(s)\,\mathrm{d}s\right\}\frac{1}{A-1}\int_t^{t+\omega} b(s)\exp\left\{\int_{t_0}^s a(\tau)\,\mathrm{d}\tau\right\}\mathrm{d}s \\
&= \exp\left\{-\int_{t_0}^t a(s)\,\mathrm{d}s\right\} G(t)
\end{aligned}
$$

$$\tag{5-64}$$

需要指出的是，$F(t)=\dfrac{1}{x(t)}-\dfrac{1}{x^{**}(t)}-\dfrac{1}{x_0}\exp\left\{-\int_{t_0}^t a(s)\,\mathrm{d}s\right\}$ 且 $\lim_{t\to+\infty}|x(t)-x^{**}(t)|=0$，如果 $\lim_{t\to+\infty}F(t)=0$，记 $\lim_{t\to+\infty}\dfrac{1}{x_0}\exp\left\{-\int_{t_0}^t a(s)\,\mathrm{d}s\right\}=0$，我们有：

$$G'(t) = b(t)\exp\left\{\int_{t_0}^{t} a(\tau)\,\mathrm{d}\tau\right\} - \frac{1}{A-1}b(t+\omega)\exp\left\{\int_{t_0}^{t+\omega} a(\tau)\,\mathrm{d}\tau\right\}$$

$$+ \frac{1}{A-1}b(t)\exp\left\{\int_{t_0}^{t} a(\tau)\,\mathrm{d}\tau\right\}$$

$$= b(t)\exp\left\{\int_{t_0}^{t} a(\tau)\,\mathrm{d}\tau\right\}\left[1 - \frac{1}{A-1}\left(\exp\left\{\int_{t}^{t+\omega} a(\tau)\,\mathrm{d}\tau\right\} - 1\right)\right] = 0$$

$$(5-65)$$

因为 $a(t)$ 有周期性且周期为 ω，这意味着 $G(t) = \mathrm{constant}$ 和 $\lim\limits_{t\to+\infty} F(t) = 0$。因此，表明随着 $t\to+\infty$ 式（5-53）每个具有正初始值的解趋向于式（5-55）。我们完成了定理 5.7 的证明。

进而，接下来我们讨论边界周期解 $(x^{**}(t), 0)$ 的全局吸引性。

定理 5.8 如果条件：

$$m_3^l a^l - c^u > 0,\quad -a(t) + 2b(t)m_x^\varepsilon - \frac{c(t)}{2m_2(t)} > 0,\quad d(t) - \frac{f(t)}{m_2(t)} - \frac{c(t)}{2m_2(t)} > 0 \quad (5H_5)$$

成立，则对系统（5-3）的任意解 $(x(t), y(t))$ 且 $x(0) > 0$ 和 $y(0) > 0$，$\lim\limits_{t\to+\infty} |(x(t), y(t)) - (x^{**}(t), 0)| = 0$。

证明： 类似定理 5.1 的证明思路，如果条件 $m_3^l a^l > c^u$ 成立，存在一个 $T_0 > 0$，使对任意的 $t > T_0$，$m_x^\varepsilon \leqslant x(t) \leqslant M_x^\varepsilon$。再者，对任意的 $t \geqslant 0$，$\dfrac{a^l}{b^u} \leqslant x^{**}(t) \leqslant \dfrac{a^u}{b^l}$。

我们考虑函数：

$$V(t) = \frac{1}{2}(x(t) - x^{**}(t))^2 + \frac{1}{2}y^2(t) \qquad (5-66)$$

$V(t)$ 沿系统（5-3）的时间导数为：

$$V'(t) = [x(t) - x^{**}(t)]^2 [a(t) - b(t)(x(t) + x^{**}(t))]$$

$$-\frac{c(t)x(t)y(t)[x(t) - x^{**}(t)]}{m_1(t) + m_2(t)x(t) + m_3(t)y(t)}$$

$$+y^2(t)\left[-d(t) - e(t)y(t) + \frac{f(t)x(t)}{m_1(t) + m_2(t)x(t) + m_3(t)y(t)}\right]$$

$$(5-67)$$

由不等式 $ab \leqslant \frac{1}{2}(a^2 + b^2)$，有：

$$V'(t) \leqslant -[x(t) - x^{**}(t)]^2 [-a(t) + b(t)(x(t) + x^{**}(t))]$$

$$+[x(t) - x^{**}(t)]^2 \frac{c(t)x(t)}{2[m_1(t) + m_2(t)x(t) + m_3(t)y(t)]}$$

$$-y^2(t)[d(t) + e(t)y(t)]$$

$$+y^2(t)\left[\frac{f(t)x(t)}{m_1(t) + m_2(t)x(t) + m_3(t)y(t)}\right.$$

$$\left.+\frac{c(t)x(t)}{2[m_1(t) + m_2(t)x(t) + m_3(t)y(t)]}\right]$$

$$(5-68)$$

易得 $\dfrac{x(t)}{m_1(t) + m_2(t)x(t) + m_3(t)y(t)} < \dfrac{1}{m_2(t)}$。因此，当 $t > T_0$ 时，

$$V'(t) \leqslant -\left\{-a(t) + 2b(t)m_x^\varepsilon - \frac{c(t)}{2m_2(t)}\right\}[x(t) - x^{**}(t)]^2$$

$$(5-69)$$

$$-\left\{d(t) - \frac{f(t)}{m_2(t)} - \frac{c(t)}{2m_2(t)}\right\}y^2(t)$$

Let $M = \min\{M_1, M_2\}$, $M_1 = \min\left\{-a(t) + 2b(t)m_x^\varepsilon - \dfrac{c(t)}{2m_2(t)}\right\}$, $M_2 = \min$

$\left\{d(t)-\dfrac{f(t)}{m_2(t)}-\dfrac{c(t)}{2m_2(t)}\right\}$。由系统（5-3）所有系数的周期性，存在 $\varepsilon'>0$，使 $M>\varepsilon'$。因此：

$$V'(t)\leqslant -M_1\left[x(t)-x^{**}(t)\right]^2-M_2y^2(t)\leqslant -M\left\{\left[x(t)-x^{**}(t)\right]^2+y^2(t)\right\}=-2MV(t)$$

(5-70)

则 $0\leqslant V(t)\leqslant V(0)e^{-2Mt}$，因此 $\lim\limits_{t\to+\infty}V(t)=0$。也就是说，$\lim\limits_{t\to+\infty}|(x(t),y(t))-(x^{**}(t),0)|=0$。

例 5.5 在系统（5-3）中，如果系数函数 $a(t)=3$，$b(t)=2+\dfrac{1}{10}\cos t$，$c(t)=1+\dfrac{1}{10}\cos t$，$d(t)=1$，$e(t)=3+\dfrac{1}{10}\cos t$，$f(t)=0.2$，$m_1(t)=1$，$m_2(t)=1$，$m_3(t)=2+\dfrac{1}{10}\cos t$，且选择 $\omega=2\pi$，则系统（5-3）变为：

$$\begin{cases} x'(t)=x(t)\left[3-\left(2+\dfrac{1}{10}\cos t\right)x(t)-\dfrac{\left(1+\dfrac{1}{10}\cos t\right)y(t)}{1+x(t)+\left(2+\dfrac{1}{10}\cos t\right)y(t)}\right] \\[5mm] y'(t)=y(t)\left[-1-\left(3+\dfrac{1}{10}\cos t\right)y(t)+\dfrac{0.2x(t)}{1+x(t)+\left(2+\dfrac{1}{10}\cos t\right)y(t)}\right] \end{cases}$$

(5-71)

我们可以计算，$m_3^l a^l-c^u=4.6$，$-a(t)+2b(t)m_x^{\varepsilon}-\dfrac{c(t)}{2m_2(t)}\geqslant 0.793$，$d(t)-\dfrac{f(t)}{m_2(t)}-\dfrac{c(t)}{2m_2(t)}\geqslant 0.25$，且 $x^{**}(t)=\dfrac{100}{200+3\cos t+\sin t}$。因此，系数函数满足 $(5H_5)$，$\lim\limits_{t\to+\infty}|(x(t),y(t))-(x^{**}((t),0)|=0$，这些也可以由图 5-4 看出。需要指出的是，图 5-4 的左侧是从初始点 (0.5, 0.5)、(0.8, 0.8) 和 (2, 2) 出发的 $x(t)$，图 5-4 的右侧是从初始点 (0.5, 0.5)、(0.8, 0.8) 和

$(2, 2)$ 出发的 $y(t)$。

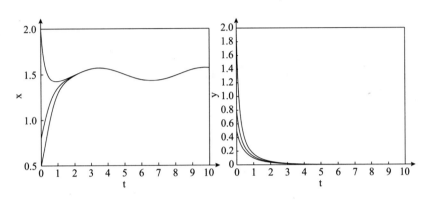

图 5-4　系统（5-71）的轨线图

评注 5.5　如果系统（5-3）的参数是正常数，则边界周期解 $(x^{**}(t)$, $0)$ 将趋向于系统（5-3）自治时的边界平衡点 $\left(\dfrac{a}{b}, 0\right)$。需要指出的是，$(5H_5)$ 中的最后一个条件隐含了 $(5H_4)$。因此，当 $t \to +\infty$ 时 $(5H_5)$ 可以保证 $y(t) \to 0$。

本章小结

在这章中，我们研究了密度制约非自治具有 Beddington-DeAngelis 功能反应函数的捕食—被捕食模型（5-3），这是 Li 和 Takeuchi（2011）研究模型（5-2）的一个扩展。

从定理 5.1 我们得到了系统持久的充分条件 $(5H_0)$，由定理 5.2 分别得到正不变集 Γ_ε 存在的充分条件 $(5H_1)$，以及通过构造 Lyapunov 函数得到正解全局吸引的充分条件 $(5H_1)$ 和 $(5H_2)$。一般来说，即使系统有一个正不变集，系统也是非持久的。然而，由定理 5.1 和定理 5.2，可以确定当 $\varepsilon = 0$ 时，$(5H_1)$ 和 $(5H_0)$ 一样。也就是说，在系统（5-3）中如果 Γ_ε 是正不变的，则系统（5-3）一定是持久的。

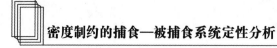

我们分别通过 Brouwer 不动点定理由定理 5.4 得到存在正周期解的充分条件 $(5H_1)$，和通过连续性定理由定理 5.5 得到条件 $(5H_3)$。条件 $(5H_3)$ 是不同于条件 $(5H_1)$ 的。我们可以发现如果 ε 选择得合适且条件 $(5H_1)$ 成立，则条件 $(5H_3)$ 成立。也就是说，定理 5.5 与定理 5.2 相比较要更弱些。

最后，通过构造 Lyapunov 函数我们得到边界周期解 $(x^{**}(t)，0)$ 的全局吸引充分条件 $(5H_5)$。

第六章　非自治密度制约具有 Beddington-DeAngelis 功能反应函数的 捕食—被捕食系统的周期解的唯一性

第一节　模型引入

最基本的捕食—被捕食模型已经被进行了深入的研究（Agarwal 和 Devl，2010；Cantrell 和 Cosner，2001；Chen 和 Chen，2010）。既然生物学家的重要研究目标之一是了解捕食者和被捕食者之间的关系，则捕食者的功能反应函数作为捕食—被捕食关系的重要组成部分，也受到了很多关注。尤其是 Beddington（1975）和 DeAngelis 等（1975）提出的具有 Beddington-DeAngelis 类型的捕食—被捕食模型：

$$\begin{cases} x'(t) = x(t)\left(a - bx(t) - \dfrac{cy(t)}{m_1 + m_2 x(t) + m_3 y(t)}\right) \\ y'(t) = y(t)\left(-d + \dfrac{fx(t)}{m_1 + m_2 x(t) + m_3 y(t)}\right) \end{cases} \tag{6-1}$$

这里包含着捕食者之间的相互作用。在模型（6-1）中，$x(t)$ 代表被捕食者的种群密度，$y(t)$ 代表捕食者的种群密度，且 a，b，c，d，f 和 m_i，$i = 1$，2，3 都是正常数；被捕食者的内禀增长率为 a 且在没有捕食者的情况下的容纳量为 a/b；d、c 和 f 分别为捕食者死亡率、捕获率和转化率。

但由于实际生存环境限制，不仅需要被捕食者具有密度制约，捕食者密度制约也很重要，所以讨论下面的系统会更合理：

$$\begin{cases} x'(t)=x(t)\left(a-bx(t)-\dfrac{cy(t)}{m_1+m_2x(t)+m_3y(t)}\right) \\ y'(t)=y(t)\left(-d-ry(t)+\dfrac{fx(t)}{m_1+m_2x(t)+m_3y(t)}\right) \end{cases} \quad (6\text{-}2)$$

很明显，既然所有的生物或环境参数都将时间假定为常数，则模型（6-2）是自治的。然而，这种情况在现实环境中是很少出现的，因为绝大多数的自然环境都具有高度的物理性变化，相应的出生率、死亡率和种群的其他重要变化率都会随着时间发生很大变化。一旦我们把环境的变化考虑进去，模型就必须变为非自治的。因此，作为系统（6-2）的推广，我们考虑下面的模型：

$$\begin{cases} x'(t)=x(t)\left(a(t)-b(t)x(t)-\dfrac{c(t)y(t)}{m_1(t)+m_2(t)x(t)+m_3(t)y(t)}\right) \\ y'(t)=y(t)\left(-d(t)-r(t)y(t)+\dfrac{f(t)x(t)}{m_1(t)+m_2(t)x(t)+m_3(t)y(t)}\right) \end{cases} \quad (6\text{-}3)$$

其中，$a(t)$，$b(t)$，$c(t)$，$d(t)$，$r(t)$，$f(t)$ 和 $m_i(t)$，$i=1$，2，3 是连续有界的。

对系统（6-3）来说，研究它的持久性和边界周期解以及正周期解的唯一性将是非常有趣且有意义的事情。

第二节　持　久　性

很明显，对系统（6-3）来说，集合 $S_1=\{(x,y)\,|\,x=0,y>0\}$，$S_2=\{(x,y)\,|\,x>0,y=0\}$ 和 $S_3=\{(x,y)\,|\,x>0,y>0\}$ 都是正不变集。在集合 S_3 的基础之上，在这一节中我们将讨论持久性，关于持久性的定义在第一章已经给出。

由定义1.8，对任一给定的有界连续函数 $g(t)$，记 $g^u:=\sup_{t\in\mathbb{R}}g(t)$ 且 $g^l:=\inf_{t\in\mathbb{R}}g(t)$，我们有下面的定理。

定理 6.1 如果条件:

$$f^l > d^u m_2^u, \quad (f^l - d^u m_2^u) \frac{m_3^l a^l - c^u}{m_3^l b^u} > d^u \left(m_1^u + m_3^u \frac{f^u - d^l m_2^l}{r^l m_2^l} \right) \tag{$6H_0$}$$

成立, 则系统(6-3)是持久的。

证明: 对系统(6-3)来说, 易得:

$$x'(t) \leqslant x(t) [a^u - b^l x(t)] = b^l x(t) \left[\frac{a^u}{b^l} - x(t) \right] \tag{6-4}$$

因此, 由比较定理, 得:

$$\lim_{t \to +\infty} \sup x(t) \leqslant \frac{a^u}{b^l} \tag{6-5}$$

同时, 也容易看出:

$$y'(t) \leqslant y(t) \left[-d^l - r^l y(t) + \frac{f^u}{m_2^l} \right] = r^l y(t) \left[\frac{f^u - d^l m_2^l}{r^l m_2^l} - y(t) \right] \tag{6-6}$$

因此, 由比较定理, 得:

$$\lim_{t \to +\infty} \sup y(t) \leqslant \frac{f^u - d^l m_2^l}{r^l m_2^l} \tag{6-7}$$

同样地,

$$x'(t) \geqslant x(t) \left[a^l - b^u x(t) - \frac{c^u}{m_3^l} \right] = b^u x(t) \left[\frac{a^l m_3^l - c^u}{b^u m_3^l} - x(t) \right] \tag{6-8}$$

且

$$y'(t) \geqslant y(t) \left[-d^u - r^u y(t) + \frac{f^l m_x}{m_1^u + m_2^u m_x + m_3^u M_y^0} \right]$$

$$= r^u y(t) \left[\frac{(f^l - d^u m_2^u) m_x - d^u (m_1^u + m_3^u M_y^0)}{r^u (m_1^u + m_2^u m_x + m_3^u M_y^0)} y(t) \right] \tag{6-9}$$

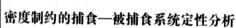
因此,

$$\liminf_{t\to+\infty} x(t) \geqslant \frac{a^l m_3^l - c^u}{b^u m_3^l}, \quad \liminf_{t\to+\infty} y(t) \geqslant \frac{(f^l - d^u m_2^u) m_x - d^u (m_1^u + m_3^u M_y^0)}{r^u (m_1^u + m_2^u m_x + m_3^u M_y^0)}$$

$$(6-10)$$

令 $M_x = \dfrac{a^u}{b^l}$, $M_y^0 = \dfrac{f^u - d^l m_2^l}{r^l m_2^l}$, $m_y^0 = \dfrac{(f^l - d^u m_2^u) m_1^0 - d^u (m_1^u + m_3^u M_2^0)}{r^u (m_1^u + m_2^u m_1^0 + m_3^u M_2^0)}$ 且 $m_x = \dfrac{a^l m_3^l - c^u}{b^u m_3^l}$。
既然条件(6H_0)可以保证 $M_y^0 > 0$, $m_x > 0$ 和 $m_y^0 > 0$ 都成立,则由定义 1.8 可得,系统(6-3)是持久的。

例 6.1 令 $a(t) = 3$, $b(t) = 2 + \sin t$, $c(t) = 2$, $d(t) = \dfrac{1}{10} + \dfrac{1}{20}\cos t$, $r(t) = 10$, $f(t) = 1$, $m_1(t) = \dfrac{1}{8} + \dfrac{1}{10}\cos t$, $m_2(t) = 4 + \dfrac{1}{10}\cos t$ 且 $m_3(t) = 2 + \sin t$,则系统(6-3)变为:

$$\begin{cases} x'(t) = x(t)\left[3 - (2+\sin t)x(t) - \dfrac{2y(t)}{\left(\dfrac{1}{8} + \dfrac{1}{10}\cos t\right) + \left(4 + \dfrac{1}{10}\cos t\right)x(t) + (2+\sin t)y(t)} \right] \\ y'(t) = y(t)\left[-\left(\dfrac{1}{10} + \dfrac{1}{20}\cos t\right) - 10y(t) + \dfrac{x(t)}{\left(\dfrac{1}{8} + \dfrac{1}{10}\cos t\right) + \left(4 + \dfrac{1}{10}\cos t\right)x(t) + (2+\sin t)y(t)} \right] \end{cases}$$

$$(6-11)$$

很明显, $f^l - d^u m_2^u = 0.685$, $(f^l - d^u m_2^u)\dfrac{m_3^l a^l - c^u}{m_3^l b^u} - d^u\left(m_1^u + m_3^u \dfrac{f^u - d^l m_2^l}{r^l m_2^l}\right) \approx 0.185$。因此,参数满足条件(6$H_0$),这意味着系统(6-11)是持久的。这也可以直接从图 6-1 上看出。

实际上,关于持久性分析我们可以得到一个更弱的充分条件。为此,我们首先定义一个集合 Γ:

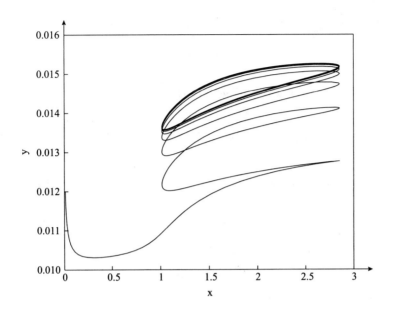

图 6-1　系统（6-11）的相图

$$\Gamma := \{(x,y) \in \mathbb{R}^2 \,|\, m_x \leqslant x \leqslant M_x, \; m_y \leqslant y \leqslant M_y\} \tag{6-12}$$

其中，$M_x = \dfrac{a^u}{b^l}$，$m_x = \dfrac{a^l m_3^l - c^u}{b^u m_3^l}$，$m_y = \dfrac{1}{2}\left[-\left(\dfrac{m_3^u d^u + r^u(m_1^u + m_2^u m_x)}{m_3^u r^u}\right)\right.$

$+\left.\sqrt{\left(\dfrac{m_3^u d^u + r^u(m_1^u + m_2^u m_x)}{m_3^u r^u}\right)^2 + 4\left(\dfrac{f^l m_x - d^u(m_1^u + m_2^u m_x)}{m_3^u r^u}\right)}\,\right]$，　且　$M_y =$

$\dfrac{f^u M_x - d^l(m_1^l + m_2^l M_x)}{m_3^l d^l + r^l(m_1^l + m_2^l M_x)}$。那么，通过运用 Γ，我们可以在下面的定理中引出一个

对持久性来说更弱的充分条件。

定理 6.2　如果条件：

$$(f^l - d^u m_2^u)\dfrac{m_3^l a^l - c^u}{m_3^l b^u} > d^u m_1^u, \; m_3^l a^l > c^u \tag{$6H_1$}$$

成立，则系统（6-3）的具有初始值 $x(0) > 0$ 且 $y(0) > 0$ 的解 $(x(t), y(t))$，存在一个 $T_0 > 0$，使对所有的 $t > T_0$，有 $(x(t), y(t)) \in \Gamma$，这意味着系统

（6-3）是持久的。

证明： 很明显，如果条件（$6H_1$）成立，则 $M_x > 0$，$m_x > 0$，$M_y > 0$ 且 $m_y > 0$。对系统（6-3）来说，当 $t > 0$ 时，

$$x'(t) < x(t)(a^u - b^l x(t)) = b^l x(t)\left(\frac{a^u}{b^l} - x(t)\right) \tag{6-13}$$

因此，如果 $x(t) \geq M_x$；则 $x'(t) < 0$；类似地，当 $t > 0$ 时，

$$x'(t) > x(t)\left(a^l - b^u x(t) - \frac{c^u}{m_3^l}\right) = b^u x(t)\left(\frac{a^l m_3^l - c^u}{b^u m_3^l} - x(t)\right) \tag{6-14}$$

因此，如果 $x(t) \leq m_x$，则 $x'(t) > 0$。

为了完成定理的证明，我们将第一象限分为九个区域（见图6-2），分别记为 Γ 和 $D_1 \sim D_8$，接下来我们考虑这九种情形：

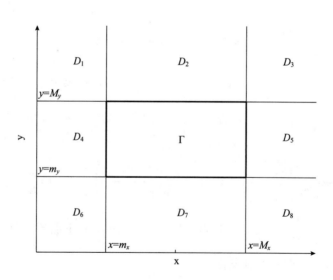

图6-2 第一象限的九个区域

第一，$(x(0), y(0))$ 在区域 Γ 的情形。

既然当 $x(t) = m_x$ 时 $x'(t) > 0$，且当 $x(t) = M_x$ 时 $x'(t) < 0$，则对任意的 $t \geq 0$，$m_x \leq x(t) \leq M_x$。因此，对任意的 $t \geq 0$，有：

$$y'(t) \leqslant y(t) \left(-d^l - r^l y(t) + \frac{f^u M_x}{m_1^l + m_2^l M_x + m_3^l y(t)} \right)$$

$$< \frac{m_3^l d^l + r^l (m_1^l + m_2^l M_x)}{m_1^l + m_2^l M_x + m_3^l y(t)} y(t) \left[\frac{f^u M_x - d^l (m_1^l + m_2^l M_x)}{m_3^l d^l + r^l (m_1^l + m_2^l M_x)} - y(t) \right]$$

$$(6\text{-}15)$$

尤其是，如果 $y(t) \geqslant M_y$，则 $y'(t) < 0$。因此，对任意的 $t \geqslant 0$，$y(t) \leqslant M_y$。类似地，对所有的 $t \geqslant 0$，都有：

$$y'(t) \geqslant y(t) \left(-d^u - r^u y(t) + \frac{f^l m_x}{m_1^u + m_2^u m_x + m_3^u y(t)} \right)$$

$$= \frac{m_3^u r^u y(t)}{m_1^u + m_2^u m_x + m_3^u y(t)} \left[-y^2(t) - \frac{m_3^u d^u + r^u (m_1^u + m_2^u m_x)}{m_3^u r^u} y(t) + \frac{f^l m_x - d^u (m_1^u + m_2^u m_x)}{m_3^u r^u} \right]$$

$$(6\text{-}16)$$

尤其是，如果 $y(t) < m_y$，则 $y'(t) > 0$；且如果 $y(t) = m_y$，则 $y'(t) \geqslant 0$。因此，对所有的 $t \geqslant 0$，$m_y \leqslant y(t) \leqslant M_y$，这意味着集合 Γ 是正不变集。

第二，$(x(0), y(0))$ 在区域 D_3 的情形。

既然当 $x(t) = m_x$ 时 $x'(t) > 0$，且当 $x(t) \geqslant M_x$ 时 $x'(t) < 0$，则对所有的 $t \geqslant 0$，有 $m_x < x(t) \leqslant x(0)$。再者，

$$y'(t) < y(t) \left(-d^l - r^l y(t) + \frac{f^u}{m_2^l} \right) = r^l y(t) \left(\frac{f^u - d^l m_2^l}{m_2^l r^l} - y(t) \right) \qquad (6\text{-}17)$$

因此，当 $y(t) \geqslant \dfrac{f^u - d^l m_2^l}{m_2^l r^l}$ 时，$y'(t) < 0$，意味着对所有的 $t \geqslant 0$，都有 $y(t) \leqslant \max\left\{ y(0), \dfrac{f^u - d^l m_2^l}{m_2^l r^l} \right\}$。进而对所有的 $t \geqslant 0$，

$$y'(t) > y(t)\left(-d^u - r^u y(t) + \frac{f^l m_x}{m_1^u + m_2^u m_x + m_3^u y(t)}\right)$$

$$= \frac{m_3^u r^u y(t)}{m_1^u + m_2^u m_x + m_3^u y(t)}\left[-y^2(t) - \frac{m_3^u d^u + r^u(m_1^u + m_2^u m_x)}{m_3^u r^u}y(t) + \frac{f^l m_x - d^u(m_1^u + m_2^u m_x)}{m_3^u r^u}\right]$$

$$(6-18)$$

尤其是，如果 $y(t) = m_y$，则 $y'(t) > 0$，意味着对所有的 $t \geqslant 0$，都有 $m_y < y(t) \leqslant M_y'$，其中，$M_y' = \max\left\{y(0), \dfrac{f^u - d^l m_2^l}{m_2^l r^l}\right\}$。因此，对所有的 $t \geqslant 0$ 使 $x(t) \geqslant M_x$，都有：

$$x'(t) \leqslant x(t)\left(a^u - b^l x(t) - \frac{c(t)y(t)}{m_1(t) + m_2(t)x(t) + m_3(t)y(t)}\right)$$

$$\leqslant -\frac{c(t)x(t)y(t)}{m_1(t) + m_2(t)x(t) + m_3(t)y(t)} \leqslant -\frac{c^l M_x m_y}{m_1^u + m_2^u x(0) + m_3^u m_y} \quad (6-19)$$

所以，存在 $t_0 > 0$，使对任意的 $t \geqslant t_0$，都有 $x(t) < M_x$。还有对所有的 $t \geqslant t_0$ 使 $y(t) \geqslant M_y$，都有：

$$y'(t) < y(t)\left(-d^l - r^l y(t) + \frac{f^u M_x}{m_1^l + m_2^l M_x + m_3^l y(t)}\right)$$

$$= -\frac{m_3^l r^l y(t)}{m_1^l + m_2^l M_x + m_3^l y(t)}\left[y^2(t) + \frac{m_3^l d^l + r^l(m_1^l + m_2^l M_x)}{m_3^l r^l}y(t) - \frac{f^u M_x - d^l(m_1^l + m_2^l M_x)}{m_3^l r^l}\right]$$

$$= -\frac{m_3^l r^l y^3(t)}{m_1^l + m_2^l M_x + m_3^l y(t)} + \frac{m_3^l d^l + r^l(m_1^l + m_2^l M_x)}{m_1^l + m_2^l M_x + m_3^l y(t)}y(t)\left[\frac{f^u M_x - d^l(m_1^l + m_2^l M_x)}{m_3^l d^l + r^l(m_1^l + m_2^l M_x)} - y(t)\right]$$

$$\leqslant -\frac{m_3^l r^l y(t)}{m_1^l + m_2^l M_x + m_3^l y(t)} \leqslant -\frac{m_3^l r^l M_x^3}{m_1^l + m_2^l M_x + m_3^l M_y'}$$

$$(6-20)$$

所以，存在 $T_0 > t_0$，使对任意的 $t \geqslant T_0$，都有 $y(t) < M_y$。因此，对所有的 $t \geqslant T_0$，都有 $m_x < x(t) < M_x$ 且 $m_y < y(t) < M_y$。

第三，$(x(0), y(0))$ 在区域 D_2 的情形。

类似地，对所有的 $t \geq 0$，都有 $m_x \leq x(t) \leq M_x$ 且 $m_y < y(t) \leq y(0)$。因此，对任意的 $t \geq 0$ 使 $y(t) \geq M_y$，都有 $y'(t) \leq -\dfrac{m_3^l r^l M_y^3}{m_1^l + m_2^l M_x + m_3^l M_y'}$。因此，存在 $T_0 > 0$，使对任意的 $t \geq T_0$，都有 $y(t) < M_y$。所以，对任意的 $t \geq T_0$，都有 $m_x \leq x(t) \leq M_x$ 且 $m_y < y(t) < M_y$。

第四，$(x(0), y(0))$ 在区域 D_5 的情形。

同样地，对任意的 $t \geq 0$，都有 $m_x < x(t) \leq x(0)$ 且 $m_y \leq y(t) < M_y''$，其中，$M_y'' = \dfrac{f^u - d^l m_2^l}{m_2^l r^l}$。因此，按照初始点 $(x(0), y(0))$ 在区域 D_3 中的证明思路，存在 $T_0 > 0$，使对所有的 $t \geq T_0$，都有 $m_x < x(t) < M_x$ 且 $m_y < y(t) < M_y$。

第五，$(x(0), y(0))$ 在区域 D_7 的情形。

很明显，对任意的 $t \geq 0$，都有 $m_x \leq x(t) \leq M_x$ 且 $y(0) \leq y(t) < M_y$。因此，对任意的 $t \geq 0$，使 $x(t) \leq m_x'$，其中，$m_x' = m_x + \dfrac{1}{2b^u}\left(\dfrac{c^u}{m_3^l} - \dfrac{c^u M_y}{m_1^l + m_2^l m_x + m_3^l M_y}\right)$，都有：

$$
\begin{aligned}
x'(t) &> x(t)\left(a^l - b^u x(t) - \frac{c^u M_y}{m_1^l + m_2^l x(t) + m_3^l M_y}\right) \\
&\geq x(t)\left(a^l - b^u x(t) - \frac{c^u}{m_3^l} + \frac{c^u}{m_3^l} - \frac{c^u M_y}{m_1^l + m_2^l m_x + m_3^l M_y}\right) \qquad (6\text{-}21) \\
&\geq \frac{x(t)}{2}\left(\frac{c^u}{m_3^l} - \frac{c^u M_y}{m_1^l + m_2^l m_x + m_3^l M_y}\right) \geq \frac{m_x}{2}\left(\frac{c^u}{m_3^l} - \frac{c^u M_y}{m_1^l + m_2^l m_x + m_3^l M_y}\right)
\end{aligned}
$$

因此，存在 $t_0 > 0$，使对任意的 $t \geq t_0$，都有 $x(t) \geq m_x'$。因此，对所有的 $t \geq t_0$ 使 $y(t) \leq m_y$，都有：

$$y'(t) \geqslant y(t) \left(-\mathrm{d}^u - r^u y(t) + \frac{f^l m_x}{m_1^u + m_2^u m_x + m_3^u y(t)} \right)$$

$$+ y(t) \left(\frac{f^l m_x'}{m_1^u + m_2^u m_x' + m_3^u y(t)} - \frac{f^l m_x}{m_1^u + m_2^u m_x + m_3^u y(t)} \right) \qquad (6-22)$$

$$\geqslant y(t) \left(\frac{f^l m_x'}{m_1^u + m_2^u m_x' + m_3^u y(t)} - \frac{f^l m_x}{m_1^u + m_2^u m_x + m_3^u y(t)} \right)$$

$$> \frac{f^l (m_x' - m_x)(m_1^u + m_3^u y(0)) y(0)}{(m_1^u + m_2^u m_x + m_3^u y(t))(m_1^u + m_2^u m_x' + m_3^u y(t))}$$

所以，存在 $T_0 > t_0$，使对所有的 $t \geqslant T_0$，都有 $y(t) > m_y$，意味着对任意的 $t \geqslant T_0$，都有 $m_x \leqslant x(t) \leqslant M_x$ 且 $m_y < y(t) < M_y$。

第六，$(x(0)，y(0))$ 在区域 D_1 中的情形。很明显，对任意的 $t \geqslant 0$，都有 $x(0) \leqslant x(t) < M_x$ 且 $y(t) \leqslant y(0)$。进而对所有的 $t \geqslant 0$ 且 $y(t) \geqslant M_y$，都有 $y'(t) < -\frac{m_3^l r^l y^3(t)}{m_1^l + m_2^u M_x + m_3^l y(t)} \leqslant -\frac{m_3^l r^l M_y^3}{m_1^l + m_2^u M_x + m_3^l y(0)}$。因此，存在 $t_0' > 0$，使对所有的 $t \geqslant t_0'$，都有 $y(t) < M_y$。所以，对任意的 $t \geqslant t_0'$ 使 $x(t) \leqslant m_x$，都有：

$$x'(t) > x(t) \left(a^l - b^u x(t) - \frac{c^u M_y}{m_1^l + m_2^l x(t) + m_3^l M_y} \right)$$

$$\geqslant x(t) \left(a^l - b^u x(t) - \frac{c^u}{m_3^l} + \frac{c^u}{m_3^l} - \frac{c^u M_y}{m_1^l + m_2^l x(0) + m_3^l M_y} \right)$$

$$\geqslant x(t) \left(\frac{c^u}{m_3^l} - \frac{c^u M_y}{m_1^l + m_2^l x(0) + m_3^l M_y} \right) \geqslant x(0) \left(\frac{c^u}{m_3^l} - \frac{c^u M_y}{m_1^l + m_2^l x(0) + m_3^l M_y} \right)$$

$$(6-23)$$

因此，存在 $T_0' > t_0'$，使对所有的 $t \geqslant T_0'$，$x(t) > m_x$，意味着对所有的 $t \geqslant T_0'$，都有 $m_x < x(t) < M_x$。

（1）如果 $y(T_0') \geqslant m_y$，既然当 $y(t) \leqslant m_y$ 时 $y'(t) > 0$，则对任意的 $t \geqslant T_0'$，都有 $y(t) > m_y$。

（2）如果 $y(T_0') < m_y$，按照初始点 $(x(0)，y(0))$ 在区域 D_7 中的证明思路，存在 $T_0 > T_0'$，使对任意的 $t \geqslant T_0$，都有 $m_x < x(t) < M_x$ 且 $m_y < y(t) < M_y$。

第七，$(x(0)，y(0))$ 在区域 D_4 中的情形。

同样地，对所有的 $t \geq 0$，都有 $x(0) \leq x(t) < M_x$ 且 $y(t) \leq M_y$。因此，按照初始点 $(x(0)，y(0))$ 在区域 D_1 中的证明思路，存在 $T_0 > 0$，使对所有的 $t > T_0$，都有 $m_x < x(t) < M_x$ 且 $m_y < y(t) < M_y$。

第八，$(x(0)，y(0))$ 在区域 D_6 中的情形。

类似地，对任意的 $t \geq 0$，都有 $x(0) \leq x(t) < M_x$ 且 $y(0) \leq y(t) < M_y$。因此，按照初始点 $(x(0)，y(0))$ 在区域 D_1 中的证明思路，存在 $T_0 > 0$ 使对所有的 $t \geq T_0$，都有 $m_x < x(t) < M_x$ 且 $m_y < y(t) < M_y$。

第九，$(x(0)，y(0))$ 在区域 D_8 中的情形。

同样地，对所有的 $t \geq 0$，都有 $m_x < x(t) \leq x(0)$ 且 $y(0) \leq y(t) < M_y''$，其中 $M_y'' = \dfrac{f^u - d^l m_2^l}{m_2^l r^l}$。因此，对任意的 $t \geq 0$，使 $x(t) \geq M_x$，都有 $x'(t) \leq$

$$-\frac{c(t)x(t)y(t)}{m_1(t)+m_2(t)x(t)+m_3(t)y(t)} \leq -\frac{c^l M_x y(0)}{m_1^u+m_2^u x(0)+m_3^u y(0)}。$$ 所以，存在 $t_0 > 0$ 使对任意的 $t \geq t_0$，都有 $x(t) < M_x$。因此，对所有的 $t \geq t_0$ 都有 $y(t) < M_y$。所以按照初始点 $(x(0)，y(0))$ 在区域 D_7 中的证明思路，存在 $T_0 > t_0$ 使对所有的 $t \geq T_0$，都有 $m_x < x(t) < M_x$ 且 $m_y < y(t) < M_y$。

令 $\delta = \min\{m_x，m_y\}$ 且 $\Delta = \max\{M_x，M_y\}$。由定义1.8，我们可以直接得出如果条件 $(6H_1)$ 成立，则系统 (6-3) 是持久的。

第三节 边界周期解的唯一性

在第二节中，由定理6.1已知当条件 $(6H_0)$ 成立时，系统 (6-3) 是持久的。在这一节中，我们将从相反的角度考虑系统 (6-3) 非持久的情况，并且分别提供了相应的保证边界周期解存在的条件和保证边界周期解全局吸引的条件。

一、边界周期解的存在性

定理6.2指出了条件 $(6H_1)$ 是持久性的充分条件。接下来，我们将从相反的角度考虑系统的非持久性。

引理 6.1 如果条件：

$$f^u < d^l m_2^l \qquad (6H_2)$$

成立，则系统（6-3）具有初始值 $x(0)>0$ 且 $y(0)>0$ 的任意解（$x(t)$，$y(t)$）有 $\lim\limits_{t\to+\infty} y(t)=0$，这意味着系统（6-3）是非持久的。

证明： 由系统（6-3），我们得到：

$$\frac{y'(t)}{y(t)} < -d(t)-r(t)y(t)+\frac{f(t)}{m_2(t)} < -d(t)+\frac{f(t)}{m_2(t)} \leq -d^l+\frac{f^u}{m_2^l} \qquad (6-24)$$

因此，$0<y(t)<y(0)e^{\left(\frac{f^u-d^l m_2^l}{m_2^l}\right)t}$。所以，由条件（$H_2$）得 $\lim\limits_{t\to+\infty} y(t)=0$。

评注 6.1 事实上，在引理 6.1 中条件（$6H_2$）可以存在一个常数 $\epsilon_0>0$ 使可用 $d(t)-\dfrac{f(t)}{m_2(t)} \geq \epsilon_0$ 这个条件来代替。

例 6.2 令 $a(t)=2$，$b(t)=2+\dfrac{1}{10}\cos t$，$c(t)=\dfrac{1}{5}+\dfrac{1}{10}\sin t$，$d(t)=1$，$r(t)=3+\dfrac{1}{10}\cos t$，$f(t)=0.2$，$m_1(t)=\dfrac{1}{5}+\dfrac{1}{10}\sin t$，$m_2(t)=1$，$m_3(t)=5+\dfrac{1}{10}\sin t$，则系统（6-3）可以变成

$$
\begin{cases}
x'(t)=x(t)\left[2-\left(2+\dfrac{1}{10}\cos t\right)x(t)-\dfrac{\left(\dfrac{1}{5}+\dfrac{1}{10}\sin t\right)y(t)}{\left(\dfrac{1}{5}+\dfrac{1}{10}\sin t\right)+x(t)+\left(5+\dfrac{1}{10}\sin t\right)y(t)}\right] \\[3em]
y'(t)=y(t)\left[-1-\left(3+\dfrac{1}{10}\cos t\right)y(t)+\dfrac{0.2x(t)}{\left(\dfrac{1}{5}+\dfrac{1}{10}\sin t\right)+x(t)+\left(5+\dfrac{1}{10}\sin t\right)y(t)}\right]
\end{cases}
$$

$$(6-25)$$

容易验证，条件（$6H_2$）成立。因此 $\lim\limits_{t\to+\infty} y(t)=0$，也可以在图 6-3 上看出。需要注意的是，图 6-3 描绘的是初始点分别为（0.15，0.15）和（0.25，0.25）时，捕食者 $y(t)$ 随时间 t 而发生的演变。

然而，关于灭绝性分析，考虑系统（6-3）边界解的存在性也是非常有

意义的，尤其是边界周期解的存在性。因此，在这一节的剩下部分我们想考虑系统（6-3）边界（周期）解的存在性。为此，首先我们讨论系统（6-3）在缺失捕食者情况下的情形（也就是 Riccatti 方程）：

$$x' = x(a(t) - b(t)x) \tag{6-26}$$

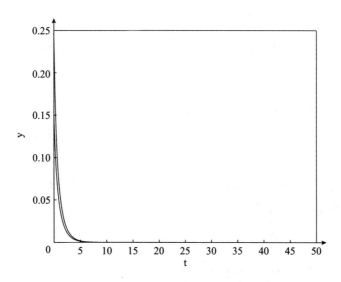

图 6-3 系统（6-25）中捕食者 $y(t)$ 的演变

很明显，$x(t) = 0$ 是一个零解。解 $\bar{x}(t)$ 且 $\bar{x}(0) = x_0 (x_0 \neq 0)$ 由下式给出：

$$\bar{x}(t) = \left(\frac{1}{x^0} \exp\left\{ -\int_0^t a(s)\,\mathrm{d}s \right\} + \int_0^t b(s)\exp\left\{ -\int_s^t a(\tau)\,\mathrm{d}\tau \right\}\mathrm{d}s \right)^{-1}$$

$$\tag{6-27}$$

因此，边界解的存在性得到了保证。

其次，注意到参数的周期震荡性似乎更符合季节性因素，比如交配习惯、食物供应、天气条件、采伐和狩猎等，因此，对周期性环境，我们假定系统（6-3）的参数关于 t 都是 T 周期的。也就是说，

$$a(t+T) = a(t),\ b(t+T) = b(t),\ c(t+T) = c(t),\ d(t+T) = \mathrm{d}(t),\ r(t+T) = r(t)$$

$$f(t+T) = f(t),\ m_1(t+T) = m_1(t),\ m_2(t+T) = m_2(t),\ m_3(t+T) = m_3(t)$$

$$(6H_3)$$

那么，我们讨论边界周期解的存在性都是在条件（$6H_3$）的基础之上的。

很明显，如果条件（$6H_3$）成立，则有：

$$\bar{x}^*(t) = \left(\exp\left\{\int_0^T a(s)\,ds\right\} - 1\right)\left(\int_0^T b(s)\exp\left\{\int_0^s a(\tau)\,d\tau\right\}ds\right)^{-1} \quad (6\text{-}28)$$

其解 $\bar{x}^*(t)$ 由如下公式给出：

$$\bar{x}^*(t) = \left(\exp\left\{\int_0^T a(s)\,ds\right\} - 1\right)\left(\int_t^{t+T} b(s)\exp\left\{-\int_s^t a(\tau)\,d\tau\right\}ds\right)^{-1}$$

$$(6\text{-}29)$$

还有，可以很轻易地验证条件（$6H_3$）是否成立，$\bar{x}^*(t+T) = \bar{x}^*(t)$。也就是说，$\bar{x}^*(t)$ 是一个 T-周期的解。因此，有条件（$6H_3$）后边界周期解的存在性也得到了保证。

特别地，关于边界解 $\bar{x}(t)$ 和边界周期解 $\bar{x}^*(t)$ 我们有下面的结论。

引理6.2 如果条件（$6H_3$）成立，则对具有 $\bar{x}(0)>0$ 的任意解 $\bar{x}(t)$，有 $\lim\limits_{t\to+\infty}|\bar{x}(t)-\bar{x}^*(t)| = 0$。

证明： 令 $A = \exp\left\{\int_0^T a(s)\,ds\right\}$ 且

$$F(t) = \int_0^t b(s)\exp\left\{-\int_s^t a(\tau)\,d\tau\right\}ds - \frac{1}{A-1}\int_t^{t+T} b(s)\exp\left\{-\int_s^t a(\tau)\,d\tau\right\}ds$$

$$(6\text{-}30)$$

很明显，

$$F(t) = \exp\left\{-\int_0^t a(s)\,ds\right\}\int_0^t b(s)\exp\left\{\int_0^s a(\tau)\,d\tau\right\}ds$$

$$-\frac{1}{A-1}\exp\left\{-\int_0^t a(s)\,ds\right\}\int_t^{t+T} b(s)\exp\left\{\int_0^s a(\tau)\,d\tau\right\}ds$$

$$(6\text{-}31)$$

令：

$$G(t) = \int_0^t b(s)\exp\left\{\int_0^s a(\tau)\,d\tau\right\}ds - \frac{1}{A-1}\int_t^{t+T} b(s)\exp\left\{\int_0^s a(\tau)\,d\tau\right\}ds$$

$$(6\text{-}32)$$

则 $F(t) = \exp\left\{-\int_0^t a(s)\,\mathrm{d}s\right\} G(t)$。然而，

$$G'(t) = b(t)\exp\left\{\int_0^t a(\tau)\,\mathrm{d}\tau\right\} - \frac{1}{A-1}b(t+T)\exp\left\{\int_0^{t+T} a(\tau)\,\mathrm{d}\tau\right\}$$

$$+ \frac{1}{A-1}b(t)\exp\left\{\int_0^t a(\tau)\,\mathrm{d}\tau\right\}$$

$$= b(t)\exp\left\{\int_0^t a(\tau)\,\mathrm{d}\tau\right\}\left[1 - \frac{1}{A-1}\left(\exp\left\{\int_0^{t+T} a(\tau)\,\mathrm{d}\tau\right\} - 1\right)\right]$$

$$(6-33)$$

既然 $a(t)$ 是 T-周期的，$G'(t) = 0$，意味着 $G(t) \equiv G(0)$。然而，$F(t) = G(0)\exp\left\{-\int_0^t a(s)\,\mathrm{d}s\right\}$。再者，既然 $\lim\limits_{t \to +\infty}\exp\left\{-\int_0^t a(s)\,\mathrm{d}s\right\} = 0$，$\lim\limits_{t \to +\infty} F(t) = 0$。也就是说，

$$\lim_{t \to +\infty}\left(\int_0^t b(s)\exp\left\{-\int_s^t a(\tau)\,\mathrm{d}\tau\right\}\mathrm{d}s - \frac{\int_t^{t+T} b(s)\exp\left\{-\int_s^t a(\tau)\,\mathrm{d}\tau\right\}\mathrm{d}s}{\exp\left\{\int_0^T a(s)\,\mathrm{d}s\right\} - 1}\right) = 0$$

$$(6-34)$$

既然 $\lim\limits_{t \to +\infty}\dfrac{1}{x_0}\exp\left\{-\int_0^t a(s)\,\mathrm{d}s\right\} = 0$，我们进而有：

$$\lim_{t \to +\infty}\left(\frac{1}{x_0}\exp\left\{-\int_0^t a(s)\,\mathrm{d}s\right\} + \int_0^t b(s)\exp\left\{-\int_s^t a(\tau)\,\mathrm{d}\tau\right\}\mathrm{d}s\right)$$

$$- \lim_{t \to +\infty}\frac{\int_t^{t+T} b(s)\exp\left\{-\int_s^t a(\tau)\,\mathrm{d}\tau\right\}\mathrm{d}s}{\exp\left\{\int_0^T a(s)\,\mathrm{d}s\right\} - 1} = 0 \qquad (6-35)$$

也就是说，$\lim\limits_{t \to +\infty}\left(\dfrac{1}{\bar{x}(t)} - \dfrac{1}{\bar{x}^*(t)}\right) = 0$。因此，由 $\bar{x}^*(t)$ 和 $\bar{x}(t)$ 的有界性，得到 $\lim\limits_{t \to +\infty}|\bar{x}(t) - \bar{x}^*(t)| = 0$。

二、全局吸引的边界周期解的唯一性

在这一小节中，我们将讨论边界周期解的唯一性。为此，对系统（6-3）

的有界非负解，在下面我们先引出它的全局吸引性定义。

定义 6.1 如果系统（6-3）的任意其他具有正初始值的解（$x(t)$，$y(t)$）满足 $\lim\limits_{t \to +\infty} |(x(t),\, y(t)) - (\tilde{x}(t),\, \tilde{y}(t))| = 0$，则系统（6-3）的有界非负解（$\tilde{x}(t),\, \tilde{y}(t)$）是全局吸引的。

基于定义 6.1，我们可以推出一个保证边界周期解（$\bar{x}^*(t),\, 0$）全局吸引的充分条件如下。

定理 6.3 如果条件（$6H_3$）和

$$m_3^l a^l > c^u,\quad -a(t) + 2b(t)m_x - \frac{c(t)}{2m_2(t)} > 0,\quad d(t) - \frac{f(t)}{m_2(t)} - \frac{c(t)}{2m_2(t)} > 0 \quad (6H_4)$$

成立，（$\bar{x}^*(t),\, 0$）是系统（6-3）的一个全局吸引的边界周期解。

证明： 类似于定理 6.2 的证明，对系统（6-3）的任意解（$x(t)$，$y(t)$）且 $x(0) > 0$ 和 $y(0) > 0$，如果条件 $m^l a^l > c^u$ 成立，则存在一个 $T_0 > 0$，使对所有的 $t > T_0$，都有 $m_x \leqslant x(t) \leqslant M_x$。再者，对任意的 $t \geqslant 0$，都有 $\dfrac{a^l}{b^u} \leqslant \bar{x}^*(t) \leqslant \dfrac{a^u}{b^l}$。

让我们来考虑下面的函数：

$$V(t) = \frac{1}{2}(x(t) - \bar{x}^*(t))^2 + \frac{1}{2}y^2(t) \tag{6-36}$$

很明显，$V(t)$ 关于系统（6-3）的时间导数是：

$$V'(t) = [x(t) - \bar{x}^*(t)]^2 [a(t) - b(t)[x(t) + \bar{x}^*(t)]]$$

$$- \frac{c(t)[x(t) - \bar{x}^*(t)]x(t)y(t)}{m_1(t) + m_2(t)x(t) + m_3(t)y(t)} + y^2(t)$$

$$\left[-d(t) - r(t)y(t) + \frac{f(t)x(t)}{m_1(t) + m_2(t)x(t) + m_3(t)y(t)} \right]$$

$$\tag{6-37}$$

因此，由不等式 $ab \leqslant \dfrac{1}{2}(a^2 + b^2)$，我们有：

$$V'(t) \leqslant -[x(t)-\overline{x}^*(t)]^2 \left[-a(t)+b(t)[x(t)+\overline{x}^*(t)] \right.$$

$$\left. -\frac{c(t)x(t)}{2(m_1(t)+m_2(t)x(t)+m_3(t)y(t))} \right] -y^2(t) \tag{6-38}$$

$$\left[d(t)+r(t)y(t)-\frac{f(t)x(t)}{m_1(t)+m_2(t)x(t)+m_3(t)y(t)} \right.$$

$$\left. -\frac{c(t)x(t)}{2(m_1(t)+m_2(t)x(t)+m_3(t)y(t))} \right]$$

明显地，$\dfrac{c(t)}{2m_2(t)} - \dfrac{c(t)x(t)}{2(m_1(t)+m_2(t)x(t)+m_3(t)y(t))} > 0$ 且 $\dfrac{f(t)}{m_2(t)} -$

$\dfrac{f(t)x(t)}{m_1(t)+m_2(t)x(t)+m_3(t)y(t)}>0$。因此，当 $t>T_0$，有：

$$V'(t) \leqslant -[x(t)-\overline{x}^*(t)]^2 \left[-a(t)+2b(t)m_x-\frac{c(t)}{2m_2(t)} \right] \tag{6-39}$$

$$-y^2(t)\left[d(t)-\frac{f(t)}{m_2(t)}-\frac{c(t)}{2m_2(t)} \right]$$

令 $M=\min\{M_1,\ M_2\}$，其中 $M_1=\min_{t\in[0,T)}\left\{-a(t)+2b(t)m_x-\dfrac{c(t)}{2m_2(t)}\right\}$ 且 $M_2=$

$\min_{t\in[0,T)}\left\{d(t)-\dfrac{f(t)}{m_2(t)}-\dfrac{c(t)}{2m_2(t)}\right\}$。由条件（$6H_3$）和条件（$6H_4$）可知，存

在 $\varepsilon'>0$ 使 $M_1>\varepsilon'$，$M_2>\varepsilon'$，$M_3>\varepsilon'$。因此，对任意的 $t>T_0$，都有：

$$V'(t) \leqslant -M_1[x(t)-\overline{x}^*(t)]^2-M_2y^2(t) \leqslant -M\{[x(t)-\overline{x}^*(t)]^2+y^2(t)\}=-2MV(t)$$

$$\tag{6-40}$$

很明显，对任意的 $t>2T_0$，都有 $0\leqslant V(t)\leqslant V(2T_0)e^{-2M(t-2T_0)}$。因此，

$\lim\limits_{t\to+\infty}V(t)=0$。也就是说，$\lim\limits_{t\to+\infty}|(x(t),y(t))-(\overline{x}^*(t),0)|=0$。由定义 6.1

可知，$(\overline{x}^*(t),0)$ 是系统（6-3）的全局吸引的边界周期解。

评注 6.2 事实上，条件 $-a(t)+2b(t)m_x-\dfrac{c(t)}{2m_2(t)}>0$，可以由 $-a(t)+b(t)$

$\left(m_x+\dfrac{a^l}{b^u}\right)-\dfrac{c(t)}{2m_2(t)}>0$ 来代替。

例 6.3 （续例 6.2）对系统（6-25），根据方程（6-29），我们有

$\bar{x}^*(t)=\dfrac{50}{50+2\cos t+\sin t}$。通过简单的数值计算有 $m_3^l a^l-c^u=9.5$，$m_x=0.923$，

$-a(t)+2b(t)m_x-\dfrac{c(t)}{2m_2(t)}\geqslant 1.457$，$d(t)-\dfrac{f(t)}{m_2(t)}-\dfrac{c(t)}{2m_2(t)}\geqslant 0.65$。因此，很容易

验证条件（$6H_3$）和（$6H_4$）都满足。因此，系统（6-25）的边界解 $(\bar{x}^*(t)(t)$,

0）是全局吸引的，这也可从图 6-4 中看出。需要指出的是，图 6-4 描绘的是

$x(t)$ 分别从初始点（1.05，1.05）和（0.95，0.95）出发随着 t 而发生的演变。

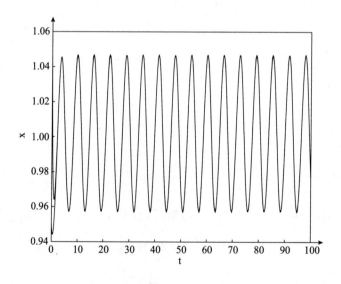

图 6-4 系统（6-25）中被捕食者 $x(t)$ 的演变

在这一小节剩下的部分，由定理 6.3 我们想得到保证全局吸引的边界周期解唯一性的充分条件。为此，给出 $x\in\mathbb{R}$，首先我们定义 $[x]$ 是不超过 x 的最大的整数，且 $\{x\}$ 为 $x-[x]$，紧接着我们介绍下面两个有用的引理。

引理 6.3　如果 $\mu = \dfrac{p}{q}$ 且 $q \neq 1$，$(p, q) = 1$，$p, q \in N$，则 $\{n\mu - [n\mu] \mid n \in Z\} = \left\{0, \dfrac{1}{q}, \dfrac{2}{q}, \cdots, \dfrac{q-1}{q}\right\}$。

引理 6.4　如果 μ 是一个无理数，则对任意的 $t \in [0, 1)$，存在一个递增的序列 $\{n_k\}$ 且 $\lim\limits_{k \to +\infty} n_k = +\infty$，使得 $\lim\limits_{k \to \infty}(n_k\mu - [n_k\mu]) = t$。

因此，在定理 6.3、引理 6.3 和引理 6.4 的基础之上，我们有下面关于边界周期解唯一性的结论。

定理 6.4　如果条件（$6H_3$）和（$6H_4$）成立，则 $(\bar{x}^*(t), 0)$ 是系统（6-3）的唯一非负周期解，也就是系统（6-3）的唯一边界周期解。

证明：由定理 6.3 可知，如果条件（$6H_3$）和（$6H_4$）成立，则 $(\bar{x}^*(t), 0)$ 是全局吸引的。接下来，我们将证明 $(\bar{x}^*(t), 0)$ 是系统（6-3）的唯一非负周期解。

令 T_1 是解 $(\bar{x}^*(t), 0)$ 的周期，同时 $\bar{x}^*(0) > 0$。假定存在另一个周期为 T_2 的周期解 $(\bar{x}(t), 0)$ 且 $\bar{x}(0) > 0$ 满足 $\bar{x}(0) \neq \bar{x}^*(0)$，则 $\bar{x}(t)$ 是非常数。令 $\bar{x}(t)$ 是非常数，且随后我们想得到一个矛盾。

既然 $(\bar{x}^*(t), 0)$ 是全局吸引的，$\lim\limits_{t \to +\infty} |(\bar{x}(t), 0) - (\bar{x}^*(t), 0)| = 0$，因此，我们有：

$$\lim_{n \to +\infty} (\bar{x}(nT_1) - \bar{x}^*(nT_1))^2 = 0 \tag{6-41}$$

这意味着 $\lim\limits_{n \to +\infty} \bar{x}(nT_1) = \bar{x}^*(0)$。

令 $z(t) = \bar{x}(tT_2)$，则 $z(t)$ 是 1-周期的。因此，从下面三种情形中可以得出矛盾：

（1）如果 $\dfrac{T_1}{T_2} \in \mathbb{N}$，则 $\bar{x}(0) = \bar{x}^*(0)$，与假设 $\bar{x}(0) \neq \bar{x}^*(0)$ 相矛盾。

（2）如果 $\dfrac{T_1}{T_2} \in \mathbb{Q}^+ \setminus \mathbb{N}$，则：

$$\bar{x}(nT_1) = z\left(n\frac{T_1}{T_2}\right) = z\left(n\frac{T_1}{T_2} - \left[n\frac{T_1}{T_2}\right]\right) \tag{6-42}$$

由引理 6.3 可知，$z\left(n\dfrac{T_1}{T_2}\right)$ 至少有两个不同的值，意味着极限 $\bar{x}(nT_1)$ 不存

在。这与结论 $\lim\limits_{n\to+\infty}\bar{x}(nT_1)=\bar{x}^*(0)$ 直接得出矛盾。

（3）如果 $\dfrac{T_1}{T_2}\in\mathbb{R}^+\setminus\mathbb{Q}^+$，由引理6.4可知，对任意的 $t\in[0,1)$，存在一个

递增的序列 $\{n_k\}$，使 $\lim\limits_{k\to\infty}\left(n_k\dfrac{T_1}{T_2}-\left[n_k\dfrac{T_1}{T_2}\right]\right)=t$。既然 $\bar{x}(t)$ 是一个连续的函

数，则：

$$\lim\limits_{k\to\infty}z\left(n_k\dfrac{T_1}{T_2}\right)=z(t) \tag{6-43}$$

因此，极限 $z\left(n\dfrac{T_1}{T_2}\right)$ 不存在，也就是极限 $\bar{x}(nT_1)$ 不存在。这与结论 $\lim\limits_{n\to+\infty}\bar{x}$

$(nT_1)=\bar{x}^*(0)$ 直接矛盾。

因此，$(\bar{x}^*(t),0)$ 是系统（6-3）的唯一非负周期解。

第四节　全局吸引正周期解的唯一性

在下面两小节中我们将分别由 Brouwer 不动点定理讨论正周期解的存在性和由全局吸引性讨论正周期解的唯一性。

一、正周期解的存在性

为了讨论正周期解的存在性，我们首先给出下面的引理。

引理6.5　（Brouwser 不动点定理）令 σ 是把一个闭的有界凸子集 $\Omega\subset\mathbb{R}^n$ 映射到自己的一个连续算子，则 Ω 中至少包含一个算子 σ 的固定点，也就是存在 $z^*\in\Omega$，使 $\sigma(z^*)=z^*$。

则由引理6.5，我们有下面关于周期解或者平衡点存在的结论。

定理6.5　如果条件 $(6H_1)$ 和 $(6H_3)$ 成立，则在集合 Γ 中，系统（6-3）至少有一个 T-周期解 $(x^*(t),y^*(t))$ 或者一个正平衡点。

证明：令 $(x(t,(x_0,y_0)),y(t,(x_0,y_0)))$ 是系统（6-3）满足 $x(0,(x_0,y_0))=x_0>0$ 和 $y(0,(x_0,y_0))=y_0>0$ 的解，我们想考虑下面的位移算子：

$$\sigma((x_0,\ y_0))=(x(T,\ (x_0,\ y_0)),\ y(T,\ (x_0,\ y_0))) \qquad (6\text{-}44)$$

由定理 6.2 的证明过程可知，如果条件 (H_1) 成立，则集合 Γ 是正不变的，于是算子 σ 映射 Γ 到它自己。也就是说，$\sigma(\Gamma)\subset\Gamma$。系统 (6-3) 的解连续依赖于初始条件，则算子 σ 是连续的。再者，很明显的，Γ 在 R^2 中是一个有界闭的凸集合。因此，由引理 6.5 可知，σ 在集合 Γ 中至少存在一个定点。也就是说，存在一个 $(x^*,\ y^*)\in\Gamma$，使 $(x^*,\ y^*)=(x(T,\ (x^*,\ y^*)),\ y(T,\ (x^*,\ y^*)))$。

如果 $(x^*,\ y^*)$ 是一个平衡点，则定理直接可得。另外，既然 $(x^*,\ y^*)=(x(T,\ (x^*,\ y^*)),\ y(T,\ (x^*,\ y^*)))$ 且条件 $(6H_3)$ 成立，则 $x'(t,\ (x^*,\ y^*))|_{t=0}=x'(t,\ (x^*,\ y^*))|_{t=T}$ 和 $y'(t,\ (x^*,\ y^*))|_{t=0}=y'(t,\ (x^*,\ y^*))|_{t=T}$ 成立，这意味着解 $(x(t,\ (x^*,\ y^*)),y(t,\ (x^*,\ y^*)))$ 是一个正的 T-周期的周期解，记为 $(x^*(t),\ y^*(t))$。由集合 Γ 的不变性可得，周期解 $(x^*(t),\ y^*(t))$ 很明显在集合 Γ 中。

这里，我们利用下面两个例子来说明系统 (6-3) 在集合 Γ 中至少有一个正的 T-周期的周期解 $(x^*(t),\ y^*(t))$ 或者有一个正平衡点。

例 6.4　令 $a(t)=4$, $b(t)=3$, $c(t)=3+\dfrac{1}{10}\sin t$, $d(t)=\dfrac{1}{5}$, $r(t)=\dfrac{4}{5}$, $f(t)=3+\dfrac{1}{10}\sin t$, $m_1(t)=1$, $m_2(t)=1$, $m_3(t)=1+\dfrac{1}{10}\sin t$, 则系统 (6-3) 变为：

$$\begin{cases} x'(t)=x(t)\left[4-3x(t)-\dfrac{\left(3+\dfrac{1}{10}\sin t\right)y(t)}{1+x(t)+\left(1+\dfrac{1}{10}\sin t\right)y(t)}\right] \\[6mm] y'(t)=y(t)\left[-\dfrac{1}{5}-\dfrac{4}{5}y(t)+\dfrac{\left(3+\dfrac{1}{10}\sin t\right)x(t)}{1+x(t)+\left(1+\dfrac{1}{10}\sin t\right)y(t)}\right] \end{cases} \qquad (6\text{-}45)$$

很明显，$\Gamma=\{(x,\ y)\in\mathbb{R}^2|0.185\leqslant x\leqslant 1.333,\ 0.220\leqslant y\leqslant 1.791\}$。通过简单的计算，我们有 $(f^l-d^u m_2^u)\dfrac{m_3^l a^l-c^u}{m_3^l b^u}-d^u m_1^u=0.3$, $m_3^l a^l-c^u=0.5$, 这意味着条件 $(6H_1)$ 和 $(6H_3)$ 都满足。因此，系统 (6-45) 在集合 Γ 中至少有一个

正周期解或一个正平衡点。然而，我们可以很容易地验证系统（6-45）在集合 Γ 中有一个正平衡点（1，1）。

例6.5　令 $a(t)=4+\cos t$，$b(t)=3+\cos t$，$c(t)=2$，$d(t)=2+\sin t$，$r(t)=3-\sin t$，$f(t)=10$，$m_1(t)=\dfrac{1}{8}+\dfrac{1}{10}\sin t$，$m_2(t)=1+\dfrac{1}{10}\sin t$ 和 $m_3(t)=8+\cos t$。

则系统（6-3）变成：

$$\begin{cases} x'(t)=x(t)\left[4+\cos t-(3+\cos t)x(t)-\dfrac{2y(t)}{\left(\dfrac{1}{8}+\dfrac{1}{10}\sin t\right)+\left(1+\dfrac{1}{10}\sin t\right)x(t)+(8+\cos t)y(t)}\right] \\ y'(t)=y(t)\left[-(2+\sin t)-(3-\sin t)y(t)-\dfrac{10x(t)}{\left(\dfrac{1}{8}+\dfrac{1}{10}\sin t\right)+\left(1+\dfrac{1}{10}\sin t\right)x(t)+(8+\cos t)y(t)}\right] \end{cases}$$

$$(6-46)$$

很明显，$\Gamma=\{(x,y)\in\mathbb{R}^2|0.679\leqslant x\leqslant 2.5,\ 0.111\leqslant y\leqslant 1.968\}$。通过简单的数值计算有 $m_3^l a^l-c^u=19$ 和 $(f^l-d^u m_2^u)\dfrac{m_3^l a^l-c^u}{m_3^l b^u}-d^u m_1^u=3.871$，这意味着条件（$6H_1$）和（$6H_3$）是满足的。因此，在集合 Γ 中有一个周期为 π 的正周期解，这也可以直观地从图6-5中看出。

需要注意的是，当条件（$6H_1$）和（$6H_3$）成立时，系统（6-3）在集合 Γ 中很可能有一个正平衡点。为了使系统（6-3）中无正平衡点，我们介绍下面的引理。

引理6.6　如果条件（$6H_1$）成立且存在 $t_1>0$ 和 $t_2>0$，使：

$$\frac{a(t_1)f(t_1)-kc(t_1)d(t_1)}{b(t_1)f(t_1)+k^2c(t_1)r(t_1)}>0,\ \frac{a(t_2)f(t_2)-kc(t_2)d(t_2)}{b(t_2)f(t_2)+k^2c(t_2)r(t_2)}>0,$$

$$\frac{a(t_1)f(t_1)-kc(t_1)d(t_1)}{b(t_1)f(t_1)+k^2c(t_1)r(t_1)}\neq\frac{a(t_2)f(t_2)-kc(t_2)d(t_2)}{b(t_2)f(t_2)+k^2c(t_2)r(t_2)}>0 \qquad (6H_5)$$

其中 k 是一正常数，则系统（6-3）无正平衡点。

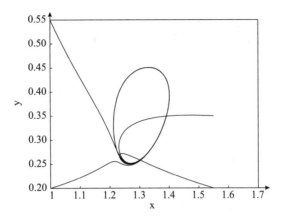

图 6-5 系统（6-46）的相图

证明：假定系统（6-3）有一个正平衡点（x^*，y^*）且我们想得出一个矛盾。既然（x^*，y^*）是一个平衡点，x^* 和 y^* 都是常数且对任意的 t，

（x^*，y^*）应当满足 $\begin{cases} a(t)-b(t)x^* = \dfrac{c(t)y^*}{m_1(t)+m_2(t)x^*+m_3(t)y^*} \\ d(t)+r(t)y^* = \dfrac{f(t)x^*}{m_1(t)+m_2(t)x^*+m_3(t)y^*} \end{cases}$，令 $k = \dfrac{y^*}{x^*}$，

则 $k>0$ 是一个常数且 $x^* = \dfrac{a(t)f(t)-kc(t)d(t)}{b(t)f(t)+k^2c(t)r(t)}$。由条件（$H_5$）可知，$x^*$ 和

y^* 都不是常数。因此，我们得出一个矛盾。

因此，在定理 6.5 和引理 6.6 的基础之上，我们可以直接得出关于正周期解的如下存在性结论。

定理 6.6 如果条件（$6H_1$）、（$6H_3$）和（$6H_5$）成立，则系统（6-3）在集合 Γ 中至少存在一个 T-周期的正周期解（$x^*(t)$，$y^*(t)$）。

二、正周期解的唯一性

在这一小节中，类似于定理 6.3，我们提供一个保证全局吸引的充分条件，得到关于正周期解的如下定理。

定理 6.7 如果（$6H_1$）、（$6H_3$）、（$6H_5$）和下面的条件：

$$\begin{cases} f(t)[m_1(t)+m_3(t)m_y]m_y-c(t)[m_1(t)+m_2(t)M_x]M_x \geqslant 0 \\[2mm] -a(t)+2b(t)m_x+\dfrac{c(t)[m_1(t)+m_3(t)m_y]m_y}{(m_1(t)+m_2(t)M_x+m_3(t)m_y)^2} \\[2mm] -\dfrac{f(t)[m_1(t)+m_3(t)M_y]M_y-c(t)[m_1(t)+m_2(t)m_x]m_x}{2(m_1(t)+m_2(t)m_x+m_3(t)M_y)^2}>0 \\[2mm] d(t)+2r(t)m_y-\dfrac{f(t)[m_1(t)+m_2(t)M_x]M_x}{(m_1(t)+m_2(t)M_x+m_3(t)m_y)^2} \\[2mm] -\dfrac{f(t)[m_1(t)+m_3(t)M_y]M_y-c(t)[m_1(t)+m_2(t)m_x]m_x}{2(m_1(t)+m_2(t)m_x+m_3(t)M_y)^2}>0 \end{cases} \quad (6H_6)$$

成立，则系统（6-3）有一个唯一的正周期解，它是全局吸引的且周期为 T。

证明：由定理 6.6 可知，系统（6-3）在集合 Γ 中至少有一个正周期解 $(x^*(t), y^*(t))$，且 $x^*(0)>0$ 和 $y^*(0)>0$。首先，我们试图证明 $(x^*(t), y^*(t))$ 是全局吸引的。

对具有初始条件 $x(0)>0$，$y(0)>0$ 且 $x(0) \neq x^*(0)$ 或者 $y(0) \neq y^*(0)$ 的任意解 $(x(t), y(t))$，让我们考虑下面的函数：

$$V(t)=\frac{1}{2}(x(t)-x^*(t))^2+\frac{1}{2}(y(t)-y^*(t))^2 \quad (6-47)$$

很明显，$V(t)$ 沿着系统（6-3）的关于时间的导数：

$$V'(t)=[a(t)-b(t)(x(t)+x^*(t))]x(t)-x^*(t)]^2$$

$$-\frac{c(t)[m_1(t)+m_3(t)y^*(t)]y(t)[x(t)-x^*(t)]^2}{[m_1(t)+m_2(t)x(t)+m_3(t)y(t)][m_1(t)+m_2(t)x^*(t)+m_3(t)y^*(t)]}$$

$$-\frac{c(t)[m_1(t)+m_2(t)x(t)]x^*(t)[x(t)-x^*(t)][y(t)-y^*(t)]}{[m_1(t)+m_2(t)x(t)+m_3(t)y(t)][m_1(t)+m_2(t)x^*(t)+m_3(t)y^*(t)]}$$

$$+[-d(t)-r(t)(y(t)+y^*(t))][y(t)-y^*(t)]^2$$

$$+\frac{f(t)[m_1(t)+m_2(t)x(t)]x^*(t)[y(t)-y^*(t)]^2}{[m_1(t)+m_2(t)x(t)+m_3(t)y(t)][m_1(t)+m_2(t)x^*(t)+m_3(t)y^*(t)]}$$

$$+\frac{f(t)\left[m_1(t)+m_3(t)y^*(t)\right]y(t)\left[x(t)-x^*(t)\right]\left[y(t)-y^*(t)\right]}{\left[m_1(t)+m_2(t)x(t)+m_3(t)y(t)\right]\left[m_1(t)+m_2(t)x^*(t)+m_3(t)y^*(t)\right]}$$

$$(6-48)$$

再者，对解 $(x(t), y(t))$ 来说，由定理6.2可知，存在一个 $T_0>0$，使对任意的 $t>T_0$，都有 $(x(t), y(t))\in\Gamma$。既然 $f(t)\left[m_1(t)+m_3(t)m_y\right]m_y-c(t)\left[m_1(t)+m_2(t)M_x\right]M_x\geq0$，则对任意的 $t>T_0$，都有 $f(t)\left[m_1(t)+m_3(t)y^*(t)\right]$ $y(t)-c(t)\left[m_1(t)+m_2(t)x(t)\right]x^*(t)\geq0$。于是，由不等式 $ab\leq\frac{1}{2}(a^2+b^2)$，我们进而有对任意的 $t>T_0$，都有：

$$V'(t)\leq-\left\{-a(t)+2b(t)m_x+\frac{c(t)\left[m_1(t)+m_3(t)m_y\right]m_y}{(m_1(t)+m_2(t)M_x+m_3(t)m_y)^2}\right\}\left[x(t)-x^*(t)\right]^2$$

$$+\frac{f(t)\left[m_1(t)+m_3(t)M_y\right]M_y-c(t)\left[m_1(t)+m_2(t)m_x\right]m_x}{2(m_1(t)+m_2(t)m_x+m_3(t)M_y)^2}\left[x(t)-x^*(t)\right]^2$$

$$-\left\{d(t)+2r(t)m_y-\frac{f(t)\left[m_1(t)+m_2(t)M_x\right]M_x}{(m_1(t)+m_2(t)M_x+m_3(t)m_y)^2}\right\}\left[y(t)-y^*(t)\right]^2$$

$$+\frac{f(t)\left[m_1(t)+m_3(t)M_y\right]M_y-c(t)\left[m_1(t)+m_2(t)m_x\right]m_x}{2(m_1(t)+m_2(t)m_x+m_3(t)M_y)^2}\left[y(t)-y^*(t)\right]^2$$

$$(6-49)$$

令 $M=\min\{M_1, M_2\}$，其中 $M_1=\min_{t\in[0,T)}\{-a(t)+2b(t)m_x-$ $\frac{f(t)\left[m_1(t)+m_3(t)M_y\right]M_y-c(t)\left[m_1(t)+m_2(t)m_x\right]m_x}{2(m_1(t)+m_2(t)m_x+m_3(t)M_y)^2}+\frac{c(t)\left[m_1(t)+m_3(t)m_y\right]m_y}{(m_1(t)+m_2(t)M_x+m_3(t)m_y)^2}\}$ 且 $M_2=\min_{t\in[0,T)}\left\{d(t)+2r(t)m_y-\frac{f(t)\left[m_1(t)+m_3(t)M_y\right]M_y-c(t)\left[m_1(t)+m_2(t)m_x\right]m_x}{2(m_1(t)+m_2(t)m_x+m_3(t)M_y)^2}-\right.$ $\left.\frac{f(t)\left[m_1(t)+m_2(t)M_x\right]M_x}{(m_1(t)+m_2(t)M_x+m_3(t)m_y)^2}\right\}$。由条件 (H_3) 和 (H_6) 可知，存在 $\varepsilon'>0$，使 $M_1>\varepsilon'$，$M_2>\varepsilon'$，$M_3>\varepsilon'$。因此，对任意的 $t>T_0$，都有：

$$V'(t)\leq-M_1\left[x(t)-x^*(t)\right]^2-M_2\left[y(t)-y^*(t)\right]^2$$

$$\leq-M\left\{\left[x(t)-\bar{x}^*(t)\right]^2+\left[y(t)-y^*(t)\right]^2\right\}=-2MV(t)$$

$$(6-50)$$

很明显，对任意的 $t>2T_0$，都有 $0 \leqslant V(t) \leqslant V(2T_0) e^{-2M(t-2T_0)}$。这意味着 $\lim\limits_{t \to +\infty} V(t)=0$，也就是 $\lim\limits_{t \to +\infty} |(x(t),y(t))-(\bar{x}^*(t),y^*(t))|=0$。由定义 6.1 可知，$(\bar{x}^*(t), y^*(t))$ 是系统（6-3）的一个全局吸引的正周期解。

更进一步地，类似于定理 6.4 的证明过程，我们可以得到如果 $(x^*(t), y^*(t))$ 是系统（6-3）的全局吸引的正周期解，则 $(x^*(t), y^*(t))$ 是系统（6-3）的唯一正周期解。同时，由定理 6.5 可知，$(x^*(t), y^*(t))$ 的周期一定是 T。

因此，$(x^*(t), y^*(t))$ 是系统（6-3）的唯一正周期解，它是全局吸引的并且周期为 T。

例 6.6 令 $a(t)=100$，$b(t)=20+\dfrac{1}{10}\sin t$，$c(t)=0.4$，$d(t)=1+\dfrac{1}{20}\cos t$，$r(t)=0.9$，$f(t)=10$，$m_1(t)=\dfrac{1}{8}+\dfrac{1}{20}\cos t$，$m_2(t)=1$，$m_3(t)=\dfrac{1}{12}+\dfrac{1}{96}\cos t$，则系统（6-3）变为：

$$\begin{cases} x'(t)=x(t)\left[100-\left(20+\dfrac{1}{10}\sin t\right)x(t)-\dfrac{0.4y(t)}{\left(\dfrac{1}{8}+\dfrac{1}{20}\cos t\right)+x(t)+\left(\dfrac{1}{12}+\dfrac{1}{96}\cos t\right)y(t)}\right] \\[4mm] y'(t)=y(t)\left[-\left(1+\dfrac{1}{20}\cos t\right)-0.9y(t)+\dfrac{10x(t)}{\left(\dfrac{1}{8}+\dfrac{1}{20}\cos t\right)+x(t)+\left(\dfrac{1}{12}+\dfrac{1}{96}\cos t\right)y(t)}\right] \end{cases}$$

$$(6-51)$$

通过简单的数值计算可得，$m_3^l a^l-c^u=6.892$，$(f^l-d^u m_2^u)\dfrac{m_3^l a^l-c^u}{m_3^l b^u}-d^u m_1^u=41.901$，$M_x=5.025$，$m_x=3.657$，$M_y=9.745$，$m_y=7.747$，$-a(t)+2b(t)m_x+\dfrac{c(t)[m_1(t)+m_3(t)m_y]m_y}{(m_1(t)+m_2(t)M_x+m_3(t)m_y)^2}-\dfrac{f(t)[m_1(t)+m_3(t)M_y]M_y-c(t)[m_1(t)+m_2(t)m_x]m_x}{2(m_1(t)+m_2(t)m_x+m_3(t)M_y)^2} \geqslant$

43.382，$d(t)+2r(t)m_y-\dfrac{f(t)[m_1(t)+m_2(t)M_x]M_x}{(m_1(t)+m_2(t)M_x+m_3(t)m_y)^2}-$

$\dfrac{f(t)[m_1(t)+m_3(t)M_y]M_y-c(t)[m_1(t)+m_2(t)m_x]m_x}{2(m_1(t)+m_2(t)m_x+m_3(t)M_y)^2} \geqslant 4.803$，$f(t)[m_1(t)+m_3(t)m_y]m_y-c(t)[m_1(t)+m_2(t)M_x]M_x \geqslant 39.120$。因此，条件（$6H_1$）、（$6H_3$）、

$(6H_5)$ 和 $(6H_6)$ 都满足且系统 $(6\text{-}51)$ 在集合 Γ 中有一个唯一的、全局吸引的正周期解，这也可以直观地从图 6-6 中看出。

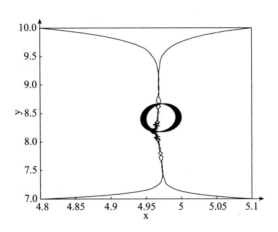

图 6-6　系统 $(6\text{-}51)$ 的相图

评注 6.3　我们可以用下面的条件去代替条件 $(6H_6)$：

$$
\begin{cases}
f(t)\left[m_1(t)+m_3(t)M_y\right]M_y-c(t)\left[m_1(t)+m_2(t)m_x\right]m_x<0 \\[2mm]
-a(t)+2b(t)m_x+\dfrac{c(t)\left[m_1(t)+m_3(t)m_y\right]m_y}{\left(m_1(t)+m_2(t)M_x+m_3(t)m_y\right)^2} \\[4mm]
-\dfrac{c(t)\left[m_1(t)+m_2(t)M_x\right]M_x-f(t)\left[m_1(t)+m_3(t)m_y\right]m_y}{2\left(m_1(t)+m_2(t)M_x+m_3(t)m_y\right)^2}>0 \qquad (6H_6') \\[4mm]
d(t)+2r(t)m_y-\dfrac{f(t)\left[m_1(t)+m_2(t)M_x\right]M_x}{\left(m_1(t)+m_2(t)M_x+m_3(t)m_y\right)^2} \\[4mm]
-\dfrac{c(t)\left[m_1(t)+m_2(t)M_x\right]M_x-f(t)\left[m_1(t)+m_3(t)m_y\right]m_y}{2\left(m_1(t)+m_2(t)M_x+m_3(t)m_y\right)^2}>0
\end{cases}
$$

且可以类似地证明如果条件 $(6H_1)$、$(6H_3)$、$(6H_5)$ 和 $(6H_6)$ 成立，则系统 $(6\text{-}3)$ 有一个唯一的全局吸引的正 T-周期的周期解。

本章小结

在这一章中，我们讨论了非自治密度制约且具有 Beddington-DeAngelis 功能反应函数的捕食—被捕食系统周期解的唯一性并且得出了下面的主要结论：

（1）如果条件（$6H_0$）成立，则系统（6-3）是持久的。

（2）如果较弱的条件（$6H_1$）成立，任意正解将最终进入特殊的集合 Γ 中，这意味着系统（6-3）是持久的。

（3）如果条件（$6H_2$）成立，则系统（1-15）是灭绝的。

（4）如果条件（$6H_3$）成立，则系统（6-3）有边界周期解。

（5）如果条件（$6H_3$）和（$6H_4$）成立，边界周期解（$\bar{x}^*(t)$, 0）是全局吸引的，意味着（$\bar{x}^*(t)$, 0）是唯一边界周期解。

（6）如果条件（$6H_1$）、（$6H_3$）、（$6H_5$）和（$6H_6$）成立，则系统（6-3）有一个唯一的正周期解，它是全局吸引的且周期为 T。

需要注意的是，系统（6-3）是非自治的。于是自治系统的许多结论可能不适用于系统（6-3），尤其是传统的 Poincaré-Bendixson 定理不适用于系统（6-3）。这个可以很容易地从例 6.5 和例 6.6 看出，其中系统有一个周期轨道但没有平衡点。然而，这种情形对自治系统来说不可能发生。因此，在未来的工作中为正周期解和正平衡点的存在性和唯一性提供更广泛的条件是非常有意义的。

第七章　具有密度制约和 Beddington-DeAngelis 功能反应函数的周期捕食—被捕食系统的持久性

第一节　模型引入

捕食—被捕食行为是自然界中很常见的生物活动，除了一些非周期的模型被许多学者（Li 和 Takeuchi，2010；Li 和 Zhang，2008；Liu 和 Yuan，2004；Song 和 Chen，2002）讨论过之外，很多周期性的模型（Cui 和 Takeuchi，2006；Teng，1998；Thieme，2000；Tineo，2000）也被研究过。有许多数学模型描述过捕食—被捕食行为，但传统的具有 Michaelis-Menten 或者 Holling Type Ⅱ 功能反应函数的 Lotka-Volterra 模型不仅受到了生物界和数学界学者的关注，也得到了很好的研究（Akcakaya，1992；Arditi 和 Ginzburg，1989；Kuang 和 Beretta，1998；Kuang 和 Freedman，1988）。其中，Cui（2005）研究了下面捕食—被捕食系统的持久性：

$$x' = x[a(t) - b(t)x] - \frac{c(t)xy}{m(t)+x}$$

$$y' = y[-d(t) - e(t)y] + \frac{f(t)xy}{m(t)+x} \qquad (7-1)$$

其中，$x(t)$ 和 $y(t)$ 分别表示被捕食者和捕食者在时刻 t 的密度，$a(t)$、$c(t)$、$d(t)$、$e(t)$ 和 $f(t)$ 分别表示被捕食者的内禀增长率、捕获率、捕食者的死亡率、捕食者的密度制约率和转化率，$a(t)/b(t)$ 为被捕食者的容纳量，$m(t)$ 为半饱和系数。同时，功能反应函数 $x/(m+x)$ 中只有被捕食者是密度制约的。

然而，Skalski 和 Gilliam（2001）从 19 个捕食—被捕食系统中得到的统计数据表明，这三种捕食者具有密度制约的功能反应函数（Beddington-DeAngelis、Crowley-Martin 和 Hassell-Varley）可以更好地解释捕食者在一定范围内的捕食丰度。在很多情况下，Beddington-DeAngellis 型表现得更好。他们最突出的发现是捕食者在功能反应函数中的依赖是已经发表的数据集中几乎无处不在的特性。虽然他们考虑的捕食者依赖模型理论上更适合很多实际情况，但从实际环境来说捕食者密度制约的功能反应函数能更好地解释实际生物环境，并且在理论研究中，捕食者和被捕食者都有密度制约的捕食—被捕食模型与仅仅只有被捕食者密度制约的模型有非常大的差别，难度也会有很大的提高。

接下来，我们将研究周期的非自治捕食者具有密度制约且带有 Beddington-DeAngelis 功能反应函数的捕食—被捕食系统的持久性：

$$x' = x\left[a(t) - b(t)x - \frac{c(t)xy}{m_1(t) + m_2(t)x + m_3(t)y}\right]$$

$$y' = y\left[-d(t) - e(t)y + \frac{f(t)x}{m_1(t) + m_2(t)x + m_3(t)y}\right] \qquad (7-2)$$

虽然 Beddington-DeAngelis 功能反应函数类似于著名的 Holling Ⅱ型功能反应函数，但在分母上多出一项表明捕食者之间的互相作用 $m_3(t)y$；还有虽然有和比率依赖功能反应函数一样的一些定性性质，但却避免了比率依赖在低密度时饱受争议的怪异特性。

本书的目的是讨论系统（7-2）的持久性，在第二部分讨论系统（7-2）持久的充分条件和持久的必要条件，并且将这些结论在数值上加以验证；在最后一部分对我们得到的结论进行讨论。

第二节　持　久　性

在本书中，我们总是假定系统（7-2）的参数在 R 上是周期连续的且周

期为 $\omega>0$，并记为 $\tilde{f}：=\dfrac{1}{\omega}\displaystyle\int_0^\omega f(t)\,\mathrm{d}t$，其中，$f(t)$ 是一个连续的周期为 ω 的函数。我们假定 $a(t)$，$b(t)$，$c(t)$，$d(t)$，$e(t)$，$f(t)$，$m_i(t)$（$i=1$，2，3）都是正的。

在系统（7-2）的生物背景下，我们只考虑系统（7-2）正解的情况。对系统（7-2）的两个方程在 0 到 t 直接积分，得：

$$x(t)=x(0)\exp\int_0^t\left[a(s)-b(s)x(s)-\frac{c(s)y(s)}{m_1(s)+m_2(s)x(s)+m_3(s)y(s)}\right]\mathrm{d}s$$

$$y(t)=y(0)\exp\int_0^t\left[-\mathrm{d}(s)-e(s)y(s)+\frac{f(s)x(s)}{m_1(s)+m_2(s)x(s)+m_3(s)y(s)}\right]\mathrm{d}s$$

$$(7\text{-}3)$$

因此，很明显只要初始值 $x(0)>0$，$y(0)>0$，则解（$x(t)$，$y(t)$）一定是正的。

为了得到下面的结论，我们首先需要讨论系统（7-2）在捕食者不存在的时候，也就是说，具有初始值 $x(t_0)=x_0(x_0\neq0)$ 的 Riccati 方程：

$$x'=x(\alpha(t)-\beta(t)x)\qquad(7\text{-}4)$$

其解为：

$$x(t)=\left(\frac{1}{x_0}e^{-\int_{t_0}^t\alpha(s)\mathrm{d}s}+\int_{t_0}^t\beta(s)e^{-\int_s^t\alpha(\tau)\mathrm{d}\tau}\mathrm{d}s\right)^{-1}\qquad(7\text{-}5)$$

很明显，零解 $x(t)=0$ 存在方程（7-4）中。由解的唯一性，我们可以看出具有正初始值的解始终是正的。

很容易验证 $x^*(t+\omega)=x^*(t)$ 是周期为 ω 的（7-4）的解，且：

$$x^*(t)=(e^{\int_0^\omega\alpha(s)\mathrm{d}s}-1)\left(\int_t^{t+\omega}\beta(s)e^{-\int_s^t\alpha(\tau)\mathrm{d}\tau}\mathrm{d}s\right)^{-1}\qquad(7\text{-}6)$$

利用和 Li 与 Takeuchi（2010）相同的方法，我们可以证明下面的引理，这个引理在接下来的结论中将起到非常重要的作用。

引理 7.1　如果对任意的 $t\in R$ 都有 $\beta(t)\geq0$ 且 $\tilde{\beta}>0$，则方程（7-4）有唯一非负 ω 周期解 $x^*(t)$，且关于 x 轴的正半轴 $x^*(t)$ 是全局渐近稳定的。再则，如果 $\tilde{\alpha}>0$，则 $x^*(t)>0$，且如果 $\tilde{\alpha}\leq0$，则 $x^*(t)=0$。

为了得到后面重要的定理，我们首先需要证明下列的引理。

引理 7.2 对 （7-2） 所有具有正初始值的解 $(x(t)，y(t))$ 来说，存在正常数 M_x^0，M_y^0，使：

$$\limsup_{t\to\infty} x(t)\leqslant M_x^0,\ \limsup_{t\to\infty} y(t)\leqslant M_y^0 \tag{7-7}$$

证明：如果 $u(t)$ 是下面方程的解：

$$u'=u[a(t)-b(t)u] \tag{7-8}$$

并假定 $M_x^0=\max\limits_{0\leqslant t<\omega}\{u(t)\}$ 是定值。通过系统 （7-2），我们可以得到：

$$x'\leqslant x[a(t)-b(t)x] \tag{7-9}$$

由比较定理和引理 7.1 可知，存在一个常数 $T_1>0$ 使得：

$$\limsup_{t\to\infty} x(t)\leqslant M_x^0,\ t\geqslant T_1 \tag{7-10}$$

如果 $v(t)$ 是以下方程的解：

$$v'=v\left[\,|d(t)|+\frac{f(t)M_x^0}{m_1(t)+m_2(t)M_x^0}-e(t)v\right] \tag{7-11}$$

假定 $M_y^0=\max\limits_{0\leqslant t<\omega}\{v(t)\}$，由系统 （7-2） 第二个方程有：

$$y'\leqslant y\left[\,|d(t)|+\frac{f(t)M_x^0}{m_1(t)+m_2(t)M_x^0}-e(t)y\right] \tag{7-12}$$

同样地，可以得到存在一个常数 $T_2>T_1$，使：

$$\limsup_{t\to\infty} y(t)\leqslant M_y^0,\ t\geqslant T_2 \tag{7-13}$$

引理 7.3 对 （7-2） 所有具有正初始值的解 $(x(t)，y(t))$ 来说，存在正常数 α 使：

$$\limsup_{t\to\infty} x(t)\geqslant\alpha \tag{7-14}$$

证明：假定 （7-14） 不成立，则存在序列 $\{Z_m\}\subset R_+^2$，使：

$$\limsup_{t\to\infty} x(t,z_m)<\frac{1}{m},\ m=1,\ 2,\ \cdots \tag{7-15}$$

其中，$(x(t, z_m), y(t, z_m))$ 是系统（7-2）满足 $(x(0, z_m), y(0, z_m))=z_m$ 的解。选择充分小的正数 $\varepsilon_x<1$ 和 $\varepsilon_y<1$，使：

$$\int_0^\omega \left(-d(t) + \frac{f(t)\varepsilon_x}{m_1(t) + m_2(t)\varepsilon_x}\right) dt < 0 \qquad (7-16)$$

$$\int_0^\omega \left(a(t) - b(t)\varepsilon_x - \frac{c(t)\varepsilon_y e^{\rho\omega}}{m_1(t) + m_3(t)\varepsilon_y e^{\rho\omega}}\right) dt > 0 \qquad (7-17)$$

其中，

$$\rho = \max_{0 \leq t < \omega} \left(|d(t)| + \frac{f(t)}{m_2(t)} + e(t)\right) \qquad (7-18)$$

对给定的 ε_x，存在一个正整数 N_0：

$$\limsup_{t \to \infty} x(t, z_m) < \frac{1}{m} < \varepsilon_x, \ m > N_0 \qquad (7-19)$$

接下来，我们假定 $m > N_0$，易得存在 $T_1 > 0$，使：

$$x(t, z_m) < \varepsilon_x, \ m \geq T_1 \qquad (7-20)$$

所以当 $t \geq T_1$ 时：

$$y'(t, z_m) \leq y(t, z_m)\left[-d(t) + \frac{f(t)\varepsilon_x}{m_1(t) + m_2(t)\varepsilon_x} - e(t)y(t, z_m)\right] \quad (7-21)$$

由引理 7.1 和式（7-19）可得，对满足以下方程具有正初始条件的任意解 $v(t)$，都有：

$$v' = v\left[-d(t) + \frac{f(t)\varepsilon_x}{m_1(t) + m_2(t)\varepsilon_x} - e(t)v\right] \qquad (7-22)$$

有

$$\lim_{t \to \infty} v(t) = 0 \qquad (7-23)$$

因此，

$$\lim_{t \to \infty} y(t, z_m) = 0 \qquad (7-24)$$

由比较定理，存在一个 $T_2 > T_1$，使：

$$y(t, z_m) < \varepsilon_y, \ t \geq T_2 \qquad (7-25)$$

由引理7.1和式（7-17）可知，方程

$$u' = u\left[a(t) - \frac{c(t)\varepsilon_y}{m_1(t) + m_3(t)\varepsilon_y} - b(t)u \right] \tag{7-26}$$

有唯一周期为 ω 的全局渐近稳定的正解 $u^*(t)$。因此，

$$x'(t, z_m) \geq x(t, z_m)\left[a(t) - \frac{c(t)\varepsilon_y}{m_1(t) + m_3(t)\varepsilon_y} - b(t)x(t, z_m) \right] \tag{7-27}$$

即对充分大的 $t>0$ 和 $m>N_0$ 有：

$$x(t, z_m) > \frac{u^*(t)}{2} \tag{7-28}$$

和式（7-19）矛盾。

引理 7.4 对系统（7-2）所有具有正初始值的解 $(x(t), y(t))$ 来说，存在正常数 β 使：

$$\liminf_{t \to \infty} x(t) \geq \beta \tag{7-29}$$

证明：如果结论（7-29）不成立，则存在序列 $\{z_n\} \subset R_+^2$，使：

$$\liminf_{t \to \infty} x(t, z_n) < \frac{\alpha}{2n^2}, \ n = 1, \ 2, \ \cdots \tag{7-30}$$

由引理7.3可得：

$$\limsup_{t \to \infty} x(t, z_n) > \alpha, \ n = 1, \ 2, \ \cdots \tag{7-31}$$

存在两个时间序列 $\{s_q^{(n)}\}$ 和 $\{t_q^{(n)}\}$ 满足下列条件：

$$0 < s_1^{(n)} < t_1^{(n)} < s_2^{(n)} < t_2^{(n)} < \cdots < s_q^{(n)} < t_q^{(n)} < \cdots, < s_q^{(n)} \to \infty, \ t_q^{(n)} \to \infty, \ q \to \infty$$

$$x(s_q^{(n)}, z_n) = \frac{\alpha}{n}, \ x(t_q^{(n)}, z_n) = \frac{\alpha}{n^2}, \ \frac{\alpha}{n^2} < x(t, z_n) < \frac{\alpha}{n}, \ t \in (s_q^{(n)}, t_q^{(n)})$$

$$\tag{7-32}$$

由引理7.2可得，对给定的正整数 n，存在一个 $T^{(n)} > 0$，使：

$$x(t, z_n) \leq M_x^0, \ y(t, z_n) \leq M_y^0 \tag{7-33}$$

对任意的 $t \geq T^{(n)}$，都有：

$$x'(t, z_n) \geq x(t, z_n)\left(a(t) - \frac{c(t)M_y^0}{m_1(t) + m_3(t)M_y^0} - b(t)M_x^0\right) \quad (7\text{-}34)$$

对 $s_q^{(n)} \to \infty$，$q \to \infty$，存在一个正整数 $K^{(n)}$ 对所有的 $q \geq K^{(n)}$，$n = 1, 2, \cdots$ 有 $s_q^{(n)} > T^{(n)}$。对任意的 $q \geq K^{(n)}$，由 $s_q^{(n)}$ 到 $t_q^{(n)}$ 对式（7-34）积分，可得：

$$x(t_q^{(n)}, \ z_n) \geq x(s_q^{(n)}, \ z_n) \exp\int_{s_q^{(n)}}^{t_q^{(n)}}\left(a(t) - \frac{c(t)M_y^0}{m_1(t) + m_3(t)M_y^0} - b(t)M_x^0\right)\mathrm{d}t$$

$$(7\text{-}35)$$

因此，

$$\int_{s_q^{(n)}}^{t_q^{(n)}}\left(-a(t) + \frac{c(t)M_y^0}{m_1(t) + m_3(t)M_y^0} + b(t)M_x^0\right)\mathrm{d}t \geq \ln n, \quad \text{for } q \geq K^{(n)}$$

$$(7\text{-}36)$$

并有：

$$t_q^{(n)} - s_q^{(n)} \to \infty, \text{ as } n \to \infty, \ q \geq K^{(n)} \quad (7\text{-}37)$$

可以得到存在常数 $P > 0$，$N_0 > 0$，使对 $n \geq N_0$，$q \geq K^{(n)}$ 和 $r \geq P$ 有：

$$\frac{\alpha}{n} < \varepsilon_x, \ t_q^{(n)} - s_q^{(n)} > 2P \quad (7\text{-}38)$$

且

$$M_y^0\exp\int_0^P\left(-d(t) + \frac{f(t)\varepsilon_x}{m_1(t) + m_2(t)\varepsilon_x} - e(t)\varepsilon_y\right)\mathrm{d}t < \varepsilon_y \quad (7\text{-}39)$$

$$\int_0^r\left(a(t) - \frac{c(t)\varepsilon_y}{m_1(t) + m_3(t)\varepsilon_y} - b(t)\varepsilon_x\right)\mathrm{d}t > 0 \quad (7\text{-}40)$$

由式（7-38）可知，当 $n \geq N_0$，$q \geq K^{(n)}$ 时，

$$x(t, z_n) < \varepsilon_x, \ t \in [s_q^{(n)}, t_q^{(n)}] \quad (7\text{-}41)$$

对满足式（7-39）和式（7-40）正的 ε_y 来说，有下面两种情况：

（1）$y(t, z_n) \geq \varepsilon_y$，$t \in [s_q^{(n)}, s_q^{(n)} + P]$。

（2）存在 $T_1^{(n)} \in [s_q^{(n)}, s_q^{(n)} + P]$，使 $y(T_1^{(n)}, z_n) < \varepsilon_y$。

如果（1）成立，则：

$$\varepsilon_y \leqslant y(s_q^{(n)} + P, \ z_n)$$

$$\leqslant y(s_q^{(n)}, \ z_n)\exp\int_{s_q^{(n)}}^{s_q^{(n)}+P}\left(-d(t) + \frac{f(t)\varepsilon_x}{m_1(t) + m_2(t)\varepsilon_x} - e(t)\varepsilon_y\right)dt$$

$$\leqslant M_y^0\exp\int_0^P\left(-d(t) + \frac{f(t)\varepsilon_x}{m_1(t) + m_2(t)\varepsilon_x} - e(t)\varepsilon_y\right)dt < \varepsilon_y$$

$$(7\text{-}42)$$

矛盾。

如果（2）成立，我们将证明：

$$y(t, z_n) \leqslant \varepsilon_y, \ t \in (T_1^{(n)}, \ t_q^{(n)}] \tag{7-43}$$

否则，存在 $T_2^{(n)} \in (T_1^{(n)}, t_q^{(n)}]$，使 $y(T_2^{(n)}, z_n) > \varepsilon_y$。由 $y(t, z_n)$ 的连续性得，一定存在 $T_3^{(n)} \in (T_1^{(n)}, T_2^{(n)})$，使 $y(T_3^{(n)}, z_n) = \varepsilon_y$，且：

$$y(t, z_n) < \varepsilon_y, \ t \in (T_3^{(n)}, T_2^{(n)}) \tag{7-44}$$

成立。令 $N_1^{(n)}$ 是非负整数，使 $T_2^{(n)} \in (T_3^{(n)}+N_1^{(n)}\omega, T_3^{(n)}+(N_1^{(n)}+1)\omega)$，则：

$$\varepsilon_y e^{\rho\omega} < y(T_2^{(n)}, \ z_n)$$

$$\leqslant y(T_3^{(n)}, \ z_n)\exp\int_{T_3^{(n)}}^{T_2^{(n)}}\left(-d(t) + \frac{f(t)\varepsilon_x}{m_1(t) + m_2(t)\varepsilon_x} - e(t)\varepsilon_y\right)dt$$

$$\leqslant \varepsilon_y\exp\left(\int_{T_3^{(n)}}^{T_3^{(n)}+N_1^{(n)}\omega} + \int_{T_3^{(n)}+N_1^{(n)}\omega}^{T_2^{(n)}}\right)\left(-d(t) + \frac{f(t)\varepsilon_x}{m_1(t) + m_2(t)\varepsilon_x} - e(t)\varepsilon_y\right)$$

$$dt < \varepsilon_y e^{\rho\omega}$$

$$(7\text{-}45)$$

其中，p 为式（7-17）中所指。以上矛盾表明式（7-43）成立。特别地，当 $t \in [s_q^{(n)}+P, t_q^{(n)}]$ 时，式（7-43）是成立的。由 $x(t, z_n) < \varepsilon_x, t \in [s_q^{(n)}, t_q^{(n)}]$，我们有：

$$x'(t, z_n) \geqslant x(t, z_n)\left[a(t) - \frac{c(t)\varepsilon_y e^{\rho\omega}}{m_1(t)+m_3(t)\varepsilon_y e^{\rho\omega}} - b(t)\varepsilon_x\right] \tag{7-46}$$

因此，由式（7-17）得：

$$\frac{\alpha}{n^2} = x(t_q^{(n)}, z_n)$$

$$\geqslant x(s_q^{(n)} + p, z_n) \exp \int_{s_q^{(n)}+P}^{t_q^{(n)}} \left(a(t) - \frac{c(t)\varepsilon_y e^{\rho\omega}}{m_1(t) + m_3(t)\varepsilon_y e^{\rho\omega}} - b(t)\varepsilon_x \right) dt > \frac{\alpha}{n^2}$$

$$(7-47)$$

也矛盾。

引理 7.5 对系统（7-2）所有具有正初始值的解（$x(t)$，$y(t)$）来说，如果系统（7-2）满足：

$$\int_0^\omega \left(-d(t) + \frac{f(t)x^*(t)}{m_1(t) + m_3(t) + m_2(t)x^*(t)} \right) dt > 0 \qquad (7H_1)$$

其中，$x^*(t)$ 是方程（7-4）的唯一周期解，则存在正常数 γ 使：

$$\limsup_{t \to \infty} y(t) \geqslant \gamma \qquad (7-48)$$

证明： 由（$7H_1$），我们可以选择常数 $\varepsilon_0 > 0$，使：

$$\int_0^\omega \left(-d(t) + \frac{f(t)(x^*(t) - \varepsilon_0)}{m_1(t) + m_3(t)\varepsilon_0 + m_2(t)(x^*(t) - \varepsilon_0)} - e(t)\varepsilon_0 \right) dt > 0$$

$$(7-49)$$

为了简化，我们记为：

$$g(t) := -d(t) + \frac{f(t)(x^*(t) - \varepsilon_0)}{m_1(t) + m_3(t)\varepsilon_0 + m_2(t)(x^*(t) - \varepsilon_0)} - e(t)\varepsilon_0 \quad (7-50)$$

对下面带有正参数 α 的方程来说，

$$x' = x\left[a(t) - \frac{2c(t)\alpha}{m_1(t) + 2m_3(t)\alpha} - b(t)x \right] \qquad (7-51)$$

由于 $a(t) > 0$，对充分小的 $\alpha > 0$ 我们有：

$$\int_0^\omega \left(a(t) - \frac{2c(t)\alpha}{m_1(t) + 2m_3(t)\alpha} \right) dt > 0 \qquad (7-52)$$

由引理 7.1 可知，式（7-51）有唯一正的全局渐近稳定的 ω 周期解 $x_\alpha(t)$。令 $\hat{x}_\alpha(t)$ 是式（7-51）带有初始条件 $\hat{x}_\alpha(0) = x^*(0)$ 的解，其中，$x^*(t)$ 是

式（7-4）的唯一周期解。因此，对以上的 ε_0，存在足够大的 $T^2>T^1$，使：

$$|\hat{x_\alpha}(t)-x_\alpha(t)|<\frac{\varepsilon_0}{4},\ t\geqslant T^2 \tag{7-53}$$

由解关于参数的连续性，有当 $\alpha\rightarrow0$ 且 $t\in[T^2,\ T^2+\omega]$ 时，$\hat{x_\alpha}(t)\rightarrow x^*(t)$。因此，对 $\varepsilon_0>0$ 存在 $\alpha_0=\alpha_0(\varepsilon_0)>0$，使：

$$|\hat{x_\alpha}(t)-x^*(t)|<\frac{\varepsilon_0}{4},\ t\in[T^2,\ T^2+\omega],\ 0<\alpha<\alpha_0 \tag{7-54}$$

因此，

$$|x_\alpha(t)-x^*(t)|<\frac{\varepsilon_0}{2},\ t\in[T^2,\ T^2+\omega] \tag{7-55}$$

记 $x_\alpha(t)$ 和 $x^*(t)$ 都是 ω 周期的，因此，

$$|x_\alpha(t)-x^*(t)|<\frac{\varepsilon_0}{2},\ t\geqslant0,\ 0<\alpha<\alpha_0 \tag{7-56}$$

选择常数 $\alpha_1(0<\alpha_1<\alpha_0,\ 2\alpha_1<\varepsilon_0)$，有：

$$x_{\alpha_1}(t)\geqslant x^*(t)-\frac{\varepsilon_0}{2},\ t\geqslant0 \tag{7-57}$$

假如式（7-48）不成立，则存在 $z\in R_+^2$，使：

$$\lim_{t\rightarrow\infty}\sup y(t,\ z)<\alpha_1 \tag{7-58}$$

其中，$(x(t,\ z),\ y(t,\ z))$ 是式（7-2）当 $(x(0,\ z),\ y(0,\ z))=z$ 时的解。因此存在 $T^3>T^2$，使：

$$y(t,\ z)<2\alpha_1<\varepsilon_0,\ t>T^3 \tag{7-59}$$

所以，

$$x'(t,\ z)\geqslant x(t,\ z)\left[a(t)-\frac{2c(t)\alpha_1}{m_1(t)+2m_3(t)\alpha_1}-b(t)x(t,\ z)\right] \tag{7-60}$$

令 $u(t)$ 是式（7-51）当 $\alpha=\alpha_1$ 时的解且 $u(T^3)=x(T^3,z)$ 成立，则：

$$x(t,z) \geqslant u(t), \ t \geqslant T^3 \tag{7-61}$$

由 $x_{\alpha_1}(t)$ 的全局渐近稳定性，对给定的 $\varepsilon=\varepsilon_0/2$，存在 $T^4 \geqslant T^3$，使：

$$|u(t)-x_{\alpha_1}(t)| < \frac{\varepsilon_0}{2}, t \geqslant T^4 \tag{7-62}$$

因此，

$$x(t,z) \geqslant u(t) > x_{\alpha_1}(t) - \frac{\varepsilon_0}{2}, t \geqslant T^4 \tag{7-63}$$

且由式（7-57），得：

$$x(t,z) > x^*(t) - \varepsilon_0, \ t \geqslant T^4 \tag{7-64}$$

这意味着：

$$y'(t,z) \geqslant y(t,z)g(t), \ t \geqslant T^4 \tag{7-65}$$

因此，

$$y(t,z) \geqslant y(T^4,z)\exp\int_{T^4}^t g(s)\,\mathrm{d}s \tag{7-66}$$

而由式（7-49）可知，当 $t \to \infty$ 时 $y(t,z) \to \infty$，矛盾。

引理 7.6　对式（7-2）所有具有正初始值的解 $(x(t),y(t))$ 来说，如果系统（7-2）满足（$7H_1$），则存在正常数 η，使：

$$\liminf_{t \to \infty} y(t) \geqslant \eta \tag{7-67}$$

证明： 若式（7-67）不成立，则存在序列 $\{z_m\} \subset R_+^2$，使：

$$\liminf_{t \to \infty} y(t,z_m) < \frac{\gamma}{(m+1)^2}, \ m=1,2,\cdots \tag{7-68}$$

但是，

$$\limsup_{t \to \infty} y(t,z_m) > \gamma, \ m=1,2,\cdots \tag{7-69}$$

存在两个时间序列 $\{s_q^{(m)}\}$ 和 $\{t_q^{(m)}\}$ 满足下面条件：

$$0<s_1^{(m)}<t_1^{(m)}<s_2^{(m)}<t_2^{(m)}<\cdots<s_q^{(m)}<t_q^{(m)}<\cdots,\ s_q^{(m)}\to\infty,\ t_q^{(m)}\to\infty,\ q\to\infty$$

$$(7-70)$$

且：

$$y(s_q^{(m)},z_m)=\frac{\gamma}{m+1},\ y(t_q^{(m)},z_m)=\frac{\gamma}{(m+1)^2},\ \frac{\gamma}{(m+1)^2}<y(t,z_m)<\frac{\gamma}{m+1},$$

$$t\in(s_q^{(m)},t_q^{(m)})$$

$$(7-71)$$

由引理 7.2 可知，对一个给定的整数 $m>0$，存在一个 $T_1^{(m)}>0$，使：

$$y(t,z_m)\leqslant M_y^0,\ t\geqslant T_1^{(m)}$$

$$(7-72)$$

由于当 $q\to\infty$ 时 $s_q^{(m)}\to\infty$，所以存在正整数 $K^{(m)}$，使当 $q>K^{(m)}$ 时，$s_q^{(m)}>T_1^{(m)}$，因此，

$$y'(t,z_m)\geqslant y(t,z_m)(-|d(t)|-e(t)M_y^0),\ t\in[s_q^{(m)},t_q^{(m)}]\quad(7-73)$$

对以上不等式从 $s_q^{(m)}$ 到 $t_q^{(m)}$ 积分得：

$$y(t_q^{(m)},\ z_m)\geqslant y(s_q^{(m)},\ z_m)\exp\int_{s_q^{(m)}}^{t_q^{(m)}}(-|d(t)|-e(t)M_y^0)dt\quad(7-74)$$

即

$$\int_{s_q^{(m)}}^{t_q^{(m)}}(|d(t)|+e(t)M_y^0)dt\geqslant\ln(m+1),\quad q\geqslant K^{(m)}\quad(7-75)$$

因此，可以得到：

$$t_q^{(m)}-s_q^{(m)}\to\infty,\ \text{as}\ m\to\infty,\ q\geqslant K^{(m)}\quad(7-76)$$

由式 (7-49) 可知，存在常数 $P>0$，$N_0>0$，使对 $m\geqslant N_0$，$q\geqslant K^{(m)}$ 和 $r\geqslant P$，都有：

$$\frac{\gamma}{m+1}<\epsilon<\varepsilon_0,\ t_q^{(m)}-s_q^{(m)}>2P\quad(7-77)$$

且

$$\int_0^r g(t)dt>0\quad(7-78)$$

再者,

$$y(t, z_m) < 2\alpha_1 < \varepsilon_0,\ t \in [s_q^{(m)},\ t_q^{(m)}],\ m \geq N_0,\ q \geq K^{(m)} \tag{7-79}$$

易得:

$$x'(t, z_m) \geq x(t, z_m)\left(a(t) - \frac{2c(t)\alpha_1}{m_1(t) + 2m_3(t)\alpha_1} - b(t)x(t, z_m)\right) \tag{7-80}$$

令 $u(t)$ 是当 $\alpha = \alpha_1$ 时, 式 (7-51) 的解, 且 $u(s_q^{(m)}) = x(s_q^{(m)}, z_m)$, 则由比较定理

$$x(t, z_m) \geq u(t),\ t \in [s_q^{(m)},\ t_q^{(m)}] \tag{7-81}$$

和引理 7.2、引理 7.4, 选 $K_1^{(m)} > K^{(m)}$, 使:

$$\beta \leq x(s_q^{(m)},\ z_m) \leq M_x^0,\ q \geq K_1^{(m)} \tag{7-82}$$

对 $\alpha = \alpha_1$, 式 (7-51) 有唯一正 ω 周期解 $x_{\alpha_1}(t)$, 它是渐近稳定的。再者, 由式 (7-51) 的周期性, 周期解 $x_{\alpha_1}(t)$ 关于紧集 $\Omega = \{x : \beta \leq x \leq M_x^0\}$ 是一致渐近稳定的。因此, 对于给定的引理 7.5 中的 ε_0, 存在取值与 m 和 q 无关的 $T_0 > P$, 使:

$$u(t) \geq x_{\alpha_1}(t) - \frac{\varepsilon_0}{2},\ t \geq T^0 + s_q^{(m)} \tag{7-83}$$

由式 (7-57) 可知:

$$u(t) \geq x^*(t) - \varepsilon_0,\ t \geq T^0 + s_q^{(m)} \tag{7-84}$$

由式 (7-77) 可知, 存在一个正整数 $N_1 \geq N_0$, 使当 $m \geq N_1$ 且 $q \geq K_1^{(m)}$ 时, $t_q^{(m)} > s_q^{(m)} + 2T^0 > s_q^{(m)} + 2P$。因此对 $m \geq N_1$ 和 $q \geq K_1^{(m)}$, 有:

$$x(t, z_m) \geq x^*(t),\ t \in [s_q^{(m)} + T^0,\ t_q^{(m)}] \tag{7-85}$$

所以,

$$y'(t, z_m) \geq y(t, z_m)g(t) \tag{7-86}$$

对上面不等式从 $s_q^{(m)} + T^0$ 到 $t_q^{(m)}$ 积分且由式 (7-78) 得:

$$\frac{\gamma}{(m+1)^2} = y(t_q^{(m)},\ z_m) \geq y(s_q^{(m)} + T^0,\ z_m)\exp\int_{s_q^{(m)}+T^0}^{t_q^{(m)}} g(t)\mathrm{d}t \geq \frac{\gamma}{(m+1)^2}$$

$$\tag{7-87}$$

矛盾。

定义 7.1 如果存在正常数 δ，Δ（$0<\delta\leqslant\Delta$）使对所有系统（7-2）具有正初始值的解（$x(t)$，$y(t)$）都有：

$$\min\{\varliminf_{t\to+\infty} x(t),\ \varliminf_{t\to+\infty} y(t)\}\geqslant\delta,\quad \min\{\varlimsup_{t\to+\infty} x(t),\ \varlimsup_{t\to+\infty} y(t)\}\leqslant\Delta$$

$$(7-88)$$

则系统（7-2）是持久的。如果系统（7-2）存在正解（$x(t)$，$y(t)$）满足：

$$\min\{\varliminf_{t\to+\infty} x(t),\ \varliminf_{t\to+\infty} y(t)\}=0 \tag{7-89}$$

则系统（7-2）是非持久的。

由引理 7.2～引理 7.6 以及定义 7.1，我们可以得到系统（7-2）持久的充分条件。

定理 7.1 若条件（$7H_1$）成立，则系统（7-2）是持久的。

例 7.1 在系统（7-2）中，令 $a(t)=3$，$b(t)=2+\cos t$，$c(t)=2$，$d(t)=\frac{1}{10}+\frac{1}{20}\cos t$，$f(t)=1$，$m_1(t)=1$，$m_2(t)=8+4\sin t$，$m_3(t)=2$，$e(t)=3+\cos t$，选 $\omega=2\pi$ 则系统（7-2）变为：

$$x'=x\left[3-(2+\cos t)x-\frac{2y}{1+(8+4\sin t)x+2y}\right]$$

$$y'=y\left[-\frac{1}{10}-\frac{1}{20}\cos t-(3+\cos t)y+\frac{x}{1+(8+4\sin t)x+2y}\right] \tag{7-90}$$

由式（7-6），我们有：

$$x^*(t)=\frac{30}{20+9\cos t+3\sin t},\ \int_0^{2\pi}\left(-d(t)+\frac{f(t)x^*(t)}{m_1(t)+m_2(t)x^*(t)+m_3(t)}\right)dt\approx 0.0711>0$$

$$(7-91)$$

因此，由定理 7.1 可知系统（7-90）是持久的，也可以通过图 7-1 看出，图 7-1 是系统（7-90）从初始点（1，1）出发的轨线，其中上方的曲线为 $x(t)$，下方的曲线为 $y(t)$。

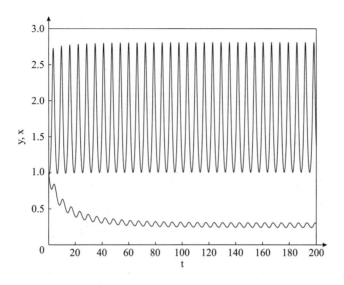

图 7-1　系统（7-90）的轨线图

评注 7.1　Li 和 Takeuchi（2011）的定理 2.1 用不同的方法得到系统（7-2）持久的充分条件是：

$$m_3^l a^l > c^u, \quad f^l > d^u m_2^l$$

$$(f^l - d^u m_2^l) \frac{m_3^l a^l - c^u}{m_3^l b^u} > d^u \left(m_1^u + m_3^u \frac{f^u - d^l m_2^l}{e^l m_2^l} \right) \qquad (7H_1')$$

其中，$f^u := \sup_{t \in R} f(t)$，$f^l := \inf_{t \in R} f(t)$，其他函数关于上下确界的定义类似于函数 $f(t)$。

评注 7.2　Cui（2005）讨论了系统（7-1）的持久性。在系统（7-2）中，如果 $m_1(t) = m(t)$，$m_2(t) = 1$，$m_3(t) = 0$，则系统（7-2）就是系统（7-1）。但系统（7-1）持久的充分条件是（$7H_1$），和系统（7-2）持久的充分条件一样，显然系统（7-2）比系统（7-1）更复杂。因此，关于系统（7-2）持久性的充分条件我们得到一个更好的结论。

评注 7.3　Cui 和 Takeuchi（2006）讨论了下面的系统：

$$x' = x \left[a(t) - b(t)x - \frac{c(t)y}{m_1(t) + m_2(t)x + m_3(t)y} \right]$$

$$y' = y\left[-d(t) + \frac{f(t)x}{m_1(t) + m_2(t)x + m_3(t)y} \right] \qquad (7-92)$$

由 Cui 和 Takeuchi （2006） 定理 2.1 可知，系统 （7-92） 持久的充分条件是：

$$\int_0^\omega \left(-d(t) + \frac{f(t)x^*(t)}{m_1(t) + m_2(t)x^*(t)} \right) dt > 0 \qquad (7H_1'')$$

很明显 $(7H_1) \Rightarrow (7H_1'')$，因此 $(7H_1)$ 包含 $(7H_1'')$。但是 $(7H_1'') \nRightarrow (7H_1)$。也就是说，如果 $(7H_1'')$ 成立，系统 （7-2） 不一定持久。因此，$e(t)y^2(t)$ 这一项可以使系统 （7-2） 的持久性比系统 （7-92） 更强。

    评注 7.4　定理 7.1 的证明过程不同于 Cui 和 Takeuchi （2006） 定理 2.1 的证明。前者是根据持久性定义证明的，后者是通过弱持久和全局吸引性证明的。

    引理 7.7　对系统 （7-2） 所有具有正初始值的解 $(x(t), y(t))$ 来说，若系统 （7-2） 满足：

$$\int_0^\omega \left(-d(t) + \frac{f(t)x^*(t)}{m_1(t) + m_2(t)x^*(t)} \right) dt < 0 \qquad (7H_2)$$

其中，$x^*(t)$ 是方程 （7-4） 的唯一周期解，则 $\lim\limits_{t \to +\infty} y(t) = 0$。

    证明：由 $(7H_2)$，任给 $0 < \varepsilon < 1$，存在 $\varepsilon_1 (0 < \varepsilon_1 < \varepsilon)$ 和 ε_0 使：

$$\int_0^\omega \left(-d(t) + \frac{f(t)(x^*(t) + \varepsilon_1)}{m_1(t) + m_2(t)(x^*(t) + \varepsilon_1)} - e(t)\varepsilon \right) dt \leq -\tilde{\tilde{e}}\omega\varepsilon < -\varepsilon_0$$

$$(7-93)$$

由式 （7-2），易得：

$$x' \leq x(a(t) - b(t)x) \qquad (7-94)$$

因此，对给定的 ε_1 存在 $T_1 > 0$，有：

$$x(t) \leq x^*(t) + \varepsilon_1, \ t \geq T_1 \qquad (7-95)$$

结合式 （7-93），我们有：

$$\int_0^\omega \left(-d(t) + \frac{f(t)x(t)}{m_1(t) + m_2(t)x(t)} - e(t)\varepsilon \right) dt \leq -\varepsilon_0, \ t > T_1$$

$$(7-96)$$

将存在 $T_2 > T_1$，$y(T_2) < \varepsilon$。否则：

$$\varepsilon \leqslant y(t) \leqslant y(T_1) \exp\int_{T_1}^{t} \left(-d(s) + \frac{f(s)x(s)}{m_1(s) + m_2(s)x(s)} - e(s)\varepsilon \right) dt \to 0$$

$$(7\text{-}97)$$

这意味着当 $t \to +\infty$ 时 $\varepsilon \leqslant 0$，矛盾。

接下来我们将证明：

$$y(t) \leqslant \varepsilon e^{D(\varepsilon)\omega}, \ t > T_2 \tag{7-98}$$

其中，

$$D(\varepsilon) = \max_{0 \leqslant t \leqslant \omega} \left\{ d(t) + \frac{f(t)(x^*(t) + \varepsilon)}{m_1(t) + m_2(t)(x^*(t) + \varepsilon)} + e(t)\varepsilon \right\} \tag{7-99}$$

否则将存在 $T_3 > T_2$，使：

$$y(T_3) > \varepsilon e^{D(\varepsilon)\omega} \tag{7-100}$$

当 $t \in (T_4, T_3)$ 时，由 $y(t)$ 的连续性，存在 $T_4 \in (T_2, T_3)$ 使 $y(T_4) = \varepsilon$ 和 $y(t) > \varepsilon$。令 N_1 是非负整数，使 $T_3 \in (T_4 + N_1\omega, T_4 + (N_1 + 1)\omega)$，由式 (7-95) 和式 (7-96) 得：

$$\varepsilon e^{D(\varepsilon)\omega} < y(T_3) < y(T_4)\exp$$

$$\int_{T_4}^{T_3} \left(-d(t) + \frac{f(t)x(t)}{m_1(t) + m_2(t)x(t)} - e(t)\varepsilon \right) dt$$

$$= \varepsilon \exp\left(\int_{T_4}^{T_4+N_1\omega} + \int_{T_4+N_1\omega}^{T_3} \right) \left(-d(t) + \frac{f(t)x(t)}{m_1(t) + m_2(t)x(t)} - e(t)\varepsilon \right) dt$$

$$< \varepsilon \exp\int_{T_4+N_1\omega}^{T_3} \left(d(t) + \frac{f(t)x(t)}{m_1(t) + m_2(t)x(t)} + e(t)\varepsilon \right) dt$$

$$< \varepsilon \exp\max\left(d(t) + \frac{f(t)(x^*(t) + \varepsilon)}{m_1(t) + m_2(t)(x^*(t) + \varepsilon)} + e(t)\varepsilon \right)\omega$$

$$= \varepsilon\, e^{D(\varepsilon)\omega}$$

$$(7\text{-}101)$$

矛盾。也就是说，$y(t) \leqslant \varepsilon e^{D(\varepsilon)\omega}$，由 ε 的任意性，可以得到 $\lim\limits_{t \to +\infty} y(t) = 0$。

由引理7.7，我们可以得到系统（7-2）持久的必要条件是（$7H_2$），同时（$7H_2$）也是系统（7-2）非持久的条件。

定理7.2 如果系统（7-2）是持久的，则条件（$7H_2$）成立。

例7.2 在系统（7-2）中，令 $a(t) = 3$，$b(t) = 2 + \cos t$，$c(t) = 1 + \dfrac{1}{100}\sin t$，

$d(t) = 1 + \dfrac{1}{10}\sin t$，$f(t) = 0.2$，$m_1(t) = 1$，$m_2(t) = 2 + \dfrac{1}{10}\cos t$，$m_3(t) = 3 + \sin t$，

$e(t) = 3 + \dfrac{1}{10}\cos t$，选 $\omega = 2\pi$，则系统（7-2）变为：

$$x' = x\left[3 - (2 + \cos t)x - \frac{\left(1 + \dfrac{1}{100}\sin t\right)y}{1 + \left(2 + \dfrac{1}{10}\cos t\right)x + (3 + \sin t)y}\right]$$

$$y' = y\left[-\left(1 + \dfrac{1}{10}\sin t\right) - \left(3 + \dfrac{1}{10}\cos t\right)y + \frac{0.2x}{1 + \left(2 + \dfrac{1}{10}\cos t\right)x + (3 + \sin t)y}\right]$$

$$(7-102)$$

由式（7-6）我们有：

$$x^*(t) = \frac{30}{20 + 9\cos t + 3\sin t}, \quad \int_0^{2\pi}\left(-d(t) + \frac{f(x)x^*(t)}{m_1(t) + m_2(t)x^*(t)}\right)$$

$$\mathrm{d}t \approx -5.806 < 0 \qquad (7-103)$$

则由定理7.2知系统（7-102）是非持久的，也可以通过图7-2看出。图7-2是系统（7-102）从初始点（2，0.5）出发的轨线，其中上方的曲线为 $x(t)$，下方的曲线为 $y(t)$。

评注7.5 由 Cui 和 Takeuchi（2006）的定理2.1可知系统（7-92）持久的必要条件是：

$$\int_0^{\omega}\left(-d(t) + \frac{f(x)x^*(t)}{m_1(t) + m_2(t)x^*(t)}\right)\mathrm{d}t \leqslant 0 \qquad (H_2')$$

很明显，（$7H_2'$）$\Rightarrow$（$7H_2$），所以（$7H_2'$）包含（$7H_2$）。因此，定理7.2提高

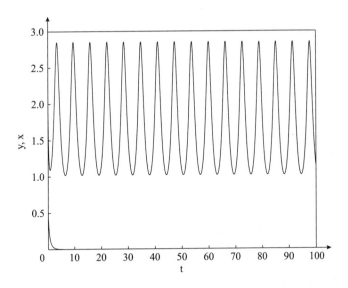

图7-2　系统（7-102）的轨线

了 Cui 和 Takeuchi（2006）的定理 2.1 的结论。

评注 7.6　虽然条件（$7H_1$）和（$7H_2$）中都不包含捕食者密度制约 $e(t)$ 这一项，这并不意味着 $e(t)$ 在持久中不起任何作用。相反地，从评注 7.3 和评注 7.5 我们可以看出 $e(t)y^2(t)$ 对系统（7-2）的持久性起负作用。

评注 7.7　很明显，如果条件（$7H_1$）不成立，条件（$7H_2$）不一定成立。也就是说，（$7H_1$）不是系统（7-2）持久的充分必要条件，这个不同于 Cui 和 Takeuchi（2006）的推论 2.2。

由定理 7.1 和 Li 和 Takeuchi（2011）的一些结论，我们可以得到下面的推论。

推论 7.1　系统（7-2）有一个正 ω 周期解。

推论 7.2　当（$7H_2$）成立时，系统（7-2）的具有正初始值的 ω 边界周期解 $(x^*(t), 0)$ 是渐近稳定的。并且如果系统（7-2）的参数是正常数，则边界周期解 $(x^*(t), 0)$ 将趋近于系统（7-2）对应的自治系统的边界平衡点 $\left(\dfrac{a}{b}, 0\right)$。

本章小结

在本章中，我们研究了具有 Beddington-DeAngelis 功能反应函数的密度制约的非自治周期捕食—被捕食系统，这个系统是 Li 和 Takeuchi（2011）所讨论自治系统和 Cui 和 Takeuchi（2006）系统（7-92）的一个推广。

由定理 7.1 可知，关于持久性的充分条件，系统（7-2）持久的充分条件是（$7H_1$）；由定理 2.1 可知，系统（7-79）持久的充分条件是（$7H_1''$）。明显地，（$7H_1$）$\Rightarrow$（$7H_1''$），因此（$7H_1$）包含（$7H_1''$）。

但是（$7H_1''$）$\nRightarrow$（$7H_1$），也就是说，如果（$7H_1''$）成立，我们不一定得到系统（7-2）是持久的。因此，$e(t)y^2(t)$ 这一项可以使系统（7-2）持久的条件变得比系统（7-92）更强。再者，定理 7.1 的证明思路不同于 Cui 和 Takeuchi（2006）的定理 2.1，前者运用持久性的定义，后者应用弱持久再加上全局吸引。

由定理 7.2 可知，对持久的必要条件来说，系统（7-2）的必要条件是（$7H_2$）；从 Cui 和 Takeuchi（2006）的定理 2.2 来说，系统（7-92）的必要条件是（$7H_2'$）。很明显，（$7H_2'$）$\Rightarrow$（$7H_2$），因此（$7H_2'$）包含（$7H_2$）。因此，定理 7.2 改进了 Cui 和 Takeuchi（2006）的定理 2.2 的结论。另外，虽然条件（$7H_1$）和（$7H_2$）都不包含捕食者密度制约 $e(t)$ 这一项，这并不意味着 $e(t)$ 在持久性方面不起任何作用。相反，$e(t)y^2(t)$ 对系统（7-2）的持久性起到负作用。

再者，如果条件（$7H_1$）不成立，我们不能得到（$7H_2$）一定成立。也就是说，（$7H_1$）是系统（7-2）持久的充分条件，（$7H_2$）是系统（7-2）持久的必要条件。这个不同于 Cui 和 Takeuchi（2006）中的条件（$7H_1''$），（$7H_1''$）不仅是系统（7-92）持久的充分条件也是必要条件。

第八章　密度制约且具有 Beddington－DeAngelis 功能反应函数的捕食—被捕食系统的稳定性和 Hopf 分支

第一节　模型引入

从著名的 Lotka－Volterra 系统开始，捕食—被捕食系统的动力学行为就由于它重要的理论意义和实践价值广泛地被学者们研究。Lotka 和 Volterra 开拓性的工作以后，关于捕食—被捕食系统的大量工作也已经完成（Li 和 Takeuchi，2011；Lian 和 Xu，2009；Yan 和 Li，2006）。近年来，很多学者（Hale 和 Lunel，1993；Hassard 等，1981；Kuang，1999）开始研究了捕食—被捕食时滞系统的吸引性、持久性、Hopf 分支和平衡点的稳定性。长期以来，人们也已经认识到时滞对系统的动力学行为可以有非常复杂的影响。例如，时滞可以使系统由稳定变为不稳定，也可以通过时滞微分方程的 Hopf 分支使系统产生各种震荡和周期解。

Beddington（1975）和 DeAngelis 等（1975）最初提出具有 Beddington－DeAngelis 功能反应函数的捕食—被捕食系统为：

$$
\begin{cases}
x'(t) = x(t)\left(a - bx(t) - \dfrac{cy(t)}{m_1 + m_2 x(t) + m_3 y(t)}\right) \\[3mm]
y'(t) = y(t)\left(-d + \dfrac{fx(t)}{m_1 + m_2 x(t) + m_3 y(t)}\right)
\end{cases}
\tag{8-1}
$$

在第四章第一部分模型引入中已经指出种群分为未成熟阶段和成熟阶段

的必要性，另外，在前面章节中也多次提到考虑捕食者种群密度制约。因此，仅仅考虑被捕食者是密度制约的还远远不够，我们需要把捕食者的密度水平考虑进去。为了与自然现象保持一致，被捕食者具有阶段结构的系统已经广泛地被研究过（Fan 等，2003；Liu 和 Chen，2002；Liu 和 Zhang，2008；Wang 和 Chen，1997）。所以，She 和 Li（2013）论述了一个密度制约具有 Beddington–DeAngelis 功能反应函数阶段结构的捕食—被捕食系统：

$$\begin{cases} x_i'(t) = ax(t) - d_i x_i(t) - ae^{-d_i\tau}x(t-\tau) \\[2mm] x'(t) = ae^{-d_i\tau}x(t-\tau) - bx^2(t) - \dfrac{cx(t)y(t)}{m_1 + m_2 x(t) + m_3 y(t)} \\[2mm] y'(t) = -dy(t) - ry^2(t) + \dfrac{fx(t)y(t)}{m_1 + m_2 x(t) + m_3 y(t)} \end{cases} \tag{8-2}$$

其中，$x_i'(t)$ 表示被捕食者的未成熟阶段或幼年时的密度，$x(t)$ 表示被捕食者成年阶段的密度，$y(t)$ 表示捕食者成年阶段的密度，r 表示捕食者的密度制约率，且所有的参数 a，d_i，b，c，d，f，m_1，m_2，m_3，r 和 τ 都是正的。此外，幼年所经受的死亡率为 d_i，幼年变为成年需要 τ 单位时间且 $e^{-d_i\tau}$ 是每一个未成熟的捕食者变为成熟者的存活率。再者，$x(\theta) > 0$ 在 $-\tau \leqslant \theta \leqslant 0$ 上是连续的且 $x_i(0)$，$x(0)$，$y(0) > 0$。在研究系统（8-2）的动力性质时，研究下面系统的动力性质就足够了：

$$\begin{cases} x'(t) = ae^{-d_i\tau}x(t-\tau) - bx^2(t) - \dfrac{cx(t)y(t)}{m_1 + m_2 x(t) + m_3 y(t)} \\[2mm] y'(t) = -dy(t) - ry^2(t) + \dfrac{fx(t)y(t)}{m_1 + m_2 x(t) + m_3 y(t)} \end{cases} \tag{8-3}$$

在 She 和 Li（2013）的研究中，我们首先得到了正平衡点局部渐近稳定的充分条件，然后由比较定理得到了正平衡点全局吸引的充分条件，最后通过分析 ω-极限集的类型证明了系统的持久性。然而，She 和 Li（2013）研究的仅仅是轨线是否能够进入特定区域，至于轨线在区域内的情形却不知道。在这一章中，我们以时滞 τ 为分支参数去讨论 τ 对系统（8-3）正平衡点稳定性的影响，以及对系统（8-3）周期轨的稳定性、方向和周期的影响。

第二节　特征值分析和稳定性分析

在这一小节中，基于由 Beretta 和 Kuang（2002）提供的几何判别准则，我们主要给出正平衡点的稳定性和系统的稳定性变换。并且我们通过引用一个条件推广了 Beretta 和 Kuang（2002）的几何判断标准，这个条件比 Beretta 和 Kuang（2002）中的条件更弱，且使用了提升理论。最后给出了关于稳定性的一些重要结论。在下面的定理中我们给出唯一正平衡点存在的条件。

引理8.1 系统（8-3）有唯一正平衡点 $E^*(x^*, y^*)$ 当且仅当条件

$$(f-dm_2)\frac{ae^{-d_i\tau}}{b}>dm_1 \tag{$8H_0$}$$

成立。

需要指出的是，由中心流形定理，我们知道 $(x, y, a, b, c, d, r, f,$ $m_1, m_2, m_3, \tau)=(x^*, y^*, a^*, b^*, c^*, d^*, r^*, f^*, m_1^*, m_2^*, m_3^*, \tau^*)$ 附近的轨道结构是由系统（8-3）限制在中心流形上的向量场所决定的，且这个限制给出一个在二维中心流形上的 10-参数族向量场。目前，我们将假定我们面对的是一个单一的标量参数。也就是说，我们仅考虑 τ 为分支参数。如果讨论中除 τ 外存在其他参数，我们会视其他参数值为定值。

我们把系统（8-3）改写为 $\bar{X}'(t)=\bar{F}(\bar{X}(t), \bar{X}(t-\tau))$，其中 $\bar{X}(t)=(x(t), y(t))$，则对任意的定点 $\bar{X}^*=(x, y)$ 来说，接下来我们考虑它对应的特征方程。

令 $H=\left(\dfrac{\partial \bar{F}}{\partial \bar{X}(t-\tau)}\right)_{\bar{X}^*}$ 和 $G=\left(\dfrac{\partial \bar{F}}{\partial \bar{X}(t)}\right)_{\bar{X}^*}$，则：

$$H=\begin{bmatrix} a & 0 \\ 0 & 0 \end{bmatrix}_{\bar{X}^*} \text{ 且 } G=\begin{bmatrix} -2bx-cq'_x & -cq'_y \\ fq'_x & -d-2ry+fq'_y \end{bmatrix}_{\bar{X}^*} \tag{8-4}$$

其中，

$$q(x,y) = \frac{xy}{m_1+m_2x+m_3y}, \quad q'_x = \frac{y(m_1+m_3y)}{(m_1+m_2x+m_3y)^2}, \quad 且\ q'_y = \frac{x(m_1+m_2x)}{(m_1+m_2x+m_3y)^2}$$

$$(8-5)$$

因此，系统（8-5）在点 $\overline{X}^*$ 的特征方程描述为：

$$|G+He^{-\lambda\tau}-\lambda I| = \begin{vmatrix} -2bx-cq'_x+ae^{-\lambda\tau}-\lambda & -cq'_y \\ fq'_x & -d-2ry+fq'_y-\lambda \end{vmatrix}_{\overline{X}^*} = 0 \quad (8-6)$$

也就是说，

$$P(\lambda,\tau)+Q(\lambda,\tau)e^{-\lambda\tau} = \lambda^2+P_1(\tau)\lambda+P_0(\tau)+[Q_1(\tau)\lambda+Q_0(\tau)]e^{-\lambda\tau} = 0$$

$$(8-7)$$

其中，

$$\begin{cases} P(\lambda,\tau) = \lambda^2+P_1(\tau)\lambda+P_0(\tau) \\ P_1(\tau) = (2bx+cq'_x-R)|_{\overline{X}^*} \\ P_0(\tau) = [-2bxR+cq'_x(d+2ry)]|_{\overline{X}^*} \end{cases} \quad 且 \begin{cases} Q(\lambda,\tau) = Q_1(\tau)\lambda+Q_0(\tau) \\ Q_1(\tau) = -ae^{-d_i\tau} \\ Q_0(\tau) = ae^{-d_i\tau}R|_{\overline{X}^*} \end{cases}$$

$$(8-8)$$

其中，$R=fq'_y-d-2ry$，且 $P_m(\cdot)$，$Q_m(\cdot)：R_{+0}\to R$，$m=0$，1 是连续的且关于 τ 可微的函数。

在下面的讨论中，我们始终假定：

$$P_0(\tau)+Q_0(\tau) \neq 0, \forall\ \tau \in R_{+0} \quad (8-9)$$

也就是说，$\lambda=0$ 总也不是方程（8-7）的一个特征根。需要指出的是，如果 $\lambda=\alpha+i\beta$ 是式（8-7）的特征根，则 $\lambda=\alpha-i\beta$ 也是式（8-7）的特征根。

接下来，让我们来讨论 $\tau=0$ 的情形。这种情形之所以重要是因为当 $\tau=0$ 时，如果系统（8-3）的非平凡正稳定状态是稳定的，则我们能够得到时滞是非负值时的局部稳定性，或找到一个可以保持稳定状态的临界值。

当 $\tau=0$ 时，特征方程（8-7）可以简化为：

$$\lambda^2+[P_1(0)+Q_1(0)]\lambda+[P_0(0)+Q_0(0)] = 0 \quad (8-10)$$

显然，当 $\tau=0$ 且

$$P_1(0)+Q_1(0)>0,\ P_0(0)+Q_0(0)>0 \tag{$8H_1$}$$

成立时，方程（8-7）在 $\tau=0$ 时的所有根都有负实部。因此，我们有下面的结论。

引理 8.2 如果条件（$8H_0$）和（$8H_1$）成立，则当 $\tau=0$ 时系统（8-3）的正平衡点（$x^*,\ y^*$）是渐近稳定的。

为了讨论系统（8-3）的稳定性转换，我们需要考虑一对简单的共轭纯虚根 $\lambda=\pm i\omega(\tau)$，其中 $\omega(\tau)$ 是实的。因为式（8-7）的纯虚根 $\lambda=\pm i\omega(\tau)$ 总是成对出现的，不失一般性，我们仅考虑 $\omega(\tau)>0$ 的情形。

有必要指出的是，当 $\tau>0$ 且式（8-7）的根为 $\lambda_1(\tau),\ \lambda_2(\tau),\ \cdots,\ \lambda_k(\tau)$（其中 k 可以是正无穷）时，存在 $\tau_0=\min\{\tau\,|\,\mathrm{Re}(\lambda_i(\tau))=0,\ i=1,\ 2,\ \cdots k\}>0$。在接下来的讨论中，为了叙述上的方便，我们始终记 $\lambda(\tau)$ 为 $\lambda_i(\tau)$，$i\in1,\ 2,\ \cdots,\ k$。

为此，我们定义：

$$F(\omega,\tau)\overset{\Delta}{=}|P(i\omega,\ \tau)|^2-|Q(i\omega,\tau)|^2=\omega^4+B(\tau)\omega^2+C(\tau) \tag{8-11}$$

其中，$B(\tau)=P_1^2(\tau)-2P_0(\tau)-Q_1^2(\tau),\ C(\tau)=P_0^2(\tau)-Q_0^2(\tau)$，且

$$I\overset{\Delta}{=}\{\tau\geqslant0:\ \text{存在}\ \omega(\tau)>0\ \text{使}\ F(\omega(\tau))=0\} \tag{8-12}$$

同时，对 $\tau\in I$，我们引入条件：

$$P_1(\tau)+Q_1(\tau)\neq0\ \text{且}\ P_0(\tau)+Q_0(\tau)\neq0 \tag{$8H_2$}$$

则基于条件（$8H_2$），我们可以验证条件（1）：

（1）若 $\lambda=i\omega,\ \omega\in R$，则 $P(i\omega,\ \tau)+Q(i\omega,\ \tau)=[P_0(\tau)+Q_0(\tau)-\omega^2]+i\omega[P_1(\tau)+Q_1(\tau)]\neq0,\ \tau\in R$。

再者，我们也能验证条件（2）~（4）：

（2） $\lim\limits_{|\lambda|\to\infty,\ \mathrm{Re}\lambda\geqslant0}\sup\left|\dfrac{Q(\lambda,\tau)}{P(\lambda,\tau)}\right|=\lim\limits_{|\lambda|\to\infty}\sup\left|\dfrac{Q_1(\tau)\lambda+Q_0(\tau)}{\lambda^2+P_1(\tau)\lambda+P_0(\tau)}\right|=0<1$。

（3）对每一个 τ，由式（8-11）得，$F(\omega,\ \tau)$ 至多有有限个实零点。

（4）由式（8-11）得，$F(\omega,\ \tau)=0$ 只要有正根 $\omega(\tau)$，则 $\omega(\tau)$ 关于 τ 连续可微。

接下来，我们将考虑 $F(\omega,\ \tau)=0$ 的根。如果 $F(\omega,\ \tau)=0$ 有正根，则要么：

$$0 < C(\tau) < \frac{B^2(\tau)}{4} \text{ 且 } B(\tau) < 0 \qquad (8H_3)$$

成立，要么：

$$C(\tau) \leqslant 0 \qquad (8H_4)$$

成立。对 $F(\omega, \tau) = 0$，定义：

$$Z_{\pm}(\tau) = \frac{-B(\tau) \pm \sqrt{B^2(\tau) - 4C(\tau)}}{2} \qquad (8-13)$$

则我们有下面的结论：

引理 8.3 如果条件（$8H_0$）和（$8H_3$）成立，则 $F(\omega) = 0$ 分别有两个不同的正根 $\omega_{\pm} = \sqrt{z_{\pm}(\tau)}$；如果条件（$8H_0$）和（$8H_4$）满足，则 $F(\omega) = 0$ 有唯一一个正根 $\omega_+ = \sqrt{z_+(\tau)}$。

因此，基于引理 8.3，让我们来分析在式（8-12）中刻画的 I 的结构。有：

$$I = I_1 \cup I_2 \qquad (8-14)$$

其中，

$$I_1 = \{\tau \geqslant 0 : (8H_0) \text{和} (8H_3) \text{成立}\}, I_2 = \{\tau \geqslant 0 : (8H_0) \text{和} (8H_4) \text{成立}\}$$

$$(8-15)$$

对 $\tau \in I$ 和满足 $F(\omega, \tau) = 0$ 的 $\omega > 0$ 来说，我们有 $Q_0^2(\tau) + \omega^2(\tau) Q_1^2(\tau) \neq 0$。因为如果 $Q_0^2(\tau) + \omega^2(\tau) Q_1^2(\tau) = 0$，则 $Q(i\omega, \tau) = 0$，进而由 $F(\omega, \tau) = 0$ 得 $P(i\omega, \tau) = 0$，这与假设（1）矛盾。因此，我们定义 $\theta(\tau) \in [0, 2\pi]$ 为下面方程组的解：

$$\begin{cases} \sin \theta(\tau) = \dfrac{[\omega^2 - P_0(\tau)] \omega Q_1(\tau) + \omega P_1(\tau) Q_0(\tau)}{Q_0^2(\tau) + \omega^2 Q_1^2(\tau)} \\[4mm] \cos \theta(\tau) = \dfrac{[P_0(\tau) - \omega^2] Q_0(\tau) + \omega^2 P_1(\tau) Q_1(\tau)}{Q_0^2(\tau) + \omega^2 Q_1^2(\tau)} \end{cases} \qquad (8-16)$$

从经典的结论来说，当我们确定 $\tau = \tau^*$ 处的 Hopf 分支存在性时，需要知道 $\dfrac{\mathrm{d}Re(\lambda)}{\mathrm{d}\tau}\bigg|_{\lambda = i\omega(\tau^*)}$ 的符号可以确定 $\tau = \tau^*$ 处的稳定性转换，但直接判断符号

太复杂。为了简化计算,我们引入函数:

$$S_n(\tau) \overset{\Delta}{=} \tau - \frac{\theta(\tau) + 2n\pi}{\omega(\tau)}, \tau \in I, n \in N_0 \overset{\Delta}{=} \{0, 1, 2, \cdots\} \qquad (8\text{-}17)$$

因此,$i\omega^*(\omega^* = \omega(\tau^*) > 0)$ 是方程(8-7)的纯虚根当且仅当 τ^* 是 S_n 的零解。还有,由 Beretta 和 Kuang(2002)的定理 2.2,我们有 $\dfrac{\mathrm{d}S_n(\tau)}{\mathrm{d}\tau}\Big|_{\tau=\tau^*}$ 的符号和 $\dfrac{\mathrm{d}Re(\lambda)}{\mathrm{d}\tau}\Big|_{\lambda=i\omega(\tau^*)}$ 的符号的关系表达式:

$$\mathrm{Sign}\left\{\frac{\mathrm{d}Re(\lambda)}{\mathrm{d}\tau}\Big|_{\lambda=i\omega(\tau^*)}\right\} = \mathrm{Sign}\left\{\frac{\partial F}{\partial\omega}(\omega(\tau^*), \tau^*)\right\} \times \mathrm{Sign}\left\{\frac{\mathrm{d}S_n(\tau)}{\mathrm{d}\tau}\Big|_{\tau=\tau^*}\right\}$$

$$(8\text{-}18)$$

在式(8-18)中,特征方程(8-7)的根 $\lambda(\tau)$ 在 $i\omega$ 附近关于 τ 是可微的这个结论需要成立。接下来,我们引出两个引理去证明这个结论。

引理 8.4 正平衡点 (x^*, y^*) 光滑依赖于参数 τ。

证明:已知 $\lambda = 0$ 不是特征方程(8-7)的根,因此 (x^*, y^*) 是非退化的。由张芷芬等(1997)的引理 1.2 可知,光滑依赖于变量和参数 τ 的向量场(8-3),如果它的奇点是非退化的,则奇点本身也光滑地依赖于参数 τ。

引理 8.5 特征方程(8-7)的根 $\lambda(\tau)$ 在 $i\omega$ 附近关于 τ 是可微的。

证明:因为正平衡点 (x^*, y^*) 满足 $d + ry^* = \dfrac{fx^*}{m_1 + m_2x^* + m_3y^*}$,所以,我们有 $Q_1(\tau) < 0$ 且

$$Q_0(\tau) = -ae^{-d_i\tau}\left[d + 2ry^* - \frac{fx^*(m_1 + m_2x^*)}{(m_1 + m_2x^* + m_3y^*)^2}\right]$$

$$(8\text{-}19)$$

$$= -ae^{-d_i\tau}\left[ry^* + \frac{m_3y^*(d + ry^*)}{m_1 + m_2x^* + m_3y^*}\right] < 0$$

类似地,可得 $P_1(\tau) > 0$ 和 $P_0(\tau) > 0$。

再者,记为:

$$G(\lambda, \tau) = \lambda^2 + P_1(\tau)\lambda + P_0(\tau) + [Q_1(\tau)\lambda + Q_0(\tau)]e^{-\lambda\tau} \qquad (8\text{-}20)$$

由 $G(\lambda, \tau) = 0$，我们有：

$$-e^{\lambda\tau} = -\frac{\lambda^2 + P_1(\tau)\lambda + P_0(\tau)}{Q_1(\tau)\lambda + Q_0(\tau)} \tag{8-21}$$

假定 $G_\lambda(\lambda, \tau) = 0$，可以得到：

$$2\lambda + P_1(\tau) + [Q_1(\tau) - \tau(Q_1(\tau)\lambda + Q_0(\tau))]e^{-\lambda\tau} = 0 \tag{8-22}$$

把式（8-21）代入式（8-22），我们有：

$$\lambda^3 + \left(P_1(\tau) + \frac{Q_0(\tau)}{Q_1(\tau)} + \frac{1}{\tau}\right)\lambda^2 + \left(\frac{P_1(\tau)Q_0(\tau)}{Q_1(\tau)} + P_0(\tau) + \frac{2Q_0(\tau)}{\tau Q_1(\tau)}\right)\lambda +$$

$$\left(\frac{P_0(\tau)Q_0(\tau)}{Q_1(\tau)} - \frac{P_0(\tau)}{\tau} + \frac{P_1(\tau)Q_0(\tau)}{Q_1(\tau)}\right) = 0$$

$$\tag{8-23}$$

令 $A \equiv P_1(\tau) + \dfrac{Q_0(\tau)}{Q_1(\tau)} + \dfrac{1}{\tau}$，$B \equiv \dfrac{P_1(\tau)Q_0(\tau)}{Q_1(\tau)} + P_0(\tau) + \dfrac{2Q_0(\tau)}{\tau Q_1(\tau)}$，$C \equiv \dfrac{P_0(\tau)Q_0(\tau)}{Q_1(\tau)} -$

$\dfrac{P_0(\tau)}{\tau} + \dfrac{P_1(\tau)Q_0(\tau)}{\tau Q_1(\tau)}$，则式（8-23）等价于：

$$\lambda^3 + A\lambda^2 + B\lambda + C = 0 \tag{8-24}$$

对 $\lambda = i\omega$，式（8-24）有：

$$A\omega^2 = C, \quad \omega^2 = B \tag{8-25}$$

意味着 $AB = C$，这是不可能的，因为：

$$AB - C = P_1(\tau)P_0(\tau) + \frac{2P_0(\tau)}{\tau} + \frac{P_1^2(\tau)Q_0(\tau)}{Q_1(\tau)} + \frac{2P_1(\tau)Q_0(\tau)}{\tau Q_1(\tau)} + \frac{P_1(\tau)Q_0^2(\tau)}{Q_1^2(\tau)} +$$

$$\frac{2Q_0^2(\tau)}{\tau Q_1^2(\tau)} + \frac{2Q_0(\tau)}{\tau^2 Q_1(\tau)} > 0 \tag{8-26}$$

由于 $P_1(\tau) > 0$，$P_0(\tau) > 0$，$Q_1(\tau) < 0$，$Q_0(\tau) < 0$，因此，如果存在 $\lambda = i\omega$ 和 τ 使 $G(\lambda, \tau)|_{\lambda = i\omega} = 0$，则 $G_\lambda(\lambda, \tau)|_{\lambda = i\omega} \neq 0$ 一定成立。因此由隐函数定理，我们有特征方程（8-7）的根 $\lambda(\tau)$ 在 $i\omega$ 附近关于 τ 是可微的。

根据公式（8-18），我们可以通过 $\dfrac{\mathrm{d}S_n(\tau)}{\mathrm{d}\tau}\bigg|_{\tau = \tau^*}$ 的符号去判断

$\dfrac{\mathrm{d}Re\,(\tau)}{\mathrm{d}\tau}\bigg|_{\lambda=i\omega(\tau^{*})}$ 的符号。再者，由式（8-16）得，当 $\theta(\tau')=2\pi$ 时 $\theta(\tau)$ 在点 τ' 处可能有一个从 2π 到 0 的跳跃高度。然而，条件 (i) 意味着在 I 上 $\theta(\tau)\neq0,\ 2\pi$。因此，去掉这个不连续性，$\theta(\tau)\in(0,\ 2\pi)$ 在 I 上是连续可微的。所以，函数 $S_n(\tau)$，$n\in N_0$ 在 I 上是连续可微的。

需要注意到的是条件 $(8H_2)$ 可以保证 Beretta 和 Kuang（2002）研究中的假设 (i) 成立。下面我们可以引入一个新的条件来进一步放宽 Beretta 和 Kuang（2002）研究中的 (i)：

$$(i')\qquad\qquad Q(i\omega(\tau),\ \tau)\neq0\qquad\qquad(8\text{-}27)$$

对 $\tau\in I$ 且 $\omega(\tau)$ 是 $F(\omega,\ \tau)=0$ 的解。再者，如果条件：

$$Q_0^2(\tau)+(\tau)Q_1^2(\tau)\neq0\ \text{且}\ P_0(\tau)+Q_0(\tau)\neq0\qquad(8H_2')$$

成立，则：

$$|Q(i\omega(\tau),\tau)|^2=Q_0^2(\tau)+\omega^2(\tau)Q_1^2(\tau)\neq0\qquad(8\text{-}28)$$

(i') 成立。并且我们得到比假设 (i) 更弱的条件 (i')。

在假定 (i') 下，定义在式（8-16）的 $\theta(\tau)$ 在某些 τ' 处可能有一个 2π 到 0 高度的跳跃。这对在 τ' 点具有 $2\pi/\omega(\tau')$ 高度跳跃的 $S_n(\tau)$ 来说将产生一种不连续。为了克服这个困难，我们引进一种提升技术。由定义（8-16），存在唯一的提升：

$$\widetilde{\theta}:I\to R\qquad\qquad(8\text{-}29)$$

使 $\widetilde{\theta}(\tau)-\theta(\tau)=0\ \mathrm{mod}\ 2\pi$。再者，$\widetilde{\theta}(\tau)$ 在 $\tau\in I$ 上是连续可微的。定义：

$$\widetilde{S}_n(\tau)\overset{\Delta}{=}\tau-\dfrac{\widetilde{\theta}(\tau)+2n\pi}{\omega(\tau)},\ \tau\in I,\ n\in N_0\overset{\Delta}{=}\{0,\ 1,\ 2,\ \cdots\}\qquad(8\text{-}30)$$

我们可以得到类似于 Beretta 和 Kuang（2002）研究定理 2.2 结论的下面引理。

引理 8.6　假定函数 $\widetilde{S}_n(\tau)$ 对某些 $n\in N_0$ 有一个正根 $\tau^*\in I$，则特征方程（8-7）在 $\tau=\tau^*$ 处存在一对简单的纯虚根 $\pm\omega(\tau^*)$ 且

$$\text{Sign}\left\{\frac{\mathrm{d}Re(\lambda)}{\mathrm{d}\tau}\Big|_{\lambda=i\omega(\tau^*)}\right\}=\text{Sign}\left\{\frac{\partial F}{\partial\omega}(\omega(\tau^*),\tau^*)\right\}\times\text{Sign}\left\{\frac{\mathrm{d}\widetilde{S}_n(\tau)}{\mathrm{d}\tau}\Big|_{\tau=\tau^*}\right\}$$

$$(8\text{-}31)$$

需要注意的是，在引理 8.6 中存在 $\dfrac{\partial F}{\partial\omega}(\omega(\tau^*),\tau^*)$ 的符号，因此我们将考

虑 $\dfrac{\partial F}{\partial\omega}(\omega(\tau^*),\tau^*)$。由式（8-11）、式（8-13）和引理 8.3，我们有：

$$\frac{\partial F}{\partial\omega}=2\omega(2\omega^2+B(\tau))=\pm 2\omega\sqrt{B^2(\tau)-4C(\tau)}\qquad(8\text{-}32)$$

当 $\omega(\tau^*)=\omega_+(\tau^*)$ 时，$\dfrac{\partial F}{\partial\omega}\Big|_{\tau=\tau^*}=2\omega\sqrt{B^2(\tau)-4C(\tau)}\Big|_{\tau=\tau^*}$ 且 Sign

$\left\{\dfrac{\partial F}{\partial\omega}(\omega(\tau^*),\tau^*)\right\}=1$；当 $\omega(\tau^*)=\omega_-(\tau^*)$ 时，$\dfrac{\partial F}{\partial\omega}\Big|_{\tau=\tau^*}=$

$-2\omega\sqrt{B^2(\tau)-4C(\tau)}\Big|_{\tau=\tau^*}$ 且 Sign$\left\{\dfrac{\partial F}{\partial\omega}(\omega(\tau^*),\tau^*)\right\}=-1$。因此，我们有

如下分别关于 $I=I_1$ 和 $I=I_2$ 的两个引理。

引理 8.7　假定引理 8.2 中的条件（1）~（4）成立，特征方程（8-7）

有由 $\widetilde{S}_n(\tau^*)=0$ 提供的两对简单纯虚根 $\lambda=\pm i\omega_\pm(\tau^*)$，$\tau^*\in I_1$。再者，当 ω

$(\tau^*)=\omega_+(\tau^*)$ 时，如果 $\text{Sign}\left\{\dfrac{\mathrm{d}Re(\lambda)}{\mathrm{d}\tau}\Big|_{\lambda=i\omega_+(\tau^*)}\right\}>0$，则这对简单共扼纯虚

根将从左到右穿过虚轴，如果 $\text{Sign}\left\{\dfrac{\mathrm{d}Re(\lambda)}{\mathrm{d}\tau}\Big|_{\lambda=i\omega_+(\tau^*)}\right\}<0$，则这对简单共扼

纯虚根将从右到左穿过虚轴；当 $\omega(\tau^*)=\omega_-(\tau^*)$ 时，如果 Sign

$\left\{\dfrac{\mathrm{d}Re(\lambda)}{\mathrm{d}\tau}\Big|_{\lambda=i\omega_-(\tau^*)}\right\}>0$，则这对简单共扼纯虚根将从左到右穿过虚轴，如果

$\text{Sign}\left\{\dfrac{\mathrm{d}Re(\lambda)}{\mathrm{d}\tau}\Big|_{\lambda=i\omega_-(\tau^*)}\right\}<0$，则这对简单共扼纯虚根将从右到左穿过虚轴。

引理 8.8　假定 (i')，(ii)，(iii)，(iv) 成立。特征方程（8-7）有一

对由心 $\widetilde{S}_n(\tau^*)=0$ 提供的简单纯虚根 $\lambda=\pm i\omega_+(\tau^*)$，$\tau^*\in I_2$。如果 Sign

$$\left\{\left.\frac{\mathrm{d}Re(\lambda)}{\mathrm{d}\tau}\right|_{\lambda=i\omega_+(\tau^*)}\right\}>0，则这对简单共扼纯虚根将从左到右穿过虚轴；如果$$

$$Sign\left\{\left.\frac{\mathrm{d}Re(\lambda)}{\mathrm{d}\tau}\right|_{\lambda=i\omega_+(\tau^*)}\right\}<0，则这对简单共扼纯虚根将从右到左穿过虚轴。$$

基于引理 8.7 和引理 8.8，我们想得到关于稳定性的主要结论。需要注意的是，$\widetilde{S}_n(0)\leqslant0$ 且 $\widetilde{S}_n(\tau)>\widetilde{S}_{n+1}(\tau)$，$\tau\in I$，$n\in N_0$。再者，如果 $\widetilde{S}_0(\tau)$ 在集合 I 中无零解，则 $\widetilde{S}_n(\tau)$ 在集合 I 中对任意的 $n\in N_0$ 也无零解。事实上，我们有下面的结论。

评注 8.1 如果存在 $N\in N_0$，使 $\widetilde{S}_N(\tau)$ 在集合 I 中无零解，则 $\widetilde{S}_n(\tau)$，$n=0$，1，$\cdots$，$N-1$ 在集合 I 中无零解；如果存在 $N\in N_0$ 使 $\widetilde{S}_N(\tau)$ 在集合 I 中无零解，则 $\widetilde{S}_n(\tau)$，$n=N+1$，$N+2$，$\cdots$ 在集合 I 中无零解。

再者，当 $\widetilde{S}_0(\tau)$ 在集合 I 中无正零解时，则其他的 $\widetilde{S}_n(\tau)$ 在 I 内也无正零解。因此，我们有下面的结论。

定理 8.1 如果 $\widetilde{S}_0(\tau)$ 在集合 I 中无正零解，则 $(x^*，y^*)$ 是渐近稳定的，对所有的 $\tau\geqslant0$。

如果 $\widetilde{S}_n(\tau)$ 对某些 $n\in N_0$ 有正的零根 τ_n^i，则不失一般性，我们可以假定：

$$\frac{\mathrm{d}\widetilde{S}_n(\tau_n^i)}{\mathrm{d}\tau}\neq0 \text{ 且 } \widetilde{S}_n(\tau_n^i)=0 \tag{8-33}$$

则如果条件 $(8H_1)$ 成立，稳定性变换将发生在零根 $\widetilde{S}_0(\tau)$ 处。

因此，基于引理 8.2、引理 8.7 和引理 8.8，我们分两种情形分别得到系统的稳定性转换：$(8H_0)$ 和 $(8H_4)$ 成立；$(8H_0)$ 和 $(8H_3)$ 成立。

情形 1，$(8H_0)$ 和 $(8H_4)$ 成立。假定 $\widetilde{S}_0(\tau_0^1)=0$，且对所有的 $\tau\in(0，\tau_0^1)$，$\widetilde{S}_0(\tau)\neq0$。也就是说，$\tau_0=\tau_0^1$。

定理 8.2 如果 $(8H_0)$，$(8H_1)$，$(8H_4)$ 且式 (8-33) 成立，则当 $\tau\in$

$[0, \tau_0^1)$ 时 (x^*, y^*) 是渐近稳定的，且存在 $\tau_0^* > \tau_0^1 > 0$，使 (x^*, y^*) 在 $\tau \in (\tau_0^1, \tau_0^*)$ 时是不稳定的。

然而，由于特征方程（8-7）的复杂性，根据定理 8.2 我们不能判断除第一个零点 τ_0^1 外 $\widetilde{S}_n(\tau)$ 其他零点的稳定性变换，并且也不能判定 $\widetilde{S}_n(\tau)$ 的哪个零点是 τ_0^*。

为了得到 $\widetilde{S}_n(\tau)$ 其他点的稳定性变换，对固定的 $\tau > 0$，我们假定式（8-7）在右半开平面零根的重数最多为两个。当 $I = I_2$ 时，定义 $\tau_{I_2} \overset{\Delta}{=} \{\tau_1, \tau_2, \tau_3, \tau_4, \cdots\}$ 为 $\widetilde{S}_n(\tau)$ 的所有零解，且 $\tau_1 < \tau_2 < \tau_3 < \tau_4 < \cdots$ 对特征方程（8-7）来说，存在两个特征根 $\lambda_1(\tau)$，$\lambda_2(\tau)$，$\forall \tau \in \tau_{I_2}$，存在一个 $\tau_s \in \tau_{I_2}$，使当 $\lambda_1(\tau_s) = i\omega$，$s = 1, 2, \cdots$ 时，$\lambda_1(\tau_s) = \lambda_2(\tau_s)$。如果 $\lambda_1(\tau_k) = i\omega(\tau_k)$ 和 $\dfrac{\mathrm{d}Re(\lambda)}{\mathrm{d}\tau}\bigg|_{\lambda = i\omega(\tau_k)} > 0$，则 $\dfrac{\mathrm{d}Re(\lambda)}{\mathrm{d}\tau}\bigg|_{\lambda = i\omega(\tau_k + 1)} < 0$，其中 $\lambda_1(\tau_{k+1}) = i\omega(\tau_{k+1})$，$k = 1, 2, \cdots$ 因此，我们有下面的结论。

定理 8.2′ 对固定的 $\tau > 0$，假定式（8-7）在右半开平面零根的重数最多为两个。如果 $\widetilde{S}_n(\tau)$ 在 I_2 中有正根 $\tau_1 < \tau_2 < \tau_3 < \tau_4 \cdots$ 且满足（$8H_1$）和式（8-33），则 (x^*, y^*) 在 $\tau \in [0, \tau_1) \cup (\tau_2, \tau_3) \cup \cdots$ 中是局部渐近稳定的且在区间 $\tau \in (\tau_1, \tau_2) \cup (\tau_3, \tau_4) \cup \cdots$ 中是不稳定的。也就是说，会发生稳定—不稳定—稳定的稳定性转换。

情形 2，（$8H_0$）和（$8H_3$）成立。此时 ω_+ 和 ω_- 都是可以具体求出来的。在 I_1 上，我们有如下两个函数序列：

$$\widetilde{S}_n^+(\tau) = \tau - \frac{\widetilde{\theta}_+(\tau) + 2n\pi}{\omega_+(\tau)} \text{和} \widetilde{S}_n^-(\tau) = \tau - \frac{\widetilde{\theta}_-(\tau) + 2n\pi}{\omega_-(\tau)} \tag{8-34}$$

其中，$\widetilde{\theta}_{\pm}(\tau)$ 是当 $\omega = \omega_+$ 时方程组（8-15）的解。我们可以假定：

$$\frac{\mathrm{d}\widetilde{S}_n^{\pm}(\tau_n)}{\mathrm{d}\tau} \neq 0 \text{ 且 } \widetilde{S}_n^{\pm}(\tau_n) = 0 \tag{8-35}$$

类似地，对 $\tau \in I_1$，可以得到 $\widetilde{S}_n^{\pm}(0) \leqslant 0$ 和 $\widetilde{S}_n^{\pm}(\tau) > \widetilde{S}_{n+1}^{\pm}(\tau)$ 成立。还有，如果

$\widetilde{S}_0^+(\tau) > \widetilde{S}_0^-(\tau)$，则当 $n \in N_0$ 时，$\widetilde{S}_n^+(\tau) > \widetilde{S}_n^-(\tau)$。除了以上这种情况外，稳定性变换可能依赖 $\widetilde{S}_n^+(\tau) = 0$ 和 $\widetilde{S}_n^-(\tau) = 0$ 上的所有实根。再者，Hopf 分支也可能在 $\widetilde{S}_n^+(\tau) = 0$ 的每个根处出现。同时，我们假定 $\widetilde{S}_0^+(\tau_0^+) = 0$，且对所有的 $\tau \in (0, \tau_0^+)$，$\widetilde{S}_0^+(\tau) \neq 0$。也就是说，$\tau_0 = \tau_0^+$。

定理 8.3　如果 $(8H_0)$，$(8H_1)$，$(8H_3)$ 和式（8-35）满足，则当 $\tau \in [0, \tau_0^+)$ 时，(x^*, y^*) 是渐近稳定的，且存在 $\tau_0^{**} > \tau_0^+ > 0$ 使 (x^*, y^*) 在 $\tau \in (\tau_0^+, \tau_0^{**})$ 时是不稳定的。

类似于第二种情形，为了得到除了 $\widetilde{S}_0^+(\tau)$ 的第一个零解 τ_0^+ 之外的 $\widetilde{S}_n^\pm(\tau)$ 的其他所有零解稳定性变换，对固定的 $\tau > 0$，我们假定式（8-7）在右半开平面零根的重数最多为两个。定义 $\tau_{I_1} \overset{\Delta}{=} \{\tau_1', \tau_2', \tau_3', \tau_4', \cdots\}$ 是 $\widetilde{S}_n^\pm(\tau)$ 的所有零解，且 $\tau_1' < \tau_2' < \tau_3' < \tau_4'$，…则相应的结论如下。

定理 8.3′　对固定的 $\tau > 0$，假定式（8-7）在右半开平面零根的重数最多为两个。如果 $\widetilde{S}_n^\pm(\tau)$ 在集合 I_1 中有正根 $\tau_1' < \tau_2' < \tau_3' < \tau_4'$，…且满足 $(8H_1)$ 和式（8-35），则当 $\tau \in [0, \tau_1') \cup (\tau_2', \tau_3') \cup \cdots$ 时，(x^*, y^*) 是局部渐近稳定的，且当 $\tau \in (\tau_1', \tau_2') \cup (\tau_3', \tau_4') \cup \cdots$ 时是不稳定的。也就是说，会发生稳定—不稳定—稳定的稳定性转换。

第三节　Hopf 分支的特性

通过第二节的分析且由定理 8.2 可知，(x^*, y^*) 在 $[0, \tau_0^1)$ 上是稳定的，在 (τ_0^1, τ_0^*) 上是不稳定的。因此，系统（8-3）在 (x^*, y^*) 处经历了稳定性变化，并且在临界点 τ_0^1 处出现了周期轨道，相同的结论通过其他定理也可以得到。再者，对定理 8.2 中的 τ_0^1 和定理 8.3 中的 τ_0^+ 来说，分支出来的周期解分别都在 τ_0^1 和 τ_0^+ 的右边。

再者，基于由 Wiggins（2003）的引理 20.2.1 得到周期轨道的存在性和由张芷芬等（1997）的定理 3.1 得到的在邻域 U 内最多存在一个周期轨这两个结论，我们有系统（8-3）在邻域 U 内在临界点 τ_0^1 和 τ_0^+ 处分别存在唯一周期轨。因此，我们可以直接得到关于周期轨方向的结论。

定理 8.4 存在邻域 U，使在临界点 τ_0^1 和 τ_0^+ 处在 U 内产生的相应唯一周期解都是向前的。

我们可以把上面的结论推广，除了在临界点 τ_0^1 和 τ_0^+ 处的分支周期解方向以外，我们也对 $\widetilde{S}_n^+(\tau)$ 所有零点处分支周期解的稳定性和周期，以及 $\widetilde{S}_n^+(\tau)$ 其他零点处的分支周期解的方向感兴趣。因此，在这一部分我们将分四步考虑 Hopf 分支的特性：

（1）通过引入无穷小生成元把时滞系统（8-3）转化为无穷维系统。

（2）利用谱分解理论和无穷维系统的中心流形理论求出限制在中心流形上的流所满足的二维常微分方程。

（3）分析二维常微分方程且通过比较系数法求得这个二维常微分方程的系数。

（4）得到 Hopf 分支关于稳定性、方向和周期的特性。

首先，我们需要下面这两步。

第一，将系统（8-3）无量纲化。首先，我们令 $x(t)-x^*\rightarrow x(t)$，$y(t)-y^*\rightarrow y(t)$ 且 $t\rightarrow\dfrac{t}{\tau}$，则系统（8-3）变为下面的形式：

$$\begin{pmatrix} x'(t) \\ y'(t) \end{pmatrix} = \tau B(\tau)\begin{pmatrix} x(t) \\ y(t) \end{pmatrix} + \tau C(\tau)\begin{pmatrix} x(t-1) \\ y(t-1) \end{pmatrix} + \tau F(x(t), y(t)) \quad (8-36)$$

其中，

$$B(\tau) = \begin{pmatrix} -2bx^* - \dfrac{cy^*(m_1+m_3y^*)}{(m_1+m_2x^*+m_3y^*)^2} & \dfrac{-cx^*(m_1+m_2x^*)}{(m_1+m_2x^*+m_3y^*)^2} \\ \dfrac{fy^*(m_1+m_3y^*)}{(m_1+m_2x^*+m_3y^*)^2} & -d-2ry^* + \dfrac{fx^*(m_1+m_2x^*)}{(m_1+m_2x^*+m_3y^*)^2} \end{pmatrix},$$

$$C(\tau) = \begin{pmatrix} ae^{-d_i\tau} & 0 \\ 0 & 0 \end{pmatrix}$$

$$F(x(t),\,y(t)) \overset{\Delta}{=} \begin{pmatrix} f(x,\,y) \\ l(x,\,y) \end{pmatrix} = \begin{pmatrix} -bx^2 - \dfrac{cxy}{m_1+m_2x+m_3y} \\[3mm] -ry^2 + \dfrac{fxy}{m_1+m_2x+m_3y} \end{pmatrix}$$

$$= \begin{pmatrix} \dfrac{1}{2}f_{20}x^2 + f_{11}xy + \dfrac{1}{2}f_{02}y^2 + \dfrac{1}{6}f_{30}x^3 + \dfrac{1}{2}f_{12}xy^2 + \dfrac{1}{2}f_{21}x^2y + \dfrac{1}{6}f_{03}y^3 + \cdots \\[3mm] \dfrac{1}{2}l_{20}x^2 + l_{11}xy + \dfrac{1}{2}l_{02}y^2 + \dfrac{1}{6}l_{30}x^3 + \dfrac{1}{2}l_{12}xy^2 + \dfrac{1}{2}l_{21}x^2y + \dfrac{1}{6}l_{03}y^3 + \cdots \end{pmatrix}$$

$$(8\text{-}37)$$

且 $f_{ij} = \dfrac{\partial^{i+j}f(x^*,\,y^*)}{\partial^i x \partial^j y}$，$l_{ij} = \dfrac{\partial^{i+j}l(x^*,\,y^*)}{\partial^i x \partial^j y}$，$i,\,j=1,\,2,\,\cdots$

令 $\tau=\tau_0+\mu$，因此，$\mu=0$ 是系统（8-1）的 Hopf 分支值。我们需要把系统（8-1）转化为算子方程。对 $\phi=(\phi_1,\,\phi_2)^T \in C([-1,\,0],\,R^2)$，定义：

$$L_\mu(\phi)=(\tau_0+\mu)[B(\tau_0+\mu)\phi(0)+C(\tau_0+\mu)\phi(-1)] \qquad (8\text{-}38)$$

由 Riesz 表现定理，存在一个 2×2 矩阵 $\eta(\theta,\,\mu)$，$\theta \in [-1,\,0]$，它的元素是有界变差函数使：

$$L_\mu(\phi)=\int_{-1}^0 [(\mathrm{d}\eta(\theta,\,\mu)]\phi(\theta),\ \phi \in C([-1,\,0],\,R^2) \qquad (8\text{-}39)$$

其中，$\displaystyle\int_{-1}^0 [(\mathrm{d}\eta(\theta,\,\mu)]\phi(\theta)$ 是 Riemann–Stieltjes 的积分。对任意的 η，我们总是可以理解为我们已经扩展定义到 R 上。

事实上，我们可以选择：

$$\eta(\theta,\mu)= \begin{cases} (\tau_0+\mu)B(\tau_0+\mu),\theta=0 \\ 0,\ \theta \in (-1,0) \\ -(\tau_0+\mu)N(\tau_0+\mu),\ \theta=-1 \end{cases} \qquad (8\text{-}40)$$

则方程（8-39）是成立的。

第二，引入无穷小生成元。为了把时滞系统（8-1）转化为抽象常微分形式，我们引入一个无穷小的生成元 $A(\mu)$ 如下。对 $\phi \in C([-1,\,0],\,R^2)$，定义线性算子 $A(\mu)$ 为：

$$A(\mu)\phi(\theta) = \begin{cases} \dfrac{\mathrm{d}\phi(\theta)}{\mathrm{d}\theta}, \ \theta \in [-1, \ 0) \\[3mm] \int_{-1}^{0}[\mathrm{d}\eta(\xi, \ \mu)]\phi(\xi), \theta = 0 \end{cases} \tag{8-41}$$

且

$$R(\mu)\phi(\theta) = \begin{cases} 0, \ \theta \in [-1, \ 0) \\[2mm] F(\mu, \ \phi), \ \theta = 0 \end{cases} \tag{8-42}$$

其中,

$$F(\mu, \ \phi) = (\tau_0 + \mu) \begin{pmatrix} \dfrac{1}{2}f_{20}\phi_1^2(0) + f_{11}\phi_1(0)\phi_2(0) + \dfrac{1}{2}f_{02}\phi_2^2(0) + \dfrac{1}{6}f_{30}\phi_1^3(0) \\[3mm] \dfrac{1}{2}l_{20}\phi_1^2(0) + l_{11}\phi_1(0)\phi_2(0) + \dfrac{1}{2}l_{02}\phi_2^2(0) + \dfrac{1}{6}l_{30}\phi_1^3(0) \end{pmatrix}$$

$$\begin{aligned} &+ \dfrac{1}{2}f_{12}\phi_1(0)\phi_2^2(0) + \dfrac{1}{2}f_{21}\phi_1^2(0)\phi_2(0) + \dfrac{1}{6}f_{03}\phi_2^3(0) + \cdots \\[3mm] &+ \dfrac{1}{2}l_{12}\phi_1(0)\phi_2^2(0) + \dfrac{1}{2}l_{21}\phi_1^2(0)\phi_2(0) + \dfrac{1}{6}l_{03}\phi_2^3(0) + \cdots \end{aligned} \tag{8-43}$$

则系统 (8-3) 和下面的算子方程是等价的:

$$u'_\tau = A(\mu)u_t + R(\mu)u_t \tag{8-44}$$

其中, $u(t) = (x(t), \ y(t))^T$ 且 $u_t = u(t+\theta)$, 对 $\theta \in [-1, \ 0]$。因此, 我们完成了系统 (8-3) 转化为无穷维系统的工作。

其次, 我们进行接下来的两步。

第一, 引入 A 的伴随算子 A^*。让我们定义 $C^* = C([0, \ 1], \ R^{2*})$, 其中 R^{2*} 是 2-维行向量空间, 且对任意的 $\psi \in C^*$ 和 $\phi \in C([-1, \ 0], \ R^2)$, 定义:

$$\langle \psi(s), \ \phi(\theta) \rangle = \overline{\psi}(0)\phi(0) - \int_{-1}^{0}\int_{\xi=0}^{\theta} \overline{\psi}(\xi-\theta)\mathrm{d}\eta(\theta)\phi(\xi)\mathrm{d}\xi$$

$$\tag{8-45}$$

为了确定在 C^* 中稠密的算子 A^* 和在 C^* 中的域使 $\langle \psi(s), \ \phi(\theta) \rangle = \langle A^* \psi(s), \ A\phi(\theta) \rangle$, 我们可以得到:

$$A^*\psi(s) = \begin{cases} -\dfrac{\mathrm{d}\psi(s)}{\mathrm{d}s}, & s \in (0,\ 1] \\[3mm] \displaystyle\int_{-1}^{0} \psi(-\xi)\mathrm{d}\eta(\xi,\ 0), & s = 0 \end{cases}$$

(8-46)

A^* 是 A 的双线性伴随算子。

我们知道 $\pm i\omega_0\tau_0$ 是 $A(0)$ 的特征值，因此也是 A^* 的特征值。再者，不难验证向量 $q(\theta) = (q_1,\ q_2)^T e^{i\omega_0\tau_0\theta}$（$\theta \in [-1,\ 0]$）和 $q^*(s) = D(q_1^*,\ q_2^*)$ $e^{i\omega_0\tau_0 s}$（$s \in [0,\ 1]$）分别是 $A(0)$ 和 A^* 对应于特征值 $i\omega_0\tau_0$ 和 $-i\omega_0\tau_0$ 的特征向量。因此，令 $q_2 = 1$，$q_2^* = 1$，则：

$$q_1 = \frac{(d+2ry^*)(m_1+m_2x^*+m_3y^*)^2 - fx^*(m_1+m_2x^*)}{fy^*(m_1+m_3y^*)} + \frac{\omega_0(m_1+m_2x^*+m_3y^*)^2}{fy^*(m_1+m_3y^*)}i$$

$$q_1^* = \frac{-(d+2ry^*)(m_1+m_2x^*+m_3y^*)^2 + fx^*(m_1+m_2x^*)}{cx^*(m_1+m_2x^*)} + \frac{\omega_0(m_1+m_2x^*+m_3y^*)^2}{cx^*(m_1+m_2y^*)}i$$

(8-47)

再者，由 $\langle\ \cdot\ ,\ \cdot\ \rangle$ 的定义，当 $\dfrac{1}{D} = 1 + \overline{q_1^*}q_1\ (1 + \tau_0 a e^{-\tau_0(i\omega_0+d_i)})$ 时，$\langle q^*(s),$ $q(\theta) \rangle = 1$。

第二，得到二维常微分方程。利用与 Hassard、Kazarinoff 和 Wan（1981）同样的记号，我们首先计算坐标去描述在 $\mu = 0$ 点的中心流形 C_0。当 $\mu = 0$ 时，令 u_t 是系统（8-3）的解。接下来，我们用谱分解理论和有限维系统上的中心流形定理，得到限制在中心流形上的流所满足的二维常微分方程。因此，我们定义 $z(t) = \langle q^*,\ u_t \rangle$，对中心流形 C_0 来说，可以直观地理解为 z 和 $\bar{z}$ 是关于 q^* 和 $\bar{q}^*$ 方向上的局部坐标。我们也可以定义：

$$W(t,\ \theta) = u_t(\theta) - 2Re\{z(t)q(\theta)\}$$

(8-48)

因此，在中心流形 C_0 上有：

$$W(t,\ \theta) = W(z(t),\ \bar{z}(t),\ \theta)$$

(8-49)

其中，

$$W(z(t),\bar{z}(t),\theta)=W_{20}(\theta)\frac{z^2}{2}+W_{11}(\theta)z\bar{z}+W_{02}(\theta)\frac{\bar{z}^2}{2}+W_{30}(\theta)\frac{z^3}{6}+\cdots$$

$$(8-50)$$

需要注意的是，如果 u_t 是实的，则 W 是实的。所以我们仅仅考虑实数解。

对系统（8-3）的解 $u_t\in C_0$ 来说，既然 $\mu=0$，则：

$$z'(t)=i\omega_0\tau_0 z(t)+\langle q^*(\theta),\tau_0 F(W(z(t),\bar{z}(t),\theta)+2Re\{z(t)q(\theta)\})\rangle$$

$$=i\omega_0\tau_0 z+\bar{q}^*(0)\tau_0 F(W(z(t),\bar{z}(t),0)+2Re\{z(t)q(0)\})$$

$$\overset{def}{=}i\omega_0\tau_0 z+\bar{q}^*(0)\tau_0 F_0(z,z)$$

$$(8-51)$$

我们把这个改写为：

$$z'(t)=i\omega_0\tau_0 z(t)+g(z,\bar{z}) \qquad (8-52)$$

其中，

$$g(z,\bar{z})=\bar{q}^*(0)\tau_0 F(W(z(t),\bar{z}(t),0)+2Re\{z(t)q(0)\})$$

$$(8-53)$$

$$=g_{20}\frac{z^2}{2}+g_{11}z\bar{z}+g_{20}\frac{\bar{z}^2}{2}+g_{21}\frac{z^2\bar{z}}{2}+\cdots$$

再次，我们需要分为两步得到式（8-53）的系数。

第一，计算 g_{20}，g_{11} 和 g_{02}，由式（8-44）、式（8-52）和式（8-53），我们有：

$$W'=u_t'-z'q-\bar{z}'\bar{q}=\begin{cases}AW-2Re\{\bar{q}^*(0)\tau_0 F_0 q(\theta)\},\theta\in([-1,0) \\ AW-2Re\{\bar{q}^*(0)\tau_0 F_0 q(0)\}+\tau_0 F_0,\theta=0\end{cases} \qquad (8-54)$$

$$:=AW+H(z,\bar{z},\theta)$$

其中，

$$H(z,\bar{z},\theta)=H_{20}(\theta)\frac{z^2}{2}+H_{11}(\theta)z\bar{z}+H_{02}(\theta)\frac{\bar{z}^2}{2}+\cdots \qquad (8-55)$$

展开上面级数且比较对应系数后，我们有：

$$\begin{cases} -H_{20}(\theta) = (A-2i\omega_0\tau_0)W_{20}(\theta) \\ -H_{11}(\theta) = AW_{11}(\theta) \\ -H_{02}(\theta) = (A+2i\omega_0\tau_0)W_{02}(\theta) \\ \cdots \end{cases} \qquad (8\text{-}56)$$

由式（8-51），令 $F_0(z,\bar{z}) = F_{z^2}\dfrac{z^2}{2} + F_{z\bar{z}}z\bar{z} + F_{\bar{z}^2}\dfrac{\bar{z}^2}{2} + F_{z^2\bar{z}}\dfrac{z^2\bar{z}}{2} + \cdots$ 且由式（8-52），

可得：$g_{20} = \bar{q}^*(0)\tau_0 F_{z^2}$，$g_{11} = \bar{q}^*(0)\tau_0 F_{z\bar{z}}$，$g_{02} = \bar{q}^*(0)\tau_0 F_{\bar{z}^2}$，$g_{21} = \bar{q}^*$

$(0)\tau_0 F_{z^2\bar{z}}$。

由式（8-48），我们有 $u_t(\theta) = W(t,\theta) + z(t)q(\theta) + \bar{z}(t)\bar{q}(\theta)$，因此

$$u(t) = W(t,0) + z(t)q(0) + \bar{z}(t)\bar{q}(0)$$

$$= \binom{q_1}{1}z + \binom{\bar{q}_1}{1}\bar{z} + W_{20}(0)\dfrac{z^2}{2} + W_{11}(0)z\bar{z} + W_{02}(0)\dfrac{\bar{z}^2}{2} + \cdots \qquad (8\text{-}57)$$

其中，

$$u(t) = \binom{x(t)}{y(t)}, \quad W(t,0) = \binom{W^{(1)}(t,0)}{W^{(2)}(t,0)} \qquad (8\text{-}58)$$

因此

$$\begin{cases} x(t) = q_1 z + \bar{q}_1\bar{z} + W^{(1)}(t,0) \\ y(t) = z + \bar{z} + W^{(2)}(t,0) \end{cases} \qquad (8\text{-}59)$$

由

$$g(z,\bar{z}) = \bar{q}^*(0)\tau_0 F_0 = \bar{D}\tau_0(\bar{q}_1^*\ 1)$$

$$\begin{pmatrix} \dfrac{1}{2}f_{20}x^2 + f_{11}xy + \dfrac{1}{2}f_{02}y^2 + \dfrac{1}{6}f_{30}x^3 + \dfrac{1}{2}f_{12}xy^2 + \dfrac{1}{2}f_{21}x^2y + \dfrac{1}{6}f_{03}y^3 + \cdots \\ \dfrac{1}{2}l_{20}x^2 + l_{11}xy + \dfrac{1}{2}l_{02}y^2 + \dfrac{1}{6}l_{30}x^3 + \dfrac{1}{2}l_{12}xy^2 + \dfrac{1}{2}l_{21}x^2y + \dfrac{1}{6}l_{03}y^3 + \cdots \end{pmatrix} \qquad (8\text{-}60)$$

和式（8-59），再与（8-30）比较系数后，我们可得：

$$g_{20} = \tau_0 \overline{D} [(\overline{q_1}^* f_{20} + l_{20}) q_1^2 + 2q_1 (\overline{q_1}^* f_{11} + l_{11}) + (\overline{q_1}^* f_{02} + l_{02})]$$

$$g_{11} = \tau_0 \overline{D} [q_1 \overline{q_1} (\overline{q_1}^* f_{20} + l_{20}) + (q_1 + \overline{q_1})(\overline{q_1}^* f_{11} + l_{11}) + (\overline{q_1}^* f_{02} + l_{02})] \left.\right\} \quad (8-61)$$

$$g_{02} = \tau_0 \overline{D} [(\overline{q_1}^* f_{20} + l_{20}) \overline{q_1}^2 + 2q_1 (\overline{q_1}^* f_{11} + l_{11}) + (\overline{q_1}^* f_{02} + l_{02})]$$

因此，我们可以求出 g_{20}、g_{11} 和 g_{02}。为了得到 Hopf 分支的特性，我们只需要如下算出 g_{21} 即可。

第二，计算 g_{21}。类似于 g_{20}、g_{11} 和 g_{02}，我们也有：

$$g_{21} = \tau_0 \overline{D} (\overline{q_1}^* f_{20} + l_{20})(2q_1 W_{11}^{(1)}(0) + \overline{q_1} W_{20}^{(1)}(0)) +$$

$$\tau_0 \overline{D} (\overline{q_1}^* f_{11} + l_{11})(2q_1 W_{11}^{(2)}(0) + \overline{q_1} W_{20}^{(2)}(0) + W_{20}^{(1)}(0) + 2W_{11}^{(1)}(0)) +$$

$$\tau_0 \overline{D} [(\overline{q_1}^* f_{02} + l_{02})(2W_{11}^{(2)}(0) + W_{20}^{(2)}(0)) + (\overline{q_1}^* f_{30} + l_{30}) q_1^2 \overline{q_1} +$$

$$(\overline{q_1}^* f_{12} + l_{12})(2q_1 + \overline{q_1})] + \tau_0 \overline{D} (\overline{q_1}^* f_{21} + l_{21})(q_1^2 + 2q_1 \overline{q_1}) + (\overline{q_1}^* f_{03} + l_{03})]$$

$$(8-62)$$

由式（8-62），为了求得 g_{21}，我们需要计算 $W_{20}(\theta)$ 和 $W_{11}(\theta)$ 对 $\theta \in [-1, 0)$。首先，我们讨论式（8-54）的 $\theta \in [-1, 0)$ 的情形。由式（8-54），我们有：

$$W' = AW - 2Re\{\overline{q}^*(0)\tau_0 F_0 q(\theta)\} = AW - \overline{q}^*(0)\tau_0 F_0 q(\theta) - q^*(0)\tau_0 \overline{F}_0 \overline{q}(\theta)$$

$$= AW - g(z, \overline{z}) q(\theta) - \overline{g}(z, \overline{z}) \overline{q}(\theta) \quad (8-63)$$

且

$$W' = AW + H(z, \overline{z}, \theta) \quad (8-64)$$

因此，

$$H(z, \overline{z}, \theta) = g(z, \overline{z}) q(\theta) - \overline{g}(z, \overline{z}) \overline{q}(\theta)$$

$$= -\left[g_{20} \frac{z^2}{2} + g_{11} z \overline{z} + g_{02} \frac{\overline{z}^2}{2} \right] q(\theta) - \left[\overline{g}_{20} \frac{\overline{z}^2}{2} + \overline{g}_{11} z \overline{z} + \overline{g}_{02} \frac{z^2}{2} \right] \overline{q}(\theta)$$

$$= H_{20}(\theta) \frac{z^2}{2} + H_{11}(\theta) z \overline{z} + H_{02}(\theta) \frac{\overline{z}^2}{2}$$

$$(8-65)$$

所以，

$$H_{20}(\theta) = -g_{20}q(\theta) - \overline{g}_{02}\overline{q}(\theta) = -(A - 2i\omega_0\tau_0)W_{20}(\theta) \tag{8-66}$$

且

$$H_{11}(\theta) = -g_{11}q(\theta) - \overline{g}_{11}\overline{q}(\theta) = -AW_{11}(\theta) \tag{8-67}$$

由式（8-66），我们有：

$$AW_{20}(\theta) = 2i\omega_0\tau_0 W_{20}(\theta) + g_{20}q(\theta) + \overline{g}_{02}\overline{q}(\theta) \tag{8-68}$$

且由于式（8-41），所以：

$$W'_{20}(\theta) = 2i\omega_0\tau_0 W_{20}(\theta) + g_{20}q(\theta)e^{i\omega_0\tau_0\theta} + \overline{g}_{02}\overline{q}(0)e^{-i\omega_0\tau_0\theta} \tag{8-69}$$

为了求解 $W_{20}(\theta)$，我们有：

$$W_{20}(\theta) = K_1 e^{2i\omega_0\tau_0\theta} - \frac{g_{20}q(0)}{i\omega_0\tau_0}e^{i\omega_0\tau_0\theta} - \frac{\overline{g}_{02}\overline{q}(0)}{3i\omega_0\tau_0}e^{-i\omega_0\tau_0\theta} \tag{8-70}$$

利用相同的方法，由式（8-67），我们有：

$$AW_{11}(\theta) = g_{11}q(\theta) + \overline{g}_{11}\overline{q}(\theta) \tag{8-71}$$

且由于式（8-41），因此：

$$W'_{11}(\theta) = g_{11}q(0)e^{i\omega_0\tau_0\theta} + \overline{g}_{11}\overline{q}(0)e^{-i\omega_0\tau_0\theta} \tag{8-72}$$

为了求解 $W_{11}(\theta)$，我们有：

$$W_{11}(\theta) = K_2 + \frac{g_{11}q(0)}{i\omega_0\tau_0}e^{i\omega_0\tau_0\theta} - \frac{\overline{g}_{11}\overline{q}(0)}{i\omega_0\tau_0}e^{-i\omega_0\tau_0\theta} \tag{8-73}$$

接下来，为了得到 K_1 和 K_2，我们考虑式（8-54）中 $\theta = 0$ 的情形。

由式（8-54），我们有：

$$W' = AW + \tau_0 F_0 - 2Re\{\overline{q}^*(0)\tau_0 F_0 q(0)\} = AW + H(z, \overline{z}, 0) \tag{8-74}$$

因此，

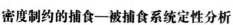

$$H(z, \bar{z}, 0) = -2Re\{\bar{q}^*(0)\tau_0 F_0 q(0)\} + \tau_0 F_0 = -g(z, \bar{z})q(\theta) - \bar{g}\{z, \bar{z}\}\bar{q}(\theta) + \tau_0 F_0$$

$$= -\left[g_{20}\frac{z^2}{2} + g_{11}z\bar{z} + g_{02}\frac{\bar{z}^2}{2}\right]q(0) - \left[\bar{g}_{20}\frac{z^2}{2} + \bar{g}_{11}z\bar{z} + \bar{g}_{02}\frac{\bar{z}^2}{2}\right]\bar{q}(0) +$$

$$\begin{pmatrix} \frac{1}{2}f_{20}x^2 + f_{11}xy + \frac{1}{2}f_{02}y^2 + \frac{1}{6}f_{30}x^3 + \frac{1}{2}f_{12}xy^2 + \frac{1}{2}f_{21}x^2y + \frac{1}{6}f_{03}y^3 + \cdots \\ \frac{1}{2}l_{20}x^2 + l_{11}xy + \frac{1}{2}l_{02}y^2 + \frac{1}{6}l_{30}x^3 + \frac{1}{2}l_{12}xy^2 + \frac{1}{2}l_{21}x^2y + \frac{1}{6}l_{03}y^3 + \cdots \end{pmatrix}$$

$$= H_{20}(0)\frac{z^2}{2} + H_{11}(0)z\bar{z} + H_{02}(0)\frac{\bar{z}^2}{2}$$

$$(8-75)$$

把式（8-59）代入上面方程，比较$\frac{z^2}{2}$和$z\bar{z}$的系数，我们有：

$$H_{20}(0) = -g_{20}q(0) - \bar{g}_{02}\bar{q}(0) + \begin{pmatrix} f_{20}q_1^2 + 2q_1 f_{11} + f_{02} \\ l_{02}q_1^2 + 2q_1 l_{11} + l_{02} \end{pmatrix} \quad (8-76)$$

和

$$H_{11}(0) = -g_{11}q(0) - \bar{g}_{11}\bar{q}(0) + \begin{pmatrix} f_{20}q_1\bar{q}_1 + f_{11}(q_1 + \bar{q}_1) + f_{02} \\ l_{20}q_1\bar{q}_1 + l_{11}(q_1 + \bar{q}_1) + l_{02} \end{pmatrix} \quad (8-77)$$

由 $AW_{20}(0) = 2i\omega_0\tau_0 W_{20}(0) - H_{20}(0)$，我们有：

$$\tau_0 B W_{20}(0) + \tau_0 C W_{20}(-1) = 2i\omega_0\tau_0 W_{20}(0) - H_{20}(0) \quad (8-78)$$

把式（8-70）和式（8-76）代入式（8-78），有：

$$\tau_0 B K_1 - \frac{g_{20}}{i\omega_0\tau_0}\tau_0 B q(0) - \frac{\bar{g}_{02}}{3i\omega_0\tau_0}\tau_0 B\bar{q}(0) + e^{-2i\omega_0\tau_0}\tau_0 C K_1 - \frac{g_{20}e^{-i\omega_0\tau_0}}{i\omega_0\tau_0}\tau_0 C q(0) -$$

$$\frac{\bar{g}_{02}e^{i\omega_0\tau_0}}{3i\omega_0\tau_0}\tau_0 C\bar{q}(0) - 2i\omega_0\tau_0\left(K_1 - \frac{g_{20}}{i\omega_0\tau_0}q(0) - \frac{\bar{g}_{02}}{3i\omega_0\tau_0}\bar{q}(0)\right)$$

$$= g_{20}q(0) + \overline{g}_{02}\overline{q}(0) - \begin{pmatrix} f_{20}q_1^2 + 2q_1 f_{11} + f_{02} \\ \\ l_{02}q_1^2 + 2q_1 l_{11} + l_{02} \end{pmatrix} \tag{8-79}$$

由

$$(\tau_0 B + e^{-i\omega_0\tau_0}\tau_0 C)q(0) = i\omega_0\tau_0 q(0), \quad (\tau_0 B + e^{i\omega_0\tau_0}\tau_0 C)\overline{q}(0) = -i\omega_0\tau_0\overline{q}(0)$$

$$\tag{8-80}$$

我们有：

$$(2i\omega_0\tau_0 I - \tau_0 B - e^{-2i\omega_0\tau_0}\tau_0 C)K_1 = \begin{pmatrix} f_{20}q_1^2 + 2q_1 f_{11} + f_{02} \\ \\ l_{02}q_1^2 + 2q_1 l_{11} + l_{02} \end{pmatrix} \tag{8-81}$$

因此，

$$K_1 = \tau_0^{-1}(2i\omega_0 I - B - e^{-2i\omega_0\tau_0}C)^{-1} \begin{pmatrix} f_{20}q_1^2 + 2q_1 f_{11} + f_{02} \\ \\ l_{02}q_1^2 + 2q_1 l_{11} + l_{02} \end{pmatrix} \tag{8-82}$$

由 $AW_{11}(0) = -H_{11}(0)$，我们有：

$$\tau_0 B W_{11}(0) + \tau_0 C W_{11}(-1) = -H_{11}(0) \tag{8-83}$$

把式（8-73）和式（8-87）代入式（8-83），我们有：

$$\tau_0 B \left(K_2 + \frac{g_{11}}{i\omega_0\tau_0}q(0) - \frac{\overline{g}_{11}}{i\omega_0\tau_0}\overline{q}(0) \right) + \tau_0 C \left(K_2 + e^{-i\omega_0\tau_0}\frac{g_{11}}{i\omega_0\tau_0}q(0) - e^{i\omega_0\tau_0}\frac{\overline{g}_{11}}{i\omega_0\tau_0}\overline{q}(0) \right)$$

$$= g_{11}q(0) + \overline{g}_{11}\overline{q}(0) - \begin{pmatrix} f_{20}q_1\overline{q}_1 + f_{11}(q_1 + \overline{q}_1) + f_{02} \\ \\ l_{20}q_1\overline{q}_1 + l_{11}(q_1 + \overline{q}_1) + l_{02} \end{pmatrix}$$

$$\tag{8-84}$$

由式（8-80），我们有：

$$(\tau_0 B + \tau_0 C)K_2 = - \begin{pmatrix} f_{20}q_1\overline{q}_1 + f_{11}(q_1 + \overline{q}_1) + f_{02} \\ \\ l_{20}q_1\overline{q}_1 + l_{11}(q_1 + \overline{q}_1) + l_{02} \end{pmatrix} \tag{8-85}$$

因此，

$$K_2 = -\tau_0^{-1}(B+C)^{-1}\begin{pmatrix} f_{20}q_1\bar{q}_1 + f_{11}(q_1 + \bar{q}_1) + f_{02} \\ l_{20}q_1\bar{q}_1 + l_{11}(q_1 + \bar{q}_1) + l_{02} \end{pmatrix} \tag{8-86}$$

由 K_1 和 K_2，我们可以得到 $W_{11}(\theta)$ 和 $W_{20}(\theta)$。因此，g_{21} 就确定下来了。

最后，我们将用两步去完成论证。

第一，计算参数 $c_1(0)$，μ_2，T_2，β_2。基于以上的分析，我们可以看出在式（8-61）和式（8-62）中的每个 g_{ij} 都是由其参数和系统（8-3）中的时滞来确定的。进而，我们引入周期轨道的稳定性、方向和周期，需要下列的分支公式：

$$c_1(0) = \frac{i}{2\omega_0\tau_0}\left(g_{20}g_{11} - 2|g_{11}|^2 - \frac{1}{3}|g_{02}|^2\right) + \frac{g_{21}}{2}, \quad \mu_2 = -\frac{\mathrm{Re}\{c_1(0)\}}{\alpha'(0)}$$

$$T_2 = -\frac{\mathrm{Im}\{c_1(0)\} + \mu_2\omega_0'}{\omega_0\tau_0}, \quad \beta_2 = 2\mathrm{Re}\{c_1(0)\} \tag{8-87}$$

第二，因此，我们可以计算出参数 $c_1(0)$，μ_2，T_2，β_2，它们可以确定在临界值 τ_0 处的分支周期解的特性且有如下结论。

定理 8.5 对系统（8-3）来说，下列结论成立：

（1）如果 $\mu_2 > 0$（<0），则 Hopf 分支是前向的（后向的）。

（2）如果 $\beta_2 < 0$（>0），在中心流形上的分支周期解是稳定的（不稳定的）。

（3）如果 $T_2 > 0$（<0），周期递增（递减）。

需要指出的是，对系统（8-3）来说，如果 $\alpha'(0) > 0$，则当 $\mu_2 > 0$（<0）时周期解是上临界分支（下临界分支）。

第四节 数值模拟

在这一节中，为了验证我们得出的结论，我们将通过数值例子表明系统（8-3）的有趣的动力行为。

例 8.1 令 $a = 2.5$，$b = \frac{1}{60}$，$c = 5$，$d = 0.8$，$r = 0.01$，$f = 4$，$m_1 = 4$，$m_2 = $

1，$m_3 = 1$，$d_i = 0.009$，则系统（8-3）变成：

$$\begin{cases} x'(t) = 2.5e^{-2\tau}x(t-\tau) - \dfrac{1}{60}x^2(t) - \dfrac{5x(t)y(t)}{4+x(t)+y(t)} \\[3mm] y'(t) = -0.8y(t) - 0.01y^2(t) + \dfrac{4x(t)y(t)}{4+x(t)+y(t)} \end{cases} \tag{8-88}$$

当 $\tau = 0$ 时，$E^* = (2.9573, 6.6882)$，且条件（$8H_1$）是满足的。当 $\tau \in [0, 556.7373]$ 时，条件（$8H_0$）是满足的。当 $\tau_0^+ = 3.35$ 时，条件（$8H_2$）和（$8H_3$）都成立。再则，我们有下面的一些结论：

（1）在图 8-1 和图 8-2 中，实线表示的是曲线 $S_n^+(\tau)$，虚线表示的是曲线 $S_n^-(\tau)$，且 $\tau_1 < \tau_2 < \tau_3 < \tau_4 < \cdots < \tau_{12} < \cdots$ 是 τ 轴和曲线 $S_n^{\pm}(\tau)$ 的交点。

（2）图 8-3 表明当 $\tau \in (0, \tau_1)$ 时正平衡点 $E^*(x^*, y^*)$ 是稳定的，且图 8-4 的轨道结构不同于图 8-3，这意味着在 $\tau = \tau_1$ 点处将产生 Hopf 分支。

（3）图 8-5 的轨道结构类似于图 8-4 的轨道结构，在区间 $\tau \in (\tau_1, \tau_2)$，$(\tau_2, \tau_3)$ 处，$E^*(x^*, y^*)$ 是不稳定的。

（4）通过以上分析，我们有在点 τ_1，τ_2，τ_3，τ_4 中只有在点 τ_1 处存在 Hopf 分支。实际上，对任意的 $\tau \in [0, 556.7373]$，仅仅在点 $\tau = \tau_1$ 处出现 Hopf 分支。

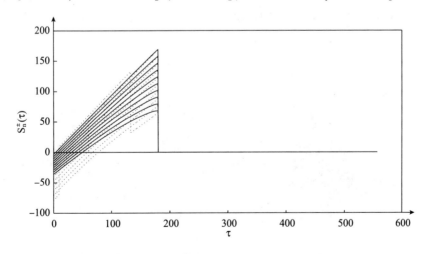

图 8-1　$S_n^{\pm}(\tau)$ 和 τ 的曲线

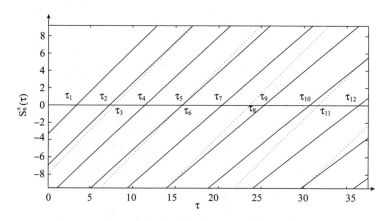

图 8-2　放大后 $S_n^\pm$ (τ) 和 τ 的曲线

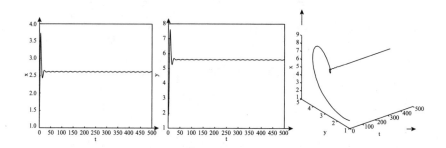

图 8-3　当 $0<\tau=1<\tau_1=3.35$ 且初始点为（1，2）时，系统（8-88）的 $x(t)$
与 t 的轨道曲线（左）、$y(t)$ 与 t 的轨道曲线（中）和相图（右）

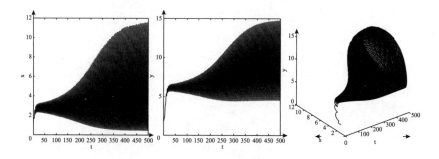

图 8-4　当 $\tau_1=3.35<\tau=4<\tau_2=7.285$ 时，具有初始点（1，2）的系统（8-88）的
$x(t)$ 与 t 的轨道曲线（左）、$y(t)$ 与 t 的轨道曲线（中）和相图（右）

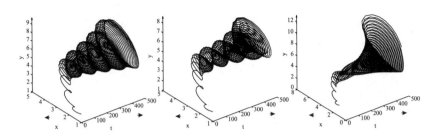

图 8-5　当 $\tau_2=7.285<\tau=7.5<\tau_3=7.8704$（左），$\tau_3=7.8704<\tau=8.5<$
$\tau_4=9.4098$（中），$\tau_4=9.4098<\tau=10.8<\tau_5=11.3948$（右）时，系统（8-88）的相图

本章小结

在这章中，我们讨论了密度制约且具有 Beddington-DeAngelis 功能反应函数的捕食—被捕食系统的稳定性和 Hopf 分支。不仅捕食者具有密度制约，被捕食者也具有密度制约，这使我们研究的捕食—被捕食系统更符合实际的生物环境。

在特征值分析和稳定性分析这部分，我们选取时滞 τ 作为分支参数，基于由 Beretta 和 Kuang（2002）提供的几何判断标准，我们主要给出正平衡点的稳定性和系统的稳定性变换。再者，我们通过引用一个条件推广了 Beretta 和 Kuang（2002）的几何判断标准，这个条件比 Beretta 和 Kuang（2002）中的条件更弱，且引用了提升理论。

在 Hopf 分支的特性部分，首先，通过引入无穷小生成元把时滞系统（8-3）转化为无穷维系统；其次，利用谱分解理论和无穷维系统的中心流形理论求出限制在中心流形上的流所满足的二维常微分方程；再次，通过比较系数法求得二维常微分方程的系数 g_{20}、g_{11}、g_{02} 和 g_{21} 来分析这个二维常微分方程；最后，分别得到 Hopf 分支关于稳定性、方向和周期的特性参数 β_2、μ_2、T_2。

在数值模拟中，通过举例，对以上的理论分析进行数值验证，给出的例子仅仅是一种情况，参数不同的取值就会有不同的情形出现。

除此之外，需要注意的是，局部 Hopf 分支结论只确定了在分支值的某一侧小领域内系统有小振幅周期解的存在，但是周期解存在的单侧邻域有多大我们仍然不知道。还有，随着分支值的不断增大，对应的系统是否一直有周期解？随着参数的连续变化，周期解是否也在不断变化？这些都是非常有意义、值得讨论的问题，在以后的工作中将讨论这些问题。

参考文献

[1] Agarwal M. , Devl S. . Persistence in a ratio-dependent predator-prey-resource model with stage structure for prey [J]. Int. J. Biomath. , 2010 (3): 313-336.

[2] Aiello W. G. , Freedman H. I. . A time-delay model of single-species growth with stage structure [J]. Math. Biosci. , 1990 (101): 139-153.

[3] Aiello W. G. , Freedman H. I. , Wu J. . Analysis of a model representing stage-structured population growth with state-dependent time delay [J]. SIAM J. Appl. Math. , 1992 (52): 855-869.

[4] Akcakaya H. R. , Population cycles of mammals: evidence for a ratio-dependent predation hypothesis [J]. Ecological Monographs, 1992 (62): 119-142.

[5] Arditi R. , Akcakaya H. R. . Underestimation of mutual interference of predators [J]. Oe-cologia, 1990 (83): 358-361.

[6] Arditi R. , Ginzburg L. R. . Coupling in predator-prey dynamics: ratio-dependence [J]. J. Theoret. Biol. , 1989 (139): 311-326.

[7] Arditi R. , Perrin N. , Saiah H. . Functional response and heterogeneities: an experimental test with cladocerans [J]. OIKOS, 1991 (60): 69-75.

[8] Bainov D. D. , Simeonov P. S. . Systems with impulse effect: stability theory and applica-tions [M]. Ellis Horwood Limited, Chichester, 1989.

[9] Bainov D. D. , Simeonov P. S. . Impulsive differential equations: periodic solutions and applications [M]. New York: Longman Scientific and Technical, 1993.

［10］Beddington J. R.. Mutual interference between parasites or predators and its effect on searching efficiency ［J］. J. Animal Ecol. , 1975（44）: 331-340.

［11］Bellman R. , Cooke K. , Differential-difference equations ［M］. New York: Academic Press, 1963.

［12］Beretta E. , Kuang Y.. Geometric stability switch criteria in delay differential systems with delay dependent parameters ［J］. SIAM J. Math. Anal. , 2002（33）: 1144-1165.

［13］Beretta E. , Kuang Y.. Stability and oscillations in delay differential equations of population dynamics ［M］. Dordrecht, Netherlands: Kluwer Academic, 1992.

［14］Brouwer L.. Über Abbildung von Mannigfaltigkeiten ［J］. Math. Ann. , 1912: 97-115.

［15］Brown C. W.. QEPCAD B: A system for computing with semi-algebraic sets via cylindrical algebraic decomposition ［J］. SIGSAM Bull, 2004, 38（1）: 23-24.

［16］Butler G. J. , Freedman H. I. , Waltman P.. Uniformly persistene systems ［J］. Proc. Amer. Math. Sco. , 1986（96）: 425-430.

［17］Cantrell R. S. , Cosner C.. On the dynamics of predator-prey models with the Beddington-DeAngelis functional response ［J］. J. Math. Anal. Appl. , 2001（257）: 206-222.

［18］Cai L. , Yu J. , Zhu G.. A stage-structured predator-prey model with Beddington-DeAngelis functional response ［J］. J. Appl. Math. Comput. , 2008（26）: 85-103.

［19］Cantrell R. S. , Cosner C. , Ruan S. G.. Intraspecific interference and consumer-resource dynamics ［J］. Discrete Contin. Dyn. Syst. Ser. B, 2004（4）: 527-546.

［20］Cao Y. , Fan J. , Gard T. C.. The effects of state-dependent time delay on a stage-structured population growth model ［J］. Nonlinear Anal-Theory, Methods Appl. , 1992, 19（2）: 95-105.

［21］Chen F. , Chen Y. , Shi J. , Stability of the boundary solution of a nonautonomous predator - prey system with the Beddington - DeAngelis functional response [J]. J. Math. Anal. Appl. , 2008 (344): 1057-1067.

[22] Chen L. , Chen F.. Global analysis of a harvested predator-prey model incorporating a constant prey refuge [J]. Int. J. Biomath. , 2010 (3): 205-223.

[23] Chen C. , Lemaire F. , Li L. , Maza M. M. , Pan W. , Xie Y.. The constructible set tools and parametric systems tools modules of the regular chains library in Maple, Proc. of the International Conference on Computational Science and Applications [A]. IEEE Computer Society Press, 2008: 342-352.

[24] Cooke K. L. , Grossman Z.. Discrete delay, distributed delay and stability switches [J]. J. Math. Anal. Appl. , 1982 (86): 592-627.

[25] Crowley P. H. , Martin E. K.. Functional response and interference within and between year classes of a dragonfly population [J]. J. N. Am. Benthol. Soc. , 1989 (8): 211-221.

[26] Cui J.. Permanence of predator-prey system with periodic coefficients [J]. Math. Comput. Model. , 2005 (42): 87-98.

[27] Cui J. , Takeuchi Y.. Permanence, extinction and periodic solution of predator-prey system with Beddington - DeAngelis functional response [J]. J. Math. Anal. Appl, 2006 (317): 464-474.

[28] Cui J. , Chen L. , Wang W.. The effect of dispersal on population growth with stage-structure [J]. Comput. Math. Appl. , 2000 (39): 91-102.

[29] Cushing J. M. , Periodic time-dependent predator-prey systems [J]. SIAM J. Appl. Math. , 1977 (32): 82-95.

[30] DeAngelis D. L. , Goldstein R. A. , O' Neil R. V.. A model for trophic interaction [J]. Ecology, 1975 (56): 881-892.

[31] Dolzmann A. , Sturm T.. REDLOG: computer algebra meets computer logic [J]. SIGSAM Bull, 1997, 31 (2): 2-9.

[32] Diekmann O. , Nisbet R. M. , Gurney W. S. C.. Simple Mathematical Models for cannibalism: a tique and a new approach [J]. Math. Biosci, 1986 (78): 21-46.

[33] Dimitrov D. T. , Kojouharov H. V.. Complete mathematical analysis of

predator-prey models with linear prey growth and Beddington-DeAngelis functional response [J]. Appl. math. Comput. , 2005 (162): 523-538.

[34] Dolman P. M. . The intensity of interference varies with resource density: evidence from a field study with snow buntings, Plectrophenax nivalis [J]. Oecologia, 1995 (102): 511-514.

[35] Du Z. , Feng Z. . Periodic solutions of a neutral impulsive predator-prey model with Beddington-DeAngelis functional response with delays [J]. J. Comput. Appl. Math. 2014 (258): 87-98.

[36] Du Z. , Chen X. , Feng Z. . Multiple positive periodic solutions to a predator-prey model with Leslie-Gower Holling-type Ⅱ functional response and harvesting terms [J]. Discrete Contin. Dyn. Syst. Ser. S, 2014 (7): 1203-1214.

[37] Fan M. , Wang Q. . Periodic solutions of a discrete time nonautonomous ratio-dependent predator-prey system [J]. Math. Compu. Modelling, 2002 (35): 951-961.

[38] Fan M. , Wang Q. , Zou X. . Dynamics of a non-autonomous ratio-dependent predator-prey system [J]. Proc. Rog. Soc. Edinburgh Sect. A, 2003 (133): 97-118.

[39] Fan M. , Kuang Y. . Dynamics of a nonautonomous predator-prey system with the Bedding-DeAngelis functional response [J]. J. Math. Anal. Appl. , 2004 (295): 15-39.

[40] Freedman H. I. , Mathsen R. M. . Persistence in predator-prey systems with ratio-dependent predator influence [J]. Bull. Math. Biol. , 1993 (55): 817-827.

[41] Freedman H. I. , Wu J. H. . Persistence and global asymptotic stability of single species dispersal models with stage structure [J]. Quart. Appl. Math. , 1991 (2): 351-371.

[42] Jost C. , Arditi R. . From pattern to process: identifying predator-prey interactions [J]. Pop-ulation Ecology, 2001 (43): 229-243.

[43] Jost C. , Arino O. , Arditi R. . About deterministic extinction in ratio-

dependent predator-prey models [J]. Bull. Math. Biol. , 1999 (61): 19-32.

[44] Gaines R. , Mawhin R. . Coincidence degree and nonlinear differential equations [M]. Springer-Verlag, Berlin, 1977.

[45] Gourley S. A. , Kuang Y. . A stage structured predator-prey model and its dependence on through-stage delay and death rate [J]. J. Math. Biol. , 2004 (49): 188-200.

[46] Hahn W. . Stability of Motion [M]. Springer, 1967.

[47] Hairston N. G. , Slobodkin F. E. . Community structure, population control and copeti-tion [J]. American Naturalist, 1960 (94): 421-425.

[48] Hale J. K. , Waltman P. . Persistence in infinite-dimensional system [J]. SIAM J. Math. Anal. , 1989 (20): 388-395.

[49] Hassell M. P. , Varley C. C. . New inductive population model for insect parasites and its bearing on biological control [J]. Nature, 1969 (223): 1133-1137.

[50] He X. Z. . Stability and delays in a predator-prey system [J]. J. Math. Anal. Appl. , 1996 (198): 355-370.

[51] Hale J. K. , Waltman P. . Persistence in infinite-dimensional systems [J]. SIAM J. Math. Anal. , 1989 (20): 388-395.

[52] Hastings A. . Cycles in cannibalistic egg-larval interactions [J]. J. Math. Biol. , 1987 (24): 651-666.

[53] Hofbauer J. . A general cooperation theorem for hypercycles [J]. Monatsh. Math. , 1981 (91): 233-240.

[54] Holling C. S. . The components of predation as revealed by a study of small mammal predation of European pine sawfly [J]. Canad. Entomologist, 1959 (91): 293-320.

[55] Holling C. S. . Some characteristics of simple types of predation and parasitism [J]. Canad. Entomologist, 1959 (91): 385-395.

[56] Hsu S. B. , Hwang T. W. , Kuang Y. . Global analysis of Michaelis-Menten type ratio-dependent predator-prey system [J]. J. Math. Biol. , 2003 (42): 489-506.

［57］ Hwang T.. Global analysis of the predator－prey system with Beddington－DeAngelis functional response ［J］. J. Math. Anal. Appl. , 2003: 395-401.

［58］ Hwang T. W.. Uniqueness of limit cycles of the predator－prey system with Beddington－DeAngelis functional response ［J］. J. Math. Anal. Appl. , 2004 （290）: 113-122.

［59］ Huo H. F. , Li W. T. , Nieto J. J. , Periodic solutions delayed predator－prey model with the Beddington－DeAngelis functional response ［J］. Chaos, Solitons and Fractals, 2007 （33）: 505-512.

［60］ Kakutani S.. A generalization of Brouwer's fixed－point theorem ［J］. Duke Math. J. , 1941 （8）: 457-459.

［61］ Kar T. , Pahari U.. Modelling and analysis of a prey－predator system with stage－structure and harvesting ［J］. Nonlinear Anal. Real World Appl. , 2007 （8）: 601-609.

［62］ Kloeden P. , Rasmussen M.. Nonautonomous dynamical systems ［M］. American Mathematical Society, New York, 2011.

［63］ Ko W. , Ahn I.. A diffusive one－prey and two－competing－predator system with a ratio－dependent functionaal response: I, long time behavior and stability of equilibria ［J］. J. Math. Anal. Appl. , 2013 （397）: 9-28.

［64］ Kratina P. , Vos M. , Bateman A. , Anholt B. R.. Functional response modified by predator density ［J］. Oecologia, 2009 （159）: 425-423.

［65］ Kuang Y.. Rich dynamics of Gause－type ratio－dependent predator－prey systems ［J］. Fields Inst. Commun. , 1999 （21）: 325-337.

［66］ Kuang Y. , Beretta E.. Global qualitative analysis of a ratio－dependence predator－prey system ［J］. J. Math. Biol. , 1998 （36）: 389-406.

［67］ Kuang Y. , Freedman H. Uniqueness of limit cycles in Cause type models of predator－prey system ［J］. Math. Biosci. , 1988 （88）: 67-84.

［68］ Hale J. , Lunel S.. Introduction to functional differential equations ［M］. Springer－Verlag, New York, 1993.

［69］ Hassard B. D. , Kazarinoff N. D. , Wan Y. H.. Theory and Applications of Hopf Bifurcation [M]. Cambridge University Press, Cambridge, 1981.

[70] Huang G. , Ma W. , Takeuchi Y.. Global analysis for delay virus dynamics model with Beddington–DeAngelis functional response [J]. Appl. Math. Lett. , 2011 (24): 1199–1203.

[71] Hwang T.. Global analysis of the predator–prey system with Beddington–DeAngelis functional response [J]. J. Math. Anal. Appl. , 2003 (281): 395–401.

[72] Hutson V.. A theorem on average Liapunov functions [J]. Monatsh Math. , 1984 (98): 267–275.

[73] Hwang T.. Uniqueness of limit cycles of the predator–prey system with Beddington–DeAngelis functional response [J]. J. Math. Anal. Appl. , 2004 (290): 113–122.

[74] Kuang Y.. Delay differential equations with applications in population dynamics [M]. Academic Press, New York, 1993: 297–310.

[75] Khalil H. K.. Nonlinear systems [M]. Prentice Hall, 2002.

[76] Li H. , Takeuchi Y.. Stability for ratio–dependent predator–prey system with density depen–dent [C]. Proceedings of the 7th Conference on Biological Dynamic System and Stability of Differential Equation, World Academic Union, Chongqing, 2010 (I): 144–147.

[77] Li H. , Zhang R.. Stability and optimal harvesting of a delayed ratio–dependent predator–prey system with stage structure [J]. J. Biomath. Eng ser. , 2008, 23 (1): 40–52.

[78] Li H. , Takeuchi Y.. Dynamics of the density dependent predator–prey system with Beddington–DeAngelis functional response [J]. J. Math. Anal. Appl. , 2011 (374): 644–654.

[79] Li H. , She Z. , Uniqueness of periodic solutions of a nonautonomous density dependent predator–prey model of Beddington–DeAngelis type [J]. J. Math. Anal. Appl. , 2015 (422): 886–905.

[80] Li H. , She Z. , A density–dependent predator–prey model of Beddington–DeAngelis type [J]. Electron. J. Differ. Eq. , 2014 (192): 1–15.

[81] Lian F. , Xu Y.. Hopf bifurcation analysis of a predator–prey system

with Holling type IV functional response and time delay [J]. Appl. Math. Comput., 2009 (215): 1484-1495.

[82] Liu S., Beretta E.. A stage-structured predator-prey model of Beddington-DeAngelis type [J]. SIAMJ. Appl. Math., 2006 (66): 1101-1129.

[83] S. Liu, E. Beretta and D. Breda, Predator-prey model of Beddington-DeAngelis type with maturation and gestation delays [J]. Nonlinear Anal. Real World Appl., 2010 (11): 4072-4091.

[84] Liu S., Chen L.. Extinction and permanence in competitive stage-structured system with time delays [J]. Nonlinear Anal., 2002 (51): 1347-1361.

[85] Liu S., Chen L., Agarwal R.. Recent progress on stage-structured population dynamics [J]. Math. Comput. Modelling, 2002 (36): 1319-1360.

[86] Liu S., Chen L., Liu Z.. Extinction and permanence in nonautonomous competitive system with stage structure [J]. J. Math. Anal. Appl., 2002 (274): 667-684.

[87] Liu S., Chen L., Luo G., Jiang Y.. Asymptotic behaviors of competitive Lotka-Volterra system with stage structure [J]. J. Math. Anal. Appl., 2002 (271): 124-138.

[88] Liu S., Zhang J.. Coexistence and stability of predator-prey model with Beddington-DeAngelis functional response and stage structure [J]. J. Math. Anal. Appl., 2008 (342): 446-460.

[89] Liu X., Lou Y., Global dynamics of a predator-prey model [J]. J. Math. Anal. Appl., 2010, 37 (1): 323-340.

[90] Liu Z., Yuan R.. Stability and bifurcation in a delayed predator-prey system with Beddington-DeAngelis functional response [J]. J. Math. Anal. Appl., 2004 (296): 521-537.

[91] Lu Z., Li H.. Stability of ratio-dependent delayed predator-prey system with density regu-lation [J]. J. Biomath. Eng ser., 2005 (20): 264-272.

[92] Luck R. F.. Evaluation of natural enemies for biological control: A behavir approach [J]. Trends in Ecology and Evolution, 1990 (5): 196-199.

[93] Qiu Z. P., Yu J., Zou Y.. The asymptotic behavior of a chemostat model with the Beddington-DeAngelis functional response [J]. Math. Biosci., 2004 (187): 175-187.

[94] Rosenzweig M. L.. Paradox of enrichment: destabilization of exploitation systems in ecological time, Science [J]. 1969 (171): 1099-1122.

[95] Rotman J. J.. An Introduction to Algebraic Topology, Springer-Verlag [M]. New York, 1988.

[96] Ruan S., Absolute stability, conditional stability and bifurcation in Kolmogorov-type predator-prey systems with discrete delays [J]. Quart. Appl. Math., 2001 (59): 159-173.

[97] Skalski G. T., Gilliam J. F., Functional responses with predator interference: Viable alternatives to the Holling type II model [J]. Ecology, 2001 (82): 3083-3092.

[98] She Z., Li H.. Dynamics of a density-dependent stage-structured predator-prey system with Beddington-DeAngelis functional response [J]. J. Math. Anal. Appl., 2013 (406): 188-202.

[99] She Z., Xue B., Zheng Z.. Algebraic analysis on asymptotic stability of continuous dynamical systems [A]. Proceedings of the 36th International Symposium on Symbolic and Algebraic Computation [C]. 2011: 313-320.

[100] Skalski G. T., Gilliam J. F.. Functional responses with predator interference: Viable alternatives to the Holling type II model [J]. Ecology, 2001 (82): 3083-3092.

[101] Song X., Chen L.. Optimal harvesting and stability for a predator-prey system with stage structure [J]. Acta Math. Appl. Sini. Eng ser.. 2002, 18 (3): 423-430.

[102] Song X., Chen L.. Optimal harvesting and stability for a two species competitive system with stage structure [J]. Math. Biosci., 2001 (170): 173-186.

[103] Song Y., Wei J., Local hopf bifurcation and global periodic solutions in a delayed predator-prey system [J]. J. Math. Anal. Appl., 2005 (301):

1-21.

［104］Sugie J. , Kohno R. , Miyazaki R. . On a predator-prey system of Holling type ［J］. Proc. AMS, 1997（125）：2041-2050.

［105］Sun G. , Jin Z. , Liu Q. , Li B. . Rich dynamics in a predator-prey with both noise and periodic force ［J］. Biosystems, 2010（100）：14-22.

［106］Sun X. K. , Huo H. F. , Xiang H. , Bifurcations and stability analysis in predator-prey model with a stage-structure for predator ［J］. Nonlinear Dyn. , 2009（58）：497-513.

［107］Tang B. R. , Kuang Y. . Permanence in Kolmogorov type systems of nonautonomous functional differential equation ［J］. J. Math. Anal. Appl. , 1996（197）：427-447.

［108］Teng Z. . Uniform persistence of the periodic predator-prey Lotka-Volterra systems ［J］. Appl. Anal. , 1998, 72（3-4）：339-352.

［109］Teng Z. , Mehbuba R. . Persistence in nonautonomous predator-prey systems with infinite delay ［J］. J. Comput. Appl. Math. , 2006（197）：302-321.

［110］Thieme H. R. . Persistence under relaxed point-dissipativity（with application to an en-demic model）［J］. SIAMJ. Math. Anal. , 1993（24）：407-435.

［111］Thieme H. R. . Uniform persistence and permanence for non-autonomous semiflows in population biology ［J］. Math. Biosci. , 2000（166）：173-201.

［112］Tineo A. Permanence of a large class of periodic predator-prey systems ［J］. J. Math. Anal. Appl. , 2000（241）：83-91.

［113］Wang Q. , Fan M. , Wang K. . Dynamics of a class of nonautonomous semi-ratio-dependent predator-prey systems with functional responses ［J］. J. Math. Anal. Appl. , 2003（278）：443-471.

［114］Wang W. , Ma Z. , Harmless delays for uniform persistence ［J］. J. Math. Anal. Appl. , 1991（158）：256-268.

［115］Wang Z. , Wu J. . Qualitative analysis for a ratio-dependent predator-prey model with stage-structure and diffusion [J]. Nonliear Analysis: Real World Applications, 2008 (9): 2270-2287.

[116] Wang W., Chen L.. A predator-prey system with stage-structure for predator [J]. Comput. Math. Appl., 1997 (6): 83-91.

[117] Wang W., Sun J.. On the predator-prey system with Holling- (n+ 1) functional response [J]. Acta Math. Sini. Eng ser., 2007 (23): 1-6.

[118] Wiggins S.. Introduction to applied nonlinear dynamical systems and chaos [M]. Springer-Verlag, New York, 2003.

[119] Xiao D., Zhu H.. Multiple focus and hopf bifurcations in a predator prey system with nonmonotonic functional response [J]. SIAM J. Appl. Math., 2006, 66 (3): 802-819.

[120] Xiao D. M., Ruan S. G.. Global dynamics of a ratio-dependent predator-prey system [J]. J. Math. Biol., 2001 (43): 268-290.

[121] Xu R., Chaplain M. A. J.. Persistence and attractivity in an N-species ratio-dependent predator-prey system with distributed time delays [J]. Appl. Math. Comput., 2002 (131): 59-80.

[122] Xu R., Davidson F. A., Chaplain M. A. J.. Persistence and stability for a two-species ratio-dependent predator-prey system with distributed time delays [J]. J. Math. Anal. Appl., 2002 (269): 256-277.

[123] Yan X., Li W.. Hopf bifurcation and global periodic solutions in a delayed predator-prey system [J]. Appl. Math. Comput., 2006 (177): 427-445.

[124] Zeng G., Wang F., Wang F., Nieto J. J., Complexity and a delayed predator-prey model with impulsive harvest and Holling type II functional response [J]. Advances in Complex Systems, 2008 (11): 77-97.

[125] Zhao J., Jiang J.. Permanence in nonautonomous Lotka-Volterra system with predator-prey [J]. Appl. Math. Comput., 2004 (152): 99-109.

[126] Zhu H., Campbell S., Wolkowicz G.. Bifurcation analysis of a predator-prey system with nonmonotonic functional response [J]. SIAM J. Appl. Math., 2002 (63): 636-682.

[127] 廖晓钦. 稳定性理论、方法和应用 [M]. 武汉：华中理工大学

出版社，1998.

[128] 马知恩. 种群生态学的数学建模与研究［M］. 合肥：安徽教育出版社，1996.

[129] 师向云，郭振. 一类具有时滞和阶段结构的捕食系统的全局分析［J］. 信仰师范学院学报（自然科学版），2008（1）：32-35.

[130] 徐克学. 生物数学［M］. 北京：科学出版社，1999.

[131] 腾志东，陈兰荪. 高维时滞周期的 Kolmogorov 型系统的正周期解［J］. 应用数学学报，1999，22（3）：446-456.

[132] 张锦炎，冯贝叶. 常微分方程几何理论与分支问题［M］. 北京：北京大学出版社，2000.

[133] 张芷芬，李承治，郑志明，李伟固. 向量场的分岔理论基础［M］. 北京：高等教育出版社，1997.